高职高专计算机类专业系列教材

# 网络系统安全运行与维护

主　编　张明真　李海胜

西安电子科技大学出版社

# 内 容 简 介

本书针对常用的网络操作系统 Windows 和 Linux，选用 Windows Server 2008 R2 和 Red Hat Linux 6.4 版本，从初学者的角度逐步深入地介绍了网络操作系统的安全运行与维护。全书由浅入深，由易到难，包括网络系统安装与配置、Windows 桌面系统安全运行与维护、Windows 服务器系统安全运行与维护、Linux 桌面系统安全运行与维护、Linux 服务器系统安全运行与维护五个项目，共 20 个任务。

书中对关键知识点和操作做了特别提醒与扩展，设有如"小贴士""知识链接""课堂讨论"等板块。

本书适用于高校学生、高校教师以及计算机从业人员和爱好者，既可以供个人学习使用，又可以作为教学教材。

## 图书在版编目 (CIP) 数据

网络系统安全运行与维护 / 张明真，李海胜主编 .—西安：西安电子科技大学出版社，2020.9 （2022.10 重印）

ISBN 978-7-5606-5783-7

Ⅰ . ①网… Ⅱ . ①张… ②李… Ⅲ . ①计算机网络—安全技术 Ⅳ . ① TN393.08

中国版本图书馆 CIP 数据核字 (2020) 第 136701 号

策　　划　高　樱
责任编辑　雷鸿俊
出版发行　西安电子科技大学出版社 ( 西安市太白南路 2 号 )
电　　话　(029)88202421　88201467　　　　邮编　710071
网　　址　www.xduph.com　　　　　　电子邮箱　xdupfxb001@163.com
经　　销　新华书店
印刷单位　咸阳华盛印务有限责任公司
版　　次　2020 年 9 月第 1 版　　2022 年 10 月第 3 次印刷
开　　本　787 毫米 ×1092 毫米　　1/16　印张 19.5
字　　数　378 千字
印　　数　4001 ～ 7000 册
定　　价　49.00 元

ISBN 978-7-5606-5783-7/TP

XDUP 6085001-3

*** 如有印装问题可调换 ***

## 前言
### Preface

　　近年来，随着网络安全的深入人心及全国高等职业技术院校信息安全管理与评估比赛的普遍开展，对于计算机专业的学生来说，掌握信息安全技术，从自身着手实施安全防护已成为一项必备技能。

　　本书以项目为载体，以任务实施为主线，每项任务涵盖的知识点由浅入深，从初学者学习的角度落笔，一步一步教会读者配置虚拟机、设置 Windows 操作系统桌面和服务器的安全防护、设置 Linux 操作系统桌面和服务器的安全防护。书中详实地介绍了每个任务是什么、怎么做、为什么，读者可以按照步骤引导快速入门和上手。书中针对常见错误专门设置了"小贴士""注意"等板块，针对需要具备的相关知识设置了"知识链接"板块，针对课外需要了解的知识设置了"课堂讨论"板块，读者在学习时可以根据自己已有知识选读其中的内容。在学习本书之前，读者最好能够熟练使用 Windows 和 Linux 操作系统，这将对顺利完成书中任务起到十分重要的作用。本书未设置章节的理论测试，在实际的教学中以上机考试作为本课程的考核方式。

　　本书由郑州铁路职业技术学院张明真、李海胜主编，其中李海胜负责项目一和项目二的编写，张明真负责项目三、项目四和项目五的编写。书中任务实施均经过编者多次实验和验证。

　　由于作者水平有限，书中可能还存在疏漏之处，敬请广大读者批评指正。

编　者

2020 年 4 月

# 目录
Contents

# 项目一　网络系统安装与配置

## 项目描述

VMware Workstation 是 VMware 公司开发的一款功能强大的专业虚拟机软件，支持个人用计算机运行虚拟机，用户可以在其中同时创建和运行多个客户机操作系统。我们可以对 VMware Workstation 中的虚拟机设置网络属性、拍照保存、硬盘管理、快速恢复等，它极大地满足了我们工作和学习中搭建网络的需求，是广大计算机使用者普遍使用的一款虚拟化产品。

本项目的主要内容是安装和配置虚拟机网络系统，同时，本项目也是完成本书其余项目的基本保障。本项目通过以下两个任务实施网络系统的安装与配置。

任务一　创建 Windows Server 2008 R2 系统虚拟机。

任务二　创建 Red Hat Enterprise Linux 6.4 系统虚拟机。

## 学习目标

(1) 掌握创建 Windows Server 2008 R2 系统虚拟机的方法。

(2) 掌握创建 Red Hat Enterprise Linux 6.4 系统虚拟机的方法。

(3) 掌握配置虚拟机网络的方法，使得虚拟机之间以及虚拟机与主机之间互联互通。

## 任务一　配置 Windows Server 2008 R2 系统虚拟机

Windows Server 2008 R2 是微软基于 NT 技术构建的操作系统，它保留了 Windows Server 2003 的所有优点，同时还引进了多项新技术，包括虚拟化应用、网络负载均衡、网络安全服务等。Windows Server 2008 R2 有基础版、标准版、企业版、数据中心版、Web 版和安腾版共 6 个版本，用于支撑各种规模的业务和 IT 需求。本书中关于 Windows 系统的所有配置项目均基于 Windows Server 2008 R2 Datacenter( 数据中心 ) 版本。

### 任务提出

日常工作和学习中，我们经常会遇到需要搭建若干计算机网络进行协作、编程、测试等工作。但是，如果缺乏实验设备或现有设备老旧，就无法达到预期的实验效果；另一方面，直接在物理主机中进行实验不仅会影响物理主机中现有程序的运行，而且出现故障后不好排除，重新安装又会面临各种复杂问题。VMware Workstation 虚拟软件为我们提供了一个良好的实验平台，可以很好地解决当前计算机网络实验中面临的一些难题。

借助 VMware Workstation 软件，可以在计算机的一个操作系统中同时开启并运行数个虚拟机客户端，每个虚拟机客户端可以运行其独立的客户机操作系统，如 Windows、Linux、DOS 等，而且每个虚拟机客户端都有各自的虚拟 CPU、内存、硬盘、网卡、I/O 设备等，各系统之间互不干扰。可以对这些独立的操作系统进行分区、格式化、安装系统和应用软件等操作，还可以将多个虚拟机组成一个网络，模拟一个真实的网络环境，进行各种网络实验。

本任务中，主要实施以下两个模块：

(1) 利用 iso 镜像安装 Windows Server 2008 R2 虚拟机。

(2) 在 Windows Server 2008 R2 虚拟机中配置 IP 地址，使得虚拟机具备上网条件。

## 任务分析

### 1. 安装 Windows Server 2008 R2 虚拟机的软硬件要求

(1) Windows Server 2008 R2 要求必须安装在 NTFS 格式的分区下，安装前应首先保证物理主机的操作系统为 Windows 2007 或以上版本。

(2) Windows Server 2008 R2 要求分区空间至少为 40GB，即存放虚拟机的磁盘上至少有 40GB 大小的空间。

(3) 安装过程中，程序将自动监测连接到计算机串行端的所有设备，在运行安装程序前，应将当前与计算机连接的打印机、扫描仪等非必要外设断开，以避免检测过程中出现问题。

### 2. 安装 Windows Server 2008 R2 虚拟机

在 VMware Workstation 中，选择"新建虚拟机"选项，然后选择系统镜像 iso 文件，根据新建虚拟机向导步骤逐步安装，创建 Windows Server 2008 R2 虚拟机。

### 3. 为 Windows Server 2008 R2 虚拟机配置网络

选择并修改 VMware Workstation 中网络连接选项，根据 VMware 中选择的虚拟网络连接模式，配置物理主机的虚拟网络适配器 (VMware Network Adapter) 的 IP 地址，并配置 Windows Server 2008 R2 虚拟机的 IP 地址，使物理主机与虚拟机能够相互 ping 通，虚拟机能够接入互联网。

## 任务实施

### 1. 安装 Windows Server 2008 R2 虚拟机

步骤 1　打开 VMware Workstation Pro 版本，在页面左上角"文件"下

1-1-1

拉菜单中找到"新建虚拟机"选项，打开"新建虚拟机向导"界面，如图
1-1 所示。

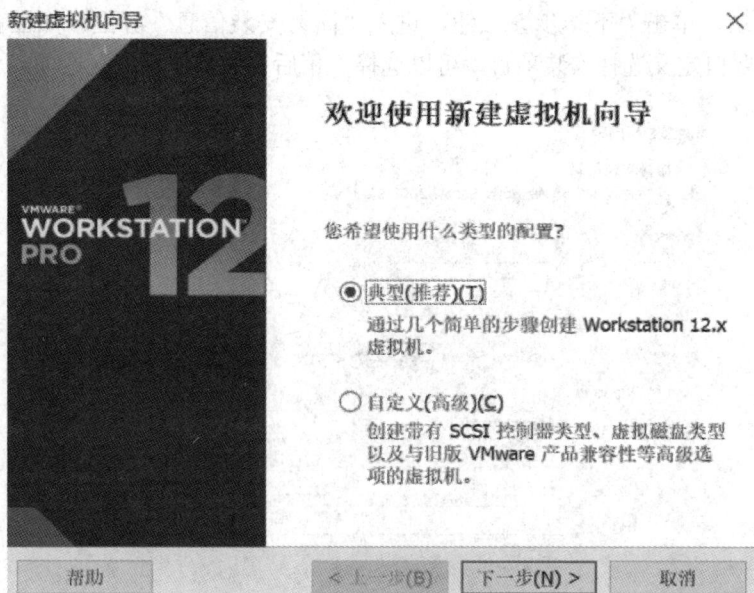

图 1-1 "新建虚拟机向导"界面

步骤 2 选中"新建虚拟机向导"界面中的"典型 ( 推荐 )"选项，
单击"下一步"按钮，进入"安装客户机操作系统"界面，如图 1-2 所示。

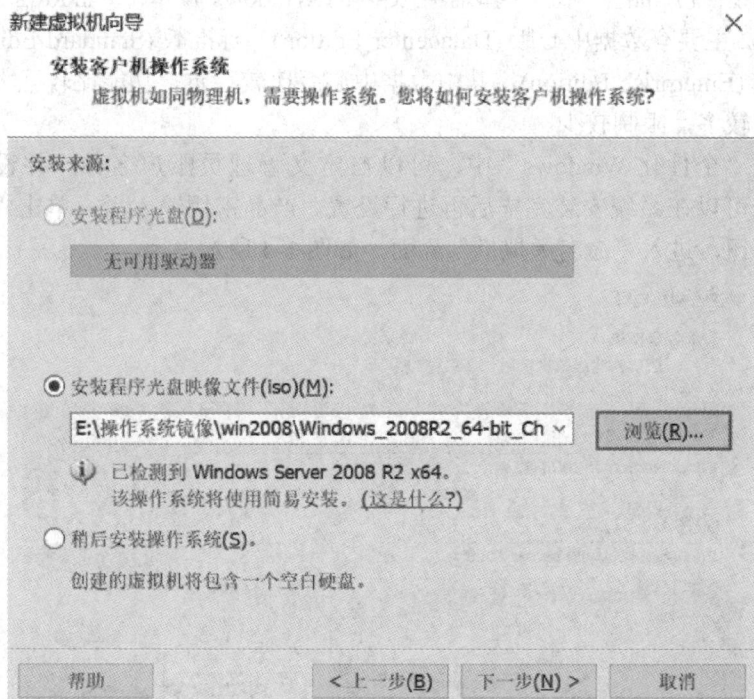

图 1-2 "安装客户机操作系统"界面

步骤3　在"安装客户机操作系统"界面中选择"安装程序光盘映像文件 (iso)"选项，单击"浏览"按钮，选择 Windows Server 2008 R2 iso 映像文件所在目录，单击"下一步"按钮，进入"简易安装信息"界面，如图1-3所示。若要自定义选择安装项目，可以选择"稍后安装操作系统"选项。

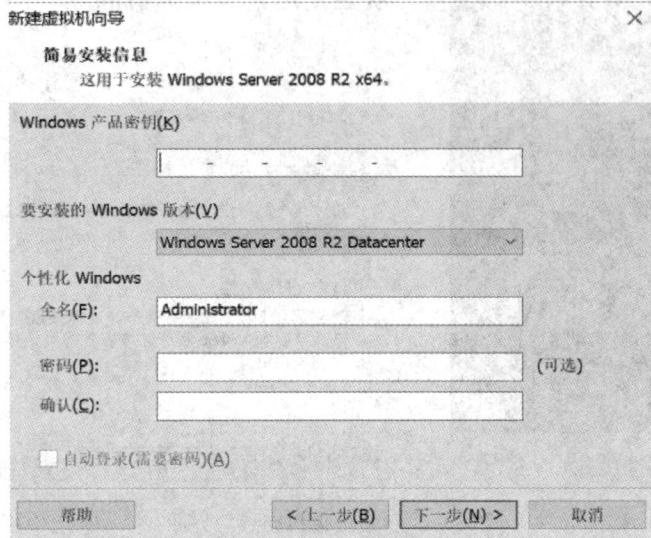

图 1-3　"简易安装信息"界面

步骤4　在"简易安装信息"界面中输入 Windows Server 2008 R2 64位操作系统产品密钥，选择需要安装的 Windows 版本。Windows Server 2008 R2 主要有数据中心版 (Datacenter Edition)、标准版 (Standard Edition)、企业版 (Enterprise Edition)，其中数据中心版比较稳定，功能比较强大，支持应用较多，限制较少。

在"个性化 Windows"中，可以自定义管理员账户名称，并设置密码，也可以在系统安装完毕后再进行设置。产品密钥输入后，单击"下一步"按钮，进入"命名虚拟机"界面，如图1-4所示。

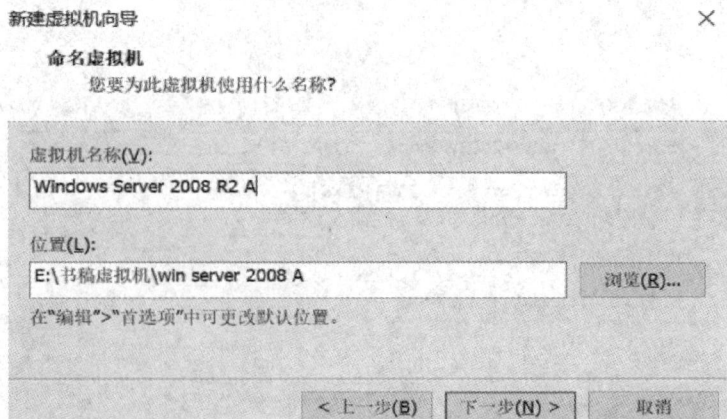

图 1-4　"命名虚拟机"界面

**步骤 5** 在"命名虚拟机"界面，可以为虚拟机设置一个方便使用的名称，并在"位置"栏中单击"浏览"按钮，为虚拟机指定一个存储路径。若计划建立多个虚拟机，建议为每个虚拟机设置一个文件夹，避免各个虚拟机安装文件混淆。单击"下一步"按钮，进入"指定磁盘容量"界面，如图 1-5 所示。

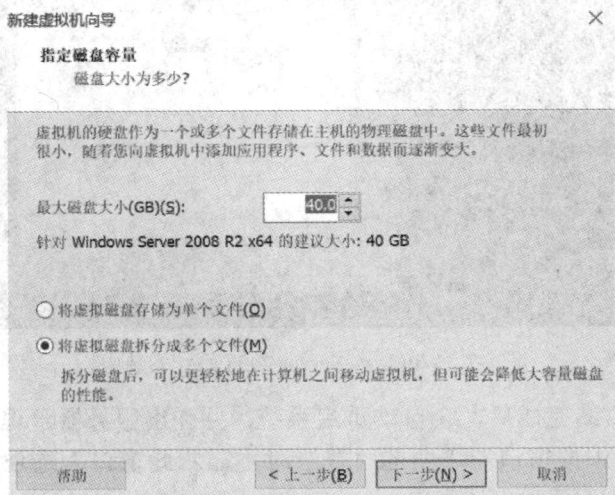

图 1-5 "指定磁盘容量"界面

**步骤 6** 在"指定磁盘容量"界面，可以指定磁盘大小，根据需要，一般设置虚拟机的磁盘大小为 40 GB，并选择"将虚拟磁盘拆分成多个文件"选项。单击"下一步"按钮，进入"已准备好创建虚拟机"界面，如图 1-6 所示。在此界面中，会将前面已经设置的虚拟机概况列举出来，若有需要，还可以单击"上一步"按钮，重新进行设置。

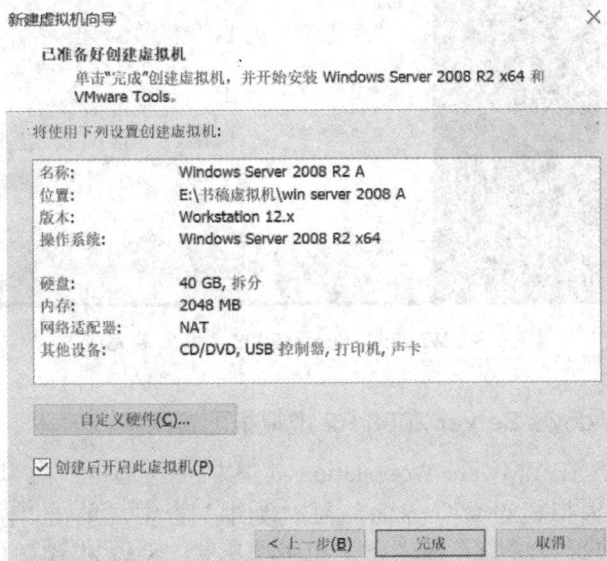

图 1-6 "已准备好创建虚拟机"界面

设置完成后，单击"完成"按钮，虚拟机系统进入自动安装状态，如图 1-7 所示。

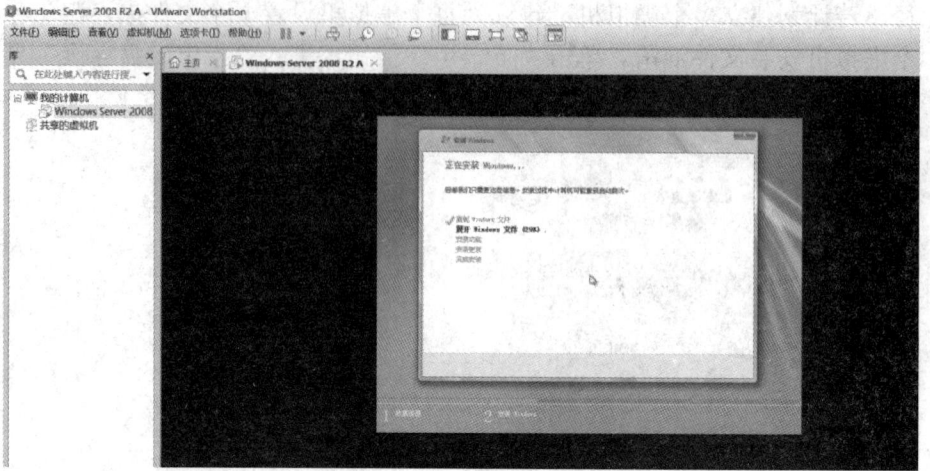

图 1-7　Windows Server 2008 系统安装中

虚拟机安装完成后，会自动重启系统，并弹出服务器管理窗口，如图 1-8 所示。选中该窗口左下角的"登录时不显示此窗口"选项，则在以后启动系统时，不再弹出该窗口。

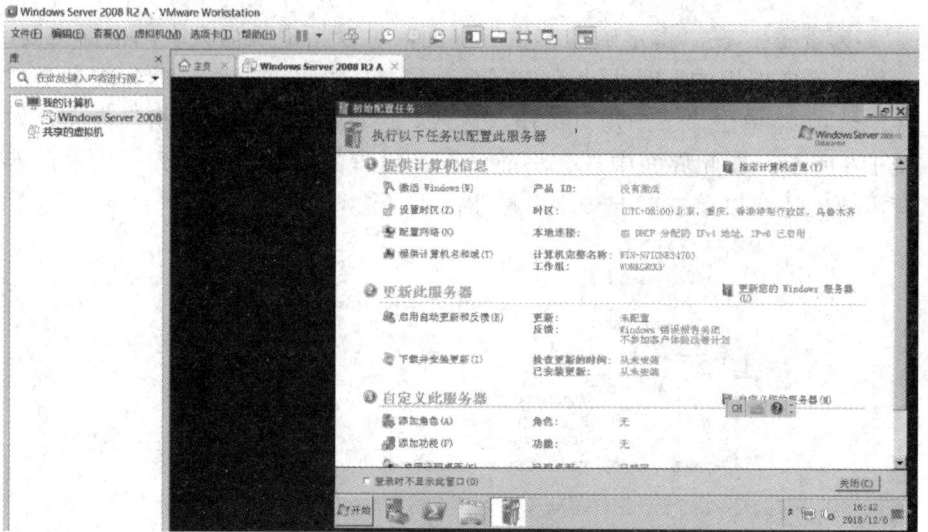

图 1-8　Windows Server 2008 系统安装完成

## 2. 为 Windows Server 2008 R2 虚拟机配置网络

**步骤 1**　在 VMware Workstation 工具栏中，选中"虚拟机"→"设置"，进入"虚拟机设置"界面，在"硬件"栏中，单击"网络适配器"选项，显示网络连接的 3 种模式，即桥接模式、NAT 模式和仅主机模式，如图 1-9 所示。

1-1-2

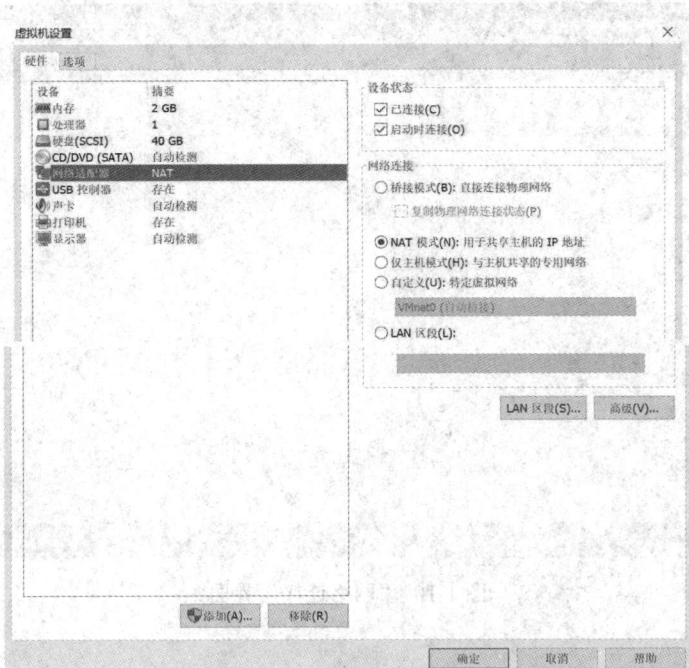

图 1-9　"虚拟机设置"界面

小贴士

（1）桥接模式是将虚拟机的虚拟网络适配器与主机的物理网络适配器进行交接，虚拟机中的虚拟网络适配器可通过主机中的物理网络适配器直接访问到外部网络，虚拟机也会占用局域网中的一个 IP 地址，并且可以和其他终端进行相互访问，桥接模式网络连接支持有线和无线主机网络适配器。如果想把虚拟机作为一台完全独立的计算机看待，并且允许它和其他终端一样进行网络通信，那么桥接模式通常是虚拟机访问网络的最简单途径。

（2）NAT 是 Network Address Translation 的缩写，意即网络地址转换。NAT 模式也是 VMware 创建虚拟机的默认网络连接模式。使用 NAT 模式连接网络时，VMware 会在主机上建立单独的专用网络，用以在主机和虚拟机之间相互通信。

（3）仅主机模式是一种比 NAT 模式更加封闭的网络连接模式，它将创建完全包含在主机中的专用网络。仅主机模式的虚拟网络适配器仅对主机可见，并在虚拟机和主机系统之间提供网络连接。在默认情况下，使用仅主机模式网络连接的虚拟机无法连接到 Internet。

步骤 2　在"虚拟机设置"界面中，选择"NAT 模式"选项，并单击"确定"按钮。在虚拟机中，选择"开始"→"控制面板"→"网络和Internet"→"网络共享中心"→"更改适配器设置"→"本地连接"，打开"网络连接"界面，如图 1-10 所示。

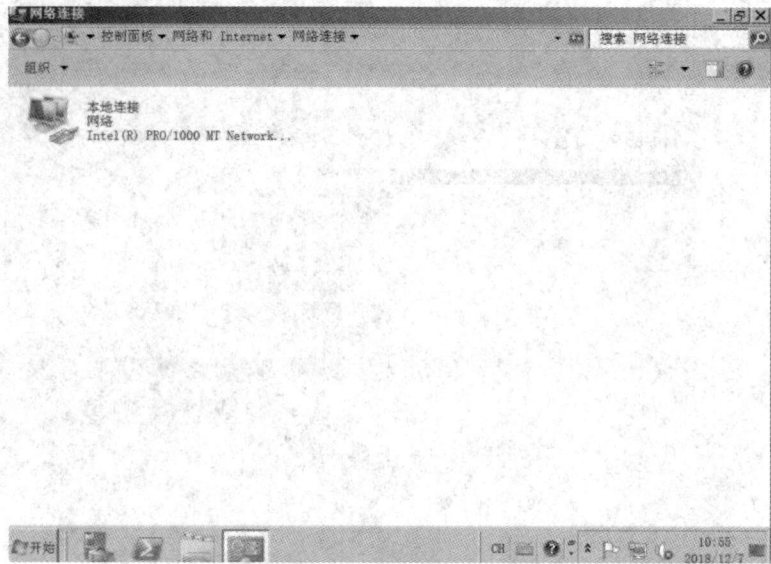

图 1-10 "网络连接"界面

**课堂讨论**

查找"网络连接"界面的方式有哪些?

步骤 3　右键单击"本地连接网络"图标,选中"属性"选项,弹出"本地连接属性"界面,如图 1-11 所示。

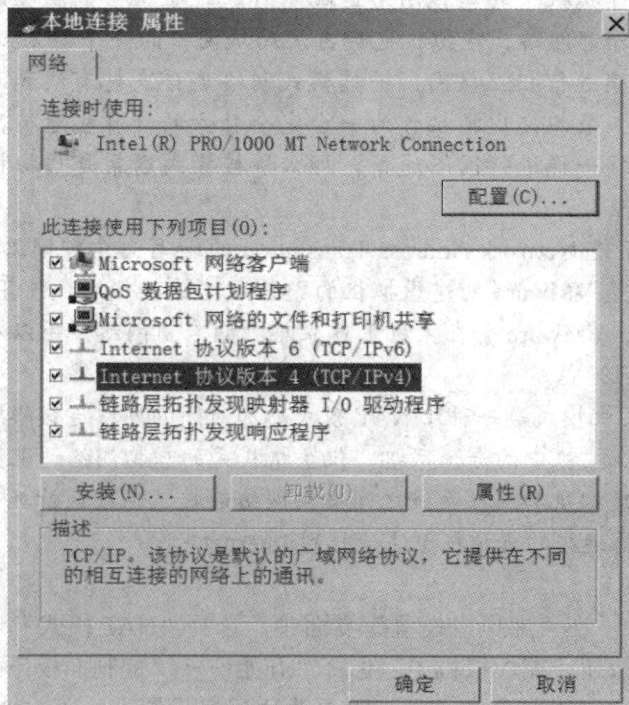

图 1-11 "本地连接属性"界面

步骤 4　选中"Internet 协议版本 4(TCP/IPv4)"选项，单击"属性"按钮，弹出"Internet 协议版本 4(TCP/IPv4) 属性"界面，如图 1-12 所示。

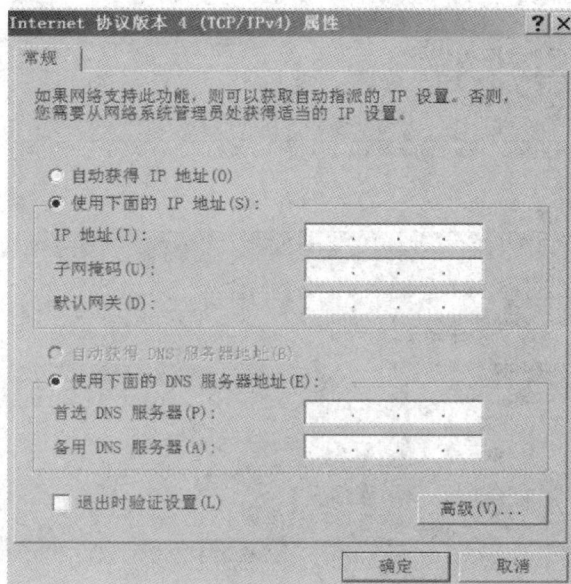

图 1-12　"Internet 协议版本 4(TCP/IPv4) 属性"界面

在 IPv4 地址设置对话框中，"自动获得 IP 地址"与"使用下面的 IP 地址"的区别是什么？　　　　　課堂討論

步骤 5　在 VMware Workstation 工具栏打开"编辑"→"虚拟网络编辑器"，如图 1-13 所示。

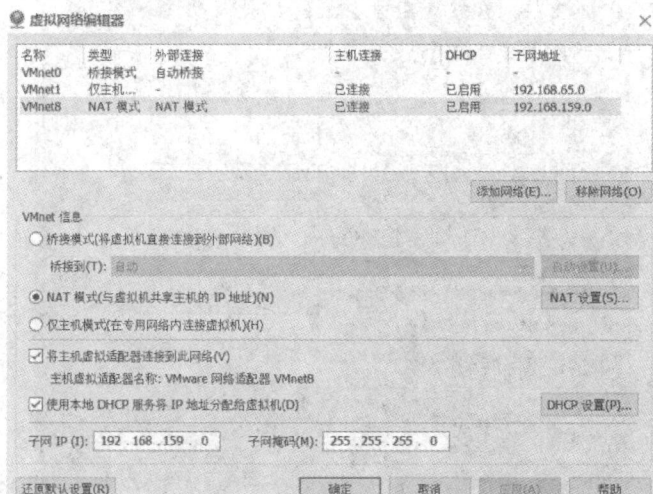

图 1-13　"虚拟网络编辑器"界面

**步骤 6**　在"虚拟网络编辑器"界面中，单击"NAT 设置"按钮，查看 VMware Workstation 中设置的 NAT 模式下的 IP 地址、子网掩码、默认网关，如图 1-14 所示。

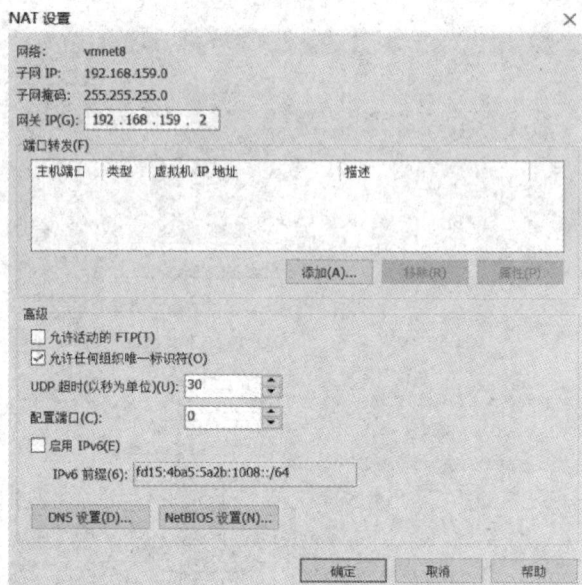

图 1-14　查看 NAT 设置中的 IP 信息

**步骤 7**　在"Internet 协议版本 4(TCP/IPv4) 属性"界面中，选择"使用下面的 IP 地址"，并按照图 1-14 中所示 NAT 设置信息，配置虚拟机的 IP 地址、子网掩码、默认网关，如图 1-15 所示。单击"确定"按钮，完成 IPv4 地址配置。

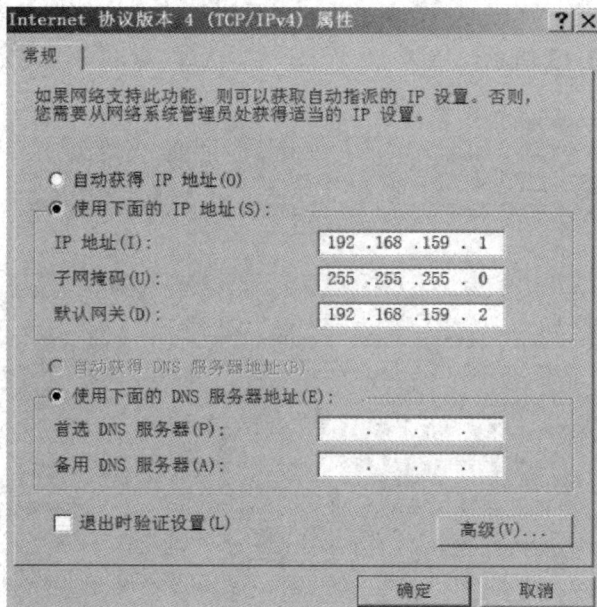

图 1-15　设置 IPv4 属性

步骤 8 在物理主机"控制面板"→"网络和 Internet"→"网络和共享中心"→"更改适配器设置"中，右键单击"VMware Network Adapter VMnet8"图标，选择"属性"→"Internet 协议版本 4(TCP/IPv4)"→"属性"，配置物理主机的 IP 信息，其中 IP 地址须与虚拟机在同一网络，默认网关与虚拟机一致，如图 1-16 所示。

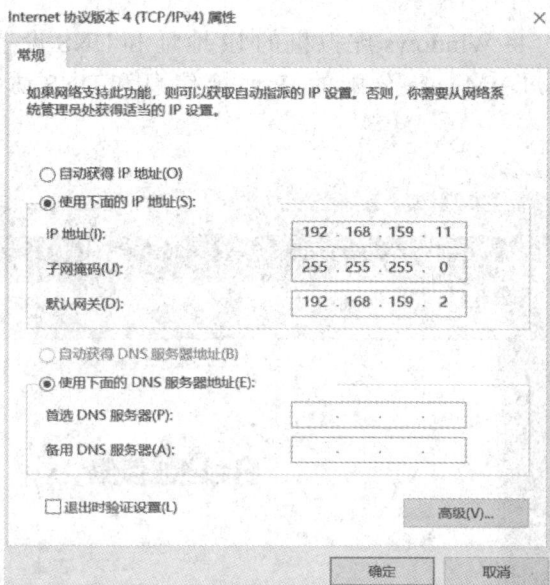

图 1-16 物理主机 IPv4 地址配置

步骤 9 分别在物理主机和虚拟机的 cmd 程序中，输入对方的 IP 地址，测试两个系统是否可以 ping 通，如图 1-17 和图 1-18 所示。

图 1-17 物理主机 ping 通虚拟机

图 1-18 虚拟机 ping 通物理主机

在进行物理主机和虚拟机连通性测试前，请注意检查物理主机和虚拟机防火墙的"高级设置"→"入站规则"，保证"文件和打印机共享（回显请求 –ICMPv4-In）"和"文件和打印机共享（回显请求 –ICMPv6-In）"两项规则允许操作且已启用，防止因防火墙阻碍影响二者的连通性。

步骤 10　将 Windows 虚拟机的 IP 地址和 DNS 设置为自动获取，虚拟机即可通过 VMware 分配的 IP 地址信息和 DNS 访问外网，如图 1-19 所示。

图 1-19　虚拟机访问外网

课堂讨论

还有哪些方法可以将虚拟机连接入外网呢？

# 任务二　配置 Red Hat Enterprise Linux 6.4 系统虚拟机

Red Hat Enterprise Linux 6.4 操作系统是 Red Hat（红帽）公司提供的一个自由软件，是免费的、源代码开放的操作系统。Red Hat Enterprise Linux 6.4 版本包含更强大的可伸缩性和虚拟化特性，并全面改进了系统资源分配和节能控制，自 2013 年发布以来，一直以比较稳定和强大的性能受到用户的喜爱。本书中关于 Linux 系统的所有配置项目均基于 Red Hat Enterprise Linux 6.4 版本。

任务提出

在网络实验中，我们通常需要在若干个 Linux 环境下进行测验、验证，有时还需要在 Linux 和 Windows 系统之间进行跨平台操作。借助于 VMware Workstation，可在任务一的基础上，再创建一台 Red Hat Enterprise Linux 6.4 操作系统虚拟机，并完成 Linux 虚拟机系统中的网络配置。

本任务中，主要实施以下两个模块：

(1) 利用 iso 镜像安装 Red Hat Enterprise Linux 6.4 虚拟机。

(2) 在 Red Hat Enterprise Linux 6.4 虚拟机中配置 IP 地址，使得虚拟机具备上网条件。

## 任务分析

### 1. 安装 Red Hat Enterprise Linux 6.4 虚拟机的软硬件要求

(1) Red Hat Enterprise Linux 6.4 要求内存最小为 256MB，硬盘空间至少为 3GB，为满足本书中所有项目实验的需求，建议至少给虚拟机分配 1GB 大小内存，存放虚拟机的磁盘上至少有 8GB 大小的空间。

(2) 安装过程中，程序将自动监测连接到计算机串行端的所有设备，在运行安装程序前，应将当前与计算机连接的打印机、扫描仪等非必要外设断开，避免检测过程中出现问题。

### 2. 安装 Red Hat Enterprise Linux 6.4 虚拟机

在 VMware Workstation 中，选择"新建虚拟机"选项，然后选择系统镜像 iso 文件，根据新建虚拟机向导步骤逐步安装，创建 Red Hat Enterprise Linux 6.4 虚拟机。

### 3. 为 Red Hat Enterprise Linux 6.4 虚拟机配置网络

选择并修改 VMware Workstation 设置中网络连接选项，根据所选网络连接模式，配置物理主机的虚拟网络适配器的 IP 地址，以及 Red Hat Enterprise Linux 6.4 虚拟机的 IP 地址，使物理主机与虚拟机能够相互 ping 通，虚拟机能够接入互联网。

### 4. 为 Red Hat Enterprise Linux 6.4 虚拟机安装 VMware tools 工具

为方便使用，VMware 中自带一款驱动 VMware tools，安装并使用 VMware tools 就可以在虚拟机和物理主机之间拖动复制文件，拓展了虚拟机的功能，更方便使用。

## 任务实施

### 1. 安装 Red Hat Enterprise Linux 6.4 虚拟机

步骤 1　如图 1-1 所示，在 VMware 中打开"新建虚拟机向导"界面。

步骤 2　在"新建虚拟机向导"界面中选择"典型 ( 推荐 )"选项，单击"下一步"按钮，进入"安装客户机操作系统"界面，为了使 Linux 操作系统各个选项能够完整配置，建议选择"稍后安装操作系统"选项，对每个选项加以选择后再安装系统，如图 1-20 所示。

1-2-1

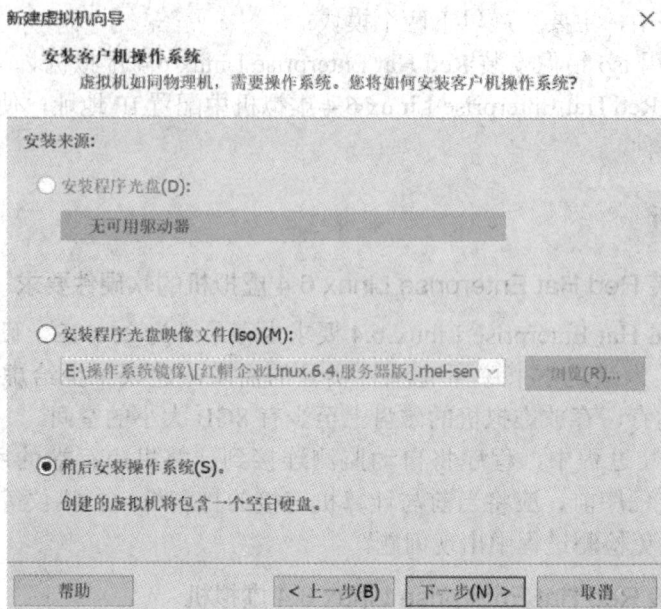

图 1-20　选择安装客户机操作系统

步骤3　单击"下一步"按钮，进入"选择客户机操作系统"界面，在"客户机操作系统"选项中选择"Linux"，"版本"选项中选择"Red Hat Enterprise Linux 6 64 位"，如图 1-21 所示。

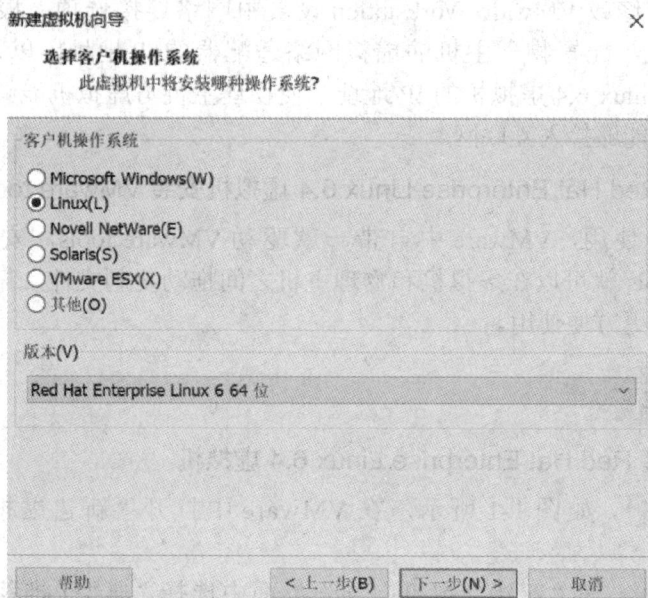

图 1-21　选择客户机操作系统

步骤4　单击"下一步"按钮，进入"命名虚拟机"界面，指定虚拟机名称，并为虚拟机指定一个合适的位置，如图 1-22 所示。

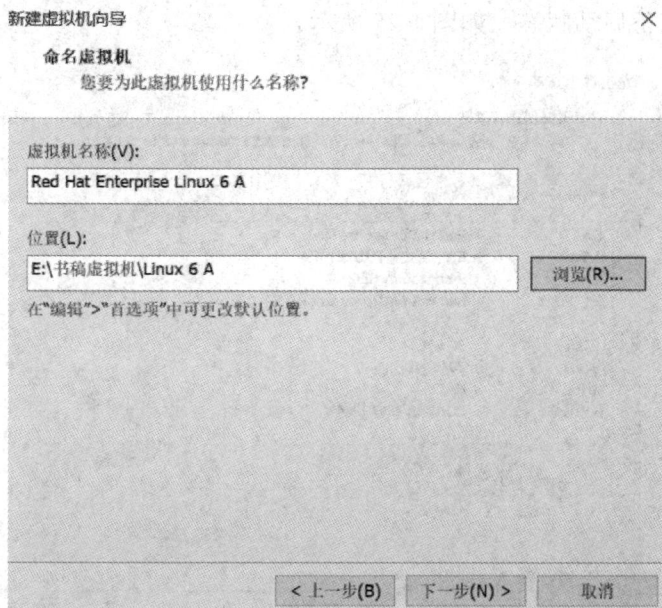

图 1-22 命名虚拟机

步骤 5 单击"下一步"按钮，进入"指定磁盘容量"界面，根据建议磁盘大小，将最大磁盘大小设为 20 GB，如图 1-23 所示。

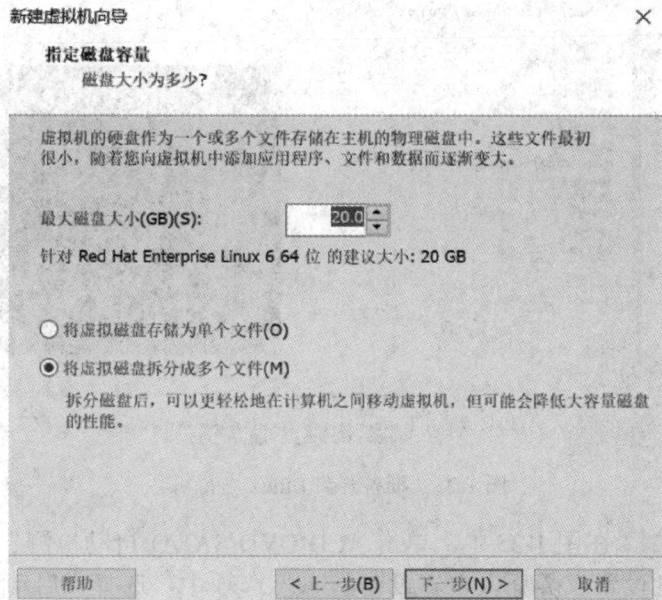

图 1-23 指定虚拟机磁盘容量

步骤 6 单击"下一步"按钮，进入"已准备好创建虚拟机"界面，如图 1-24 所示。

该界面对前面所有选项生成一个摘要，以便核对信息，如果设置有误，可单击"上一步"按钮进行修改，核对无误，单击"完成"按钮，虚拟机进入准备启动状态，如图 1-25 所示。

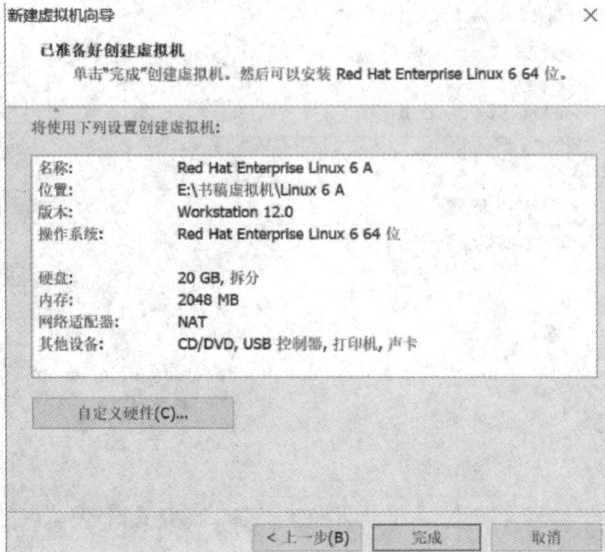

图 1-24　准备创建虚拟机信息

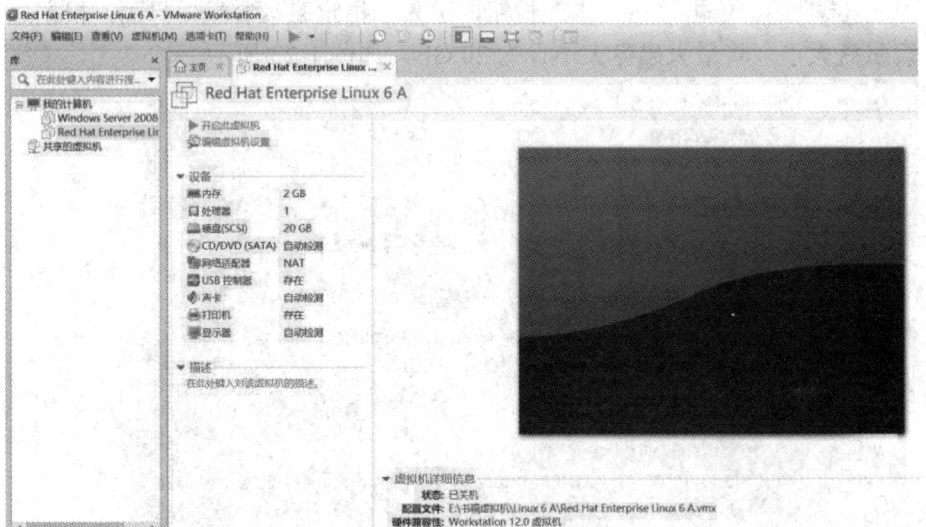

图 1-25　准备开启 Linux 虚拟机

步骤 7　在图 1-25 中，单击"CD/DVD(SATA) 自动检测"设备，进入"虚拟机设置"界面，在"设备状态"选项中，选择"启动时连接"；在"连接"选项中选择"使用 ISO 映像文件"，并单击"浏览"按钮，选择 ISO 映像文件路径，如图 1-26 所示。

设置完成后，单击下方的"确定"按钮。

步骤 8　在 VMware 中开启虚拟机，按照操作系统进行虚拟机安装，如图 1-27 所示。在安装选项中，选择"Install or upgrade an existing system"，按"Enter"键，进入多媒体发现界面。

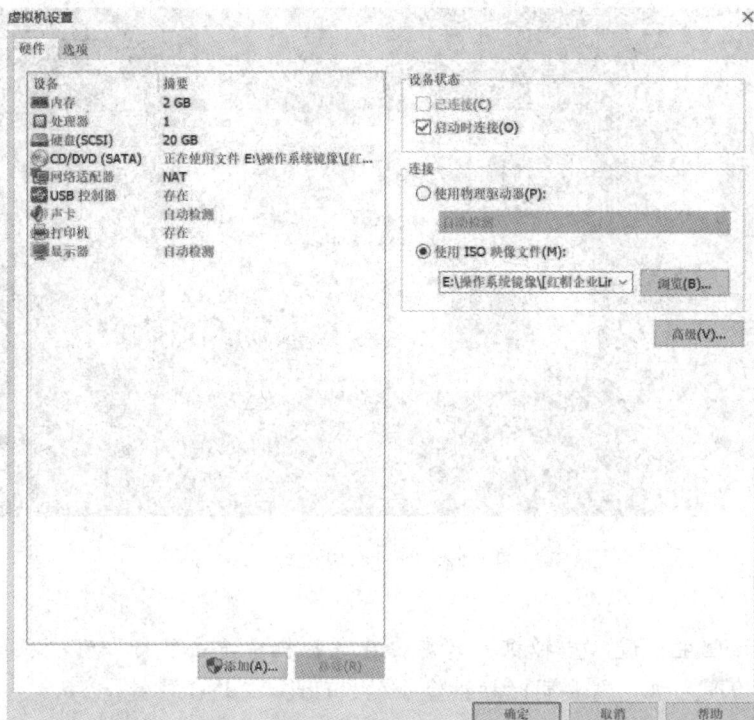

图 1-26 虚拟机 CD/DVD(SATA) 设置

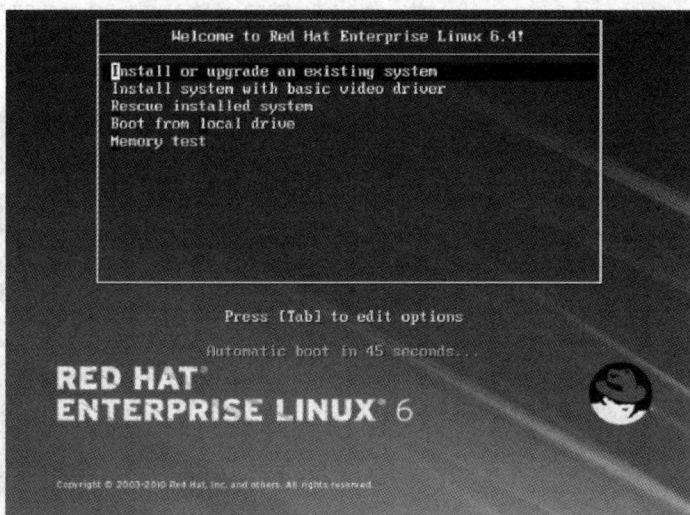

图 1-27 Linux 虚拟机操作系统安装选项

**步骤 9** 在多媒体发现界面中,将鼠标点进虚拟机,使用键盘上的左右键即可切换选项,这里选择"Skip",跳过多媒体测试,如图 1-28 所示。

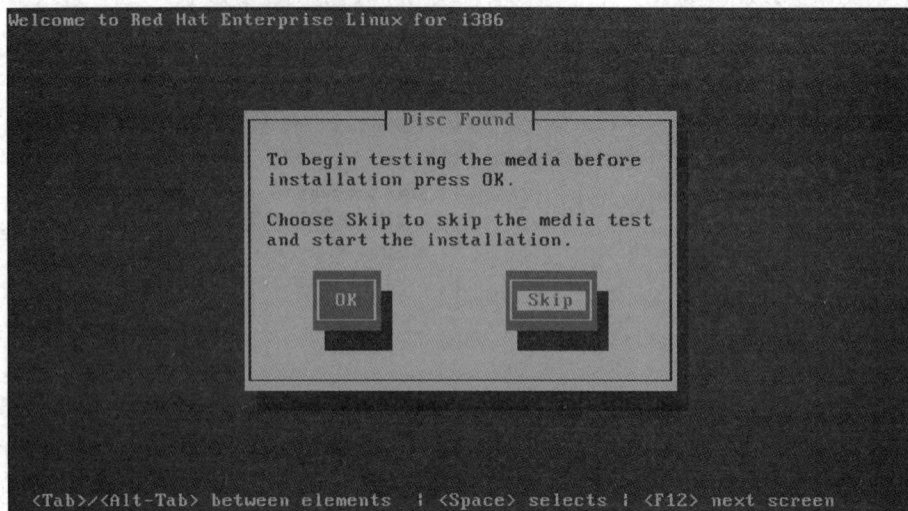

图 1-28　跳过多媒体测试

**小贴士**

从物理主机进入虚拟机，只需要在虚拟机中单击鼠标即可。从虚拟机切换到物理主机，需要同时按键盘上的"Ctrl"+"Alt"键。

步骤 10　在图 1-28 中，按"Enter"键后会有短暂的检测，最后弹出"Unsupported Hardware Detected"界面，提示未检测到支持的硬件，这里按"Enter"键选择"OK"即可，如图 1-29 所示。

图 1-29　未检测到支持的硬件

步骤 11　虚拟机进入下一个安装阶段，如图 1-30 所示，单击"Next"按钮，进入选择安装语言界面，根据个人习惯，可以选择"中文简体"，如图 1-31 所示。

图 1-30  虚拟机继续安装界面

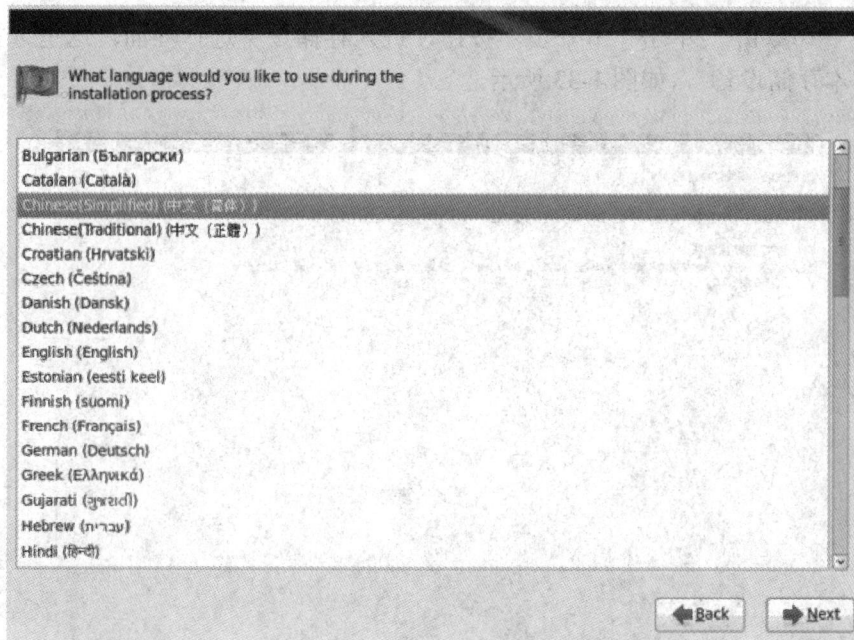

图 1-31  虚拟机安装语言选择

虚拟机语言选择"中文简体"后，虚拟机的界面会翻译为中文，易于
初学者理解。

小贴士

步骤 12  单击"Next"按钮，进入键盘选择界面，选择"美国英语
式"，如图 1-32 所示。

图 1-32    虚拟机安装键盘选择

步骤 13    单击"下一步"按钮，进入存储设备选择界面，这里选择"基本存储设备"，如图 1-33 所示。

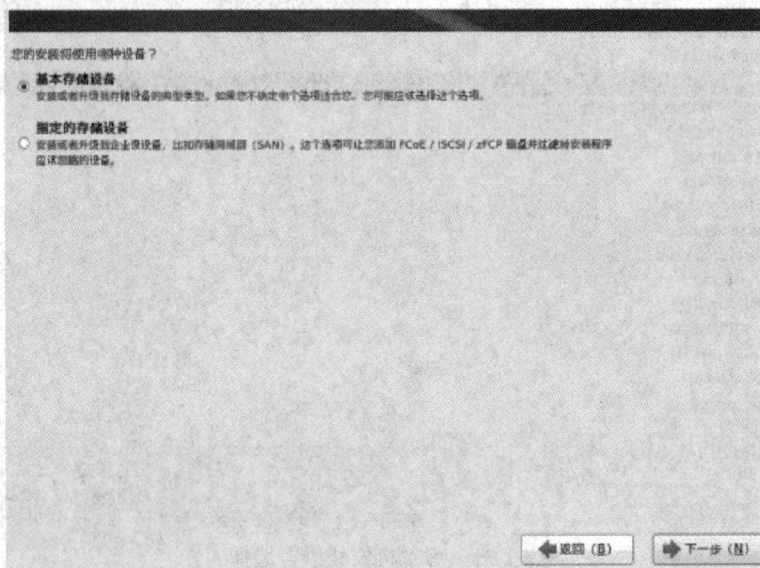

图 1-33    存储设备选择

步骤 14    接下来，安装程序会检测存储设备，并发出存储设备警告，提示是否保存文件系统中的数据，由于安装设备 VMware 上是一个虚拟系统，不存在文件系统，因此这里选择"是，忽略所有数据"即可，如图 1-34 所示。

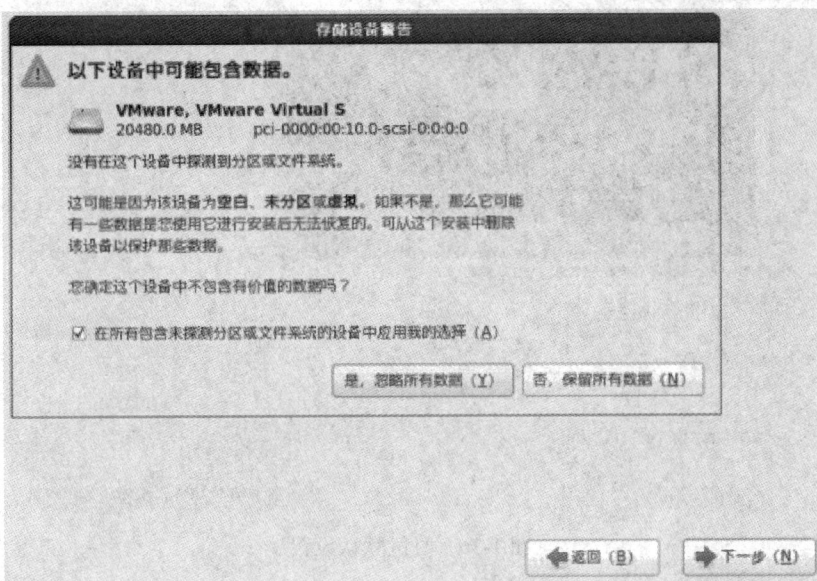

图 1-34 存储设备警告

步骤 15 单击"下一步"按钮,提示为计算机进行命名,在命名时主机名中只能包括大小写字母、数字、"-"和".",不能含有其他特殊字符以及空格等。为方便记忆,这里将主机名设为 linuxA,如图 1-35 所示。

图 1-35 添加主机名

步骤 16 单击"下一步"按钮,进入时区设置界面,这里使用默认设置即可,如图 1-36 所示。

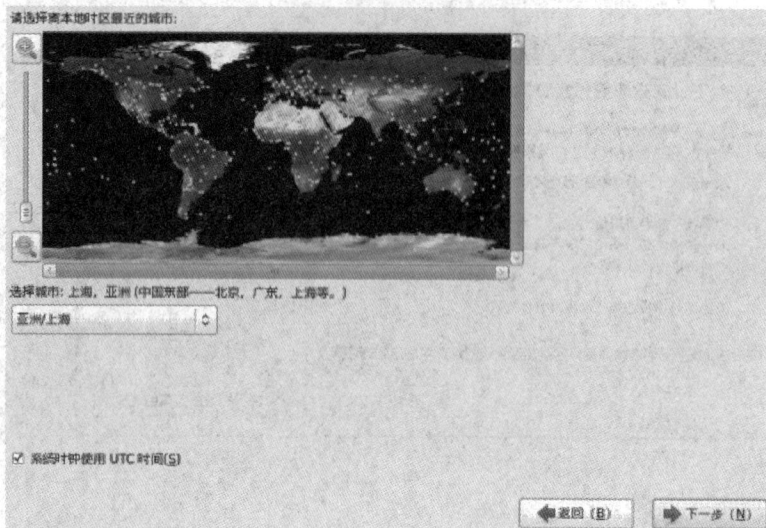

图 1-36　时区默认设置

**步骤 17**　单击"下一步"按钮，进入根密码设置界面，如图 1-37
所示。

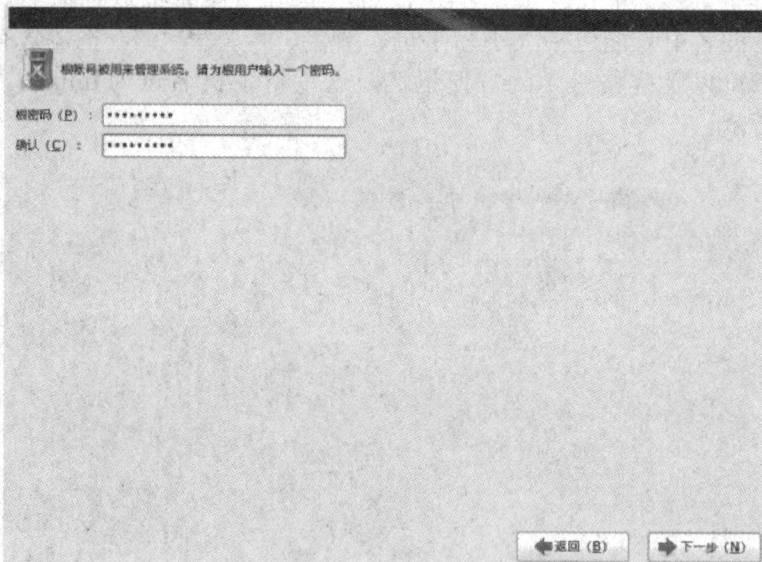

图 1-37　设置根密码

**小贴士**　　　　为安全起见，Linux 系统要求用户密码必须具备一定的复杂度，这里
在为根用户设置密码时，建议长度至少为 6 个字符，且至少包含大小写字
母、数字、特殊字符中的 3 种，尽量避免使用键盘上连续的字母、数字、
字符。若只将系统用于实验，在设置密码不满足复杂度要求时，也可以在
弹出的对话框中选择"无论如何都使用"。

步骤 18　单击"下一步"按钮,进入安装类型选择界面,初次安装,选择"使用所有空间"即可,如图 1-38 所示。

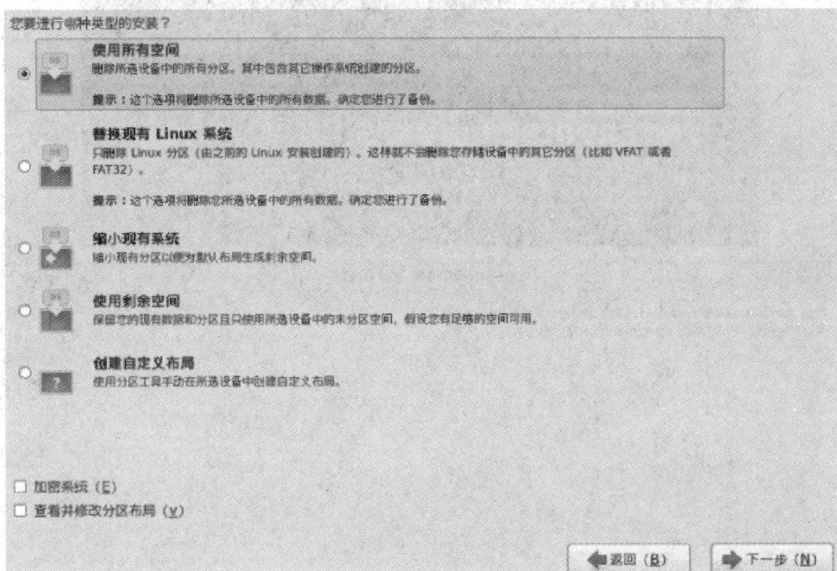

图 1-38　安装类型选择

步骤 19　单击"下一步"按钮,安装程序对系统进行格式化,格式化完毕后选择"将修改写入磁盘"选项,进入系统软件组安装选项界面。默认的选项为"基本服务器",为便于使用,也可以选择"桌面"选项,如图 1-39 所示。这样系统安装完成后,将会带有一个可视化桌面。

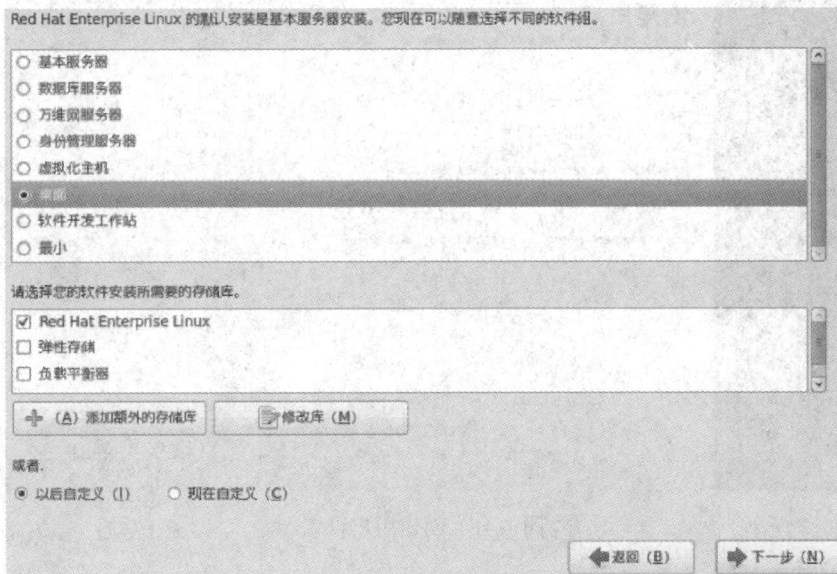

图 1-39　系统软件组安装选项

步骤 20　单击"下一步"按钮,安装程序进入检测阶段,并安装所需要的软件包，如图 1-40 所示。

图 1-40　安装软件包

步骤21　所有程序安装完毕后，重新启动系统即可进入 Linux 6 操作系统界面。系统还有一些使用信息需要设置，在"欢迎""许可证信息""设置软件更新"界面均选择"前进"，在"创建用户"界面需要创建一个非管理用户，并为该用户设置密码，如图 1-41 所示。

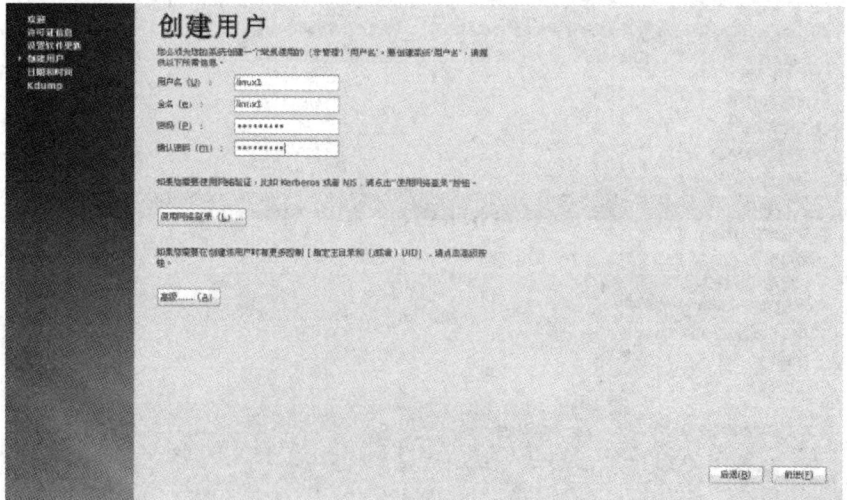

图 1-41　创建用户设置

步骤22　在接下来的"日期和时间"界面设置日期和时间，然后在"Kdump"界面单击"完成"按钮即可。

### 2. 为 Red Hat Enterprise Linux 6.4 虚拟机配置网络

**步骤 1** 如图 1-9 所示,将虚拟机设置中的网络适配器设为"NAT 模式"。

**步骤 2** 如图 1-13、图 1-14 所示,查看 VMware 虚拟网络编辑器中 NAT 设置的 IP 地址,并按照此网络地址范围为 Linux 虚拟机配置 IP 地址。

> [ root@LinuxA 桌面 ]#ifconfig eth0 192.168.159.3 netmask 255.255.255.0

**步骤 3** 如图 1-16 所示,配置物理主机上 VMware Network Adapter VMnet8 的 IP 地址。

**步骤 4** 分别在物理主机和虚拟机中进行连通性测试,如图 1-42 和图 1-43 所示。

```
■GM 管理员: C:\Windows\system32\cmd.exe

Microsoft Windows [版本 10.0.16299.15]
(c) 2017 Microsoft Corporation。保留所有权利。

C:\Users\Administrator>ping 192.168.159.3

正在 Ping 192.168.159.3 具有 32 字节的数据:
来自 192.168.159.3 的回复: 字节=32 时间<1ms TTL=64
来自 192.168.159.3 的回复: 字节=32 时间<1ms TTL=64
来自 192.168.159.3 的回复: 字节=32 时间<1ms TTL=64
来自 192.168.159.3 的回复: 字节=32 时间<1ms TTL=64

192.168.159.3 的 Ping 统计信息:
    数据包: 已发送 = 4,已接收 = 4,丢失 = 0 (0% 丢失),
往返行程的估计时间(以毫秒为单位):
    最短 = 0ms,最长 = 0ms,平均 = 0ms
```

图 1-42 物理主机 ping 通 Linux 虚拟机

```
[root@linuxA 桌面]# ping 192.168.159.1
PING 192.168.159.1 (192.168.159.1) 56(84) bytes of data.
64 bytes from 192.168.159.1: icmp_seq=1 ttl=128 time=0.247 ms
64 bytes from 192.168.159.1: icmp_seq=2 ttl=128 time=0.617 ms
64 bytes from 192.168.159.1: icmp_seq=3 ttl=128 time=0.622 ms
64 bytes from 192.168.159.1: icmp_seq=4 ttl=128 time=0.865 ms
64 bytes from 192.168.159.1: icmp_seq=5 ttl=128 time=0.630 ms
64 bytes from 192.168.159.1: icmp_seq=6 ttl=128 time=0.680 ms
64 bytes from 192.168.159.1: icmp_seq=7 ttl=128 time=0.807 ms
64 bytes from 192.168.159.1: icmp_seq=8 ttl=128 time=0.350 ms
64 bytes from 192.168.159.1: icmp_seq=9 ttl=128 time=0.596 ms
^C
--- 192.168.159.1 ping statistics ---
9 packets transmitted, 9 received, 0% packet loss, time 8628ms
rtt min/avg/max/mdev = 0.247/0.601/0.865/0.186 ms
```

图 1-43 Linux 虚拟机 ping 通物理主机

**步骤 5** 在 Linux 虚拟机终端中打开网卡配置文件,为虚拟机配置网关等上网信息。

> [ root@LinuxA 桌面 ]#vim /etc/sysconfig/network-scripts/ifcfg-eth0

**步骤 6** 在配置文件中将网关设置为虚拟网络编辑器 NAT 设置中的网关地址,DNS 设置为物理主机本地连接的 DNS 地址,如图 1-44 所示。

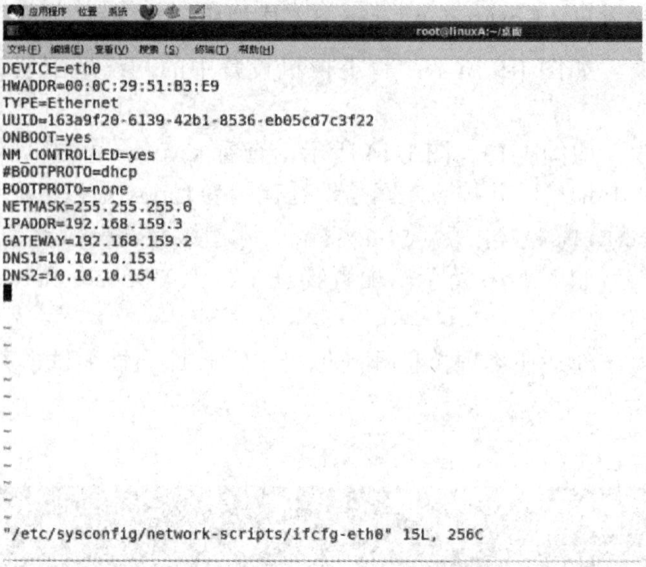

图 1-44　配置 Linux 虚拟机上网信息

步骤 7　在虚拟机浏览器中输入测试网址 www.baidu.com，可以连接外网，如图 1-45 所示。

图 1-45　Linux 虚拟机外网连通性测试

### 3. 安装 VMware tools

步骤 1　未安装 VMware tools 时，虚拟机下方会出现"安装 Tools"提示，安装时单击 VMware 中虚拟机下方的"安装 Tools"按钮，如图 1-46 所示。

登录虚拟机系统后，桌面上会出现一个 VMware tools 的 DVD 图标。

1-2-3

图 1-46　安装 Tools 界面

　　若是在使用虚拟机的过程中发现需要安装 VMware tools，还可以在 **小贴士**
VMware 工具栏中的"虚拟机"选项下拉菜单中找到"安装 VMware tools"
进行安装。

　　**步骤 2**　在 Linux 虚拟机终端中输入以下命令，安装 VMware tools。

```
[root@linuxA ~]# mkdir /mnt/cdrom
[root@linuxA ~]# mount /dev/cdrom /mnt/cdrom
     mount: block device /dev/sr0 is write-protected, mounting read-only
[root@linuxA ~]# cd /mnt/cdrom
[root@linuxA cdrom]# ls
     manifest.txt   VMwareTools-10.1.6-5214329.tar.gz  vmware-tools-upgrader-64
     run_upgrader.sh vmware-tools-upgrader-32
[root@linuxA cdrom]#cp VMwareTools-*.tar.gz /tmp
[root@linuxA cdrom]# ls /tmp
     keyring-ginwDQ          orbit-root          pulse-f0JHJlEtzucc
     VMwareTools-10.1.6-5214329.tar.gz  orbit-gdm  pulse-ALdBsBZNfsAc
     virtual-root.pENkox  yum.log
[root@linuxA cdrom]# cd /tmp
[root@linuxA tmp]# tar -zxvf VMwareTools-*.tar.gz
[root@linuxA tmp]# sudo vmware-tools-distrib/vmware-install.pl
```

　　接下来一直按"Enter"键，即可完成 VMware Tools 的安装。

# 项目二

# Windows 桌面系统安全运行与维护

**▶ 项目描述**

目前办公网络中，企业员工大多使用 Windows 操作系统。为方便日常工作，员工的计算机互相连接形成小型的办公网络，在网络中实现资源共享。在资源共享的过程中，为了保护公司文件服务器的安全必须设置文件的访问权限，针对网络中每一类用户设置不同的权限级别，使用不同等级的文件共享资源。为了使系统健康运行，还需要对公司网络启用防火墙进行保护，针对员工的计算机系统设置安全运行策略，并对各个文件及文件夹采取加密措施。最终实现公司各层人员拥有不同的权限，在不同安全级别运行系统，可以访问不同级别的加密文件。为了实现以上目标，本项目从以下几个方面设置策略。

　　任务一　提高 Windows 主机安全访问权限。
　　任务二　使用 Windows 防火墙规则加强 Windows 主机安全。
　　任务三　使用文件加密系统加强 Windows 文件系统安全。
　　任务四　用本地安全策略加强 Windows 主机整体安全。
　　任务五　使用安全审计加强 Windows 主机安全维护。

**▶ 学习目标**

(1) 能够实现文件系统安全设置。
(2) 能够对文件共享时的安全策略进行部署。
(3) 会在 Windows 系统中针对特定服务设置防火墙规则进行访问控制。
(4) 能够利用文件加密系统对文件安全加密。
(5) 能够使用本地安全策略加强 Windows 主机整体安全。
(6) 学会使用 Windows 系统中"事件查看器"和"性能监视器"审核系统安全。

## 任务一　提高 Windows 主机安全访问权限

**任务提出**

在办公网络中，如果没有设置任何网络安全防范措施，网络应用会存在很大风险，企业的机密文件面临泄露风险，因此必须加强办公网络中计算机的安全行为管理。

本任务中，主要实施以下三个模块：

(1) 通过设置多个 Windows 用户账户和 Windows 组，以及用户和组之间的关系管理用户账户的安全。

(2) 在创建文件共享时，针对不同内容和用户创建多个文件夹，并对用户分配不同的访问权限，实现文件共享时的安全设置。

(3) 使用文件系统自带的 NTFS 权限，保护文件及文件夹的安全。

## 任务分析

### 1. 保护用户账户安全

在 Windows 系统中，使用者通过使用计算机中的用户操作计算机，用户的访问权限决定了该用户对计算机和网络的操作和使用范围。用户账户的安全，是计算机系统的第一层安全保护。如果计算机中存放了一些重要管理资料，应当特别提防非法用户获得该用户的账户信息。可以对 Windows 系统设置多个用户、多个用户组，当用户比较多时，将不同用户加入到不同的用户组中，达到批量配置和管理的目的。

每台计算机使用者都可建立自己的用户账户，用户的访问权限决定了该用户对计算机和网络的控制能力。对于计算机中存放的一些重要管理资料，往往要求计算机的用户拥有特殊的权限才可以访问，如果非法用户获得该用户的账户信息，也就相当于获取了这些资料。因此，保护好用户账户是保障计算机网络安全的重要措施。

本任务中为计算机设置用户账户安全策略，具体如下：

(1) 为每台计算机配置默认管理员账户并设置权限。

(2) 建立多个 Windows 用户账户。

(3) 建立多个 Windows 组。

(4) 将不同用户加入不同的用户组中。

1) 用户账户的分类

在网络中每台计算机的使用者具有不同的身份，拥有不同的访问管理权限。通过将用户添加至不同的组，为组指定权限，确保作为组成员登录的账户自动继承该组的相关权限，这样对组而不是对单个用户指派用户权限，可以大大简化账户管理的任务。具体的组类型如下：

(1) 管理员组 (Administrators)：可以被授予的权限包括更改系统事件、创建页面文件、装载和卸载设备驱动程序、在本地登录、管理审核安全日志、配置单一进程、配置系统性能、关闭系统、取得文件或者对象的所有权。

(2) 备份操作员组 (Backup Operators)：可以被授予的权限包括备份文件和目录、在本地登录、还原文件和目录。

(3) 所有用户组 (Everyone)：每台计算机及网络账户所在的组。

（4）高级用户组（Power Users）：可以执行除了为 Administrators 组保留的任务外的其他任何操作系统任务。

（5）普通用户组（Users）：新建的用户在默认情况下都属于这个组。该组的成员用户可以运行经过验证的应用程序。

（6）系统组（System）：该组拥有比 Administrators 更高的权限，在查看用户组的时候它不会被显示出来，也不允许任何用户加入。其主要是为了保证系统服务的正常运行，赋予系统及系统服务权限。

（7）来宾组（Guests）：该组与 Users 组的成员具有同等访问权，但比 Users 组的成员限制更多。

2）用户账户的密码

在 Windows 桌面系统中，用户密码是保证用户系统安全的重要手段之一。用户密码的最短长度不受限制（即允许密码为空），但在 Windows 服务器系统中，规定用户密码最少为 8 位。

### 2. 实现文件共享安全

在网络中为了方便管理员远程管理，会开启一些默认共享，允许通过共享"命名管道"的资源 IPC$（Internet Process Connection）连接对所有的逻辑磁盘共享（C$，D$，E$，…）和对系统目录 Windows NT 或 Windows（Admin$）实现访问。根据安全需要，计算机启动后应关闭默认共享。

网络用户通过网络共享对文件资源进行访问，因此除了设置 NTFS 权限外，还需要设置共享文件夹权限，为不同文件夹分配不同共享权限。

**知识链接**

　　IPC$ 是共享"命名管道"的资源，它是为了让进程间通信而开放的命名管道，通过提供可信任的用户名和口令，连接双方可以建立安全的通道并以此通道进行加密数据的交换，从而实现对远程计算机的访问。IPC$ 是 Windows NT/2000 的一项新功能，它有一个特点，即在同一时间内两个 IP 之间只允许建立一个连接。Windows NT/2000 在提供了 IPC$ 功能的同时，在初次安装系统时还打开了默认共享，即所有的逻辑共享（c$,d$,e$……）和系统目录 Windows NT 或 Windows（Admin$）共享。所有的这些，微软的初衷是为了方便管理员的管理，但在有意无意中，导致了系统安全性的降低。

本任务要为网络计算机的文件及文件夹设置共享权限，具体如下：

（1）关闭不需要的默认共享，提高桌面系统安全性。

（2）创建多个文件夹用于共享。

（3）为不同文件夹分配不同共享权限。

将文件夹设置为共享资源时，除了必须为文件和文件夹指定 NTFS 权限外，还应当为共享文件夹指定相应的访问权限。共享文件夹权限类似于

NTFS 权限，但 NTFS 权限的优先级要高于共享文件夹权限。因此，共享文件夹的权限可以粗略设置，而 NTFS 权限则必须详细划分。

1) 共享文件夹权限的特点

共享文件夹权限只适用于文件夹，不适用于单个文件，并且只能为整个文件夹设置共享权限。

2) 共享文件夹权限的种类

(1) 读取：显示文件夹名称、文件名称、文件数据和属性，运行应用程序文件。

(2) 修改：创建文件夹，向文件夹中添加文件，修改文件中的数据，在文件中添加数据，修改文件属性，删除文件夹中的文件，以及执行"读取"权限所允许的操作。

(3) 完全控制：修改文件，获得文件的所有权。

### 3. 保护文件系统安全

文件系统可以为局域网用户提供数据存储服务，同时也可作为网站服务器的远程共享文件夹，实现数据的集中安全存储。在网络集中式远程存储方式中，几乎所有重要且敏感的数据都被存储在各种文件服务器中，而这些文件和数据正是恶意用户所觊觎的目标，这是导致各种网络攻击频繁发生的真正原因，因此确保网络中文件服务系统的访问安全是保证网络安全的根本所在。

Windows 操作系统系列中，自 win 7 以上版本均采用 NTFS 文件系统。通过设置文件及文件夹的 NTFS 权限，可以达到限制网络用户对文件和文件夹的读取、写入、修改、完全控制等权限，进而保护文件及文件夹的安全。

本任务中要为网络中的计算机文件及文件夹设置 NTFS 权限，具体如下：

(1) 针对各用户设置文件夹的 NTFS 权限。

(2) 针对各用户设置文件的 NTFS 权限。

1) NTFS 权限概述

NTFS 是从 Windows NT 系统开始引入的文件系统，它支持本地安全性。借助于 NTFS，不仅可以为文件夹授权，而且还可以为单个文件授权，对用户访问权限的控制变得更加细致。NTFS 还支持数据压缩和磁盘配额，从而可以进一步提高硬盘空间的使用效率。

用户对 NTFS 磁盘内的文件夹和数据设置访问权限，使得只有具有访问权限的用户才可以访问资源。

2) NTFS 权限分类

(1) NTFS 文件权限。

① 读取 (read)：可以读取文件内容、查看文件属性与权限等。

② 写入 (write)：可以修改文件内容、修改文件属性等。

③ 读取和执行 (read & execute)：除了拥有读取的权限外，还具备运行应用程序的权限。

④ 修改 (modify)：除了拥有读取、写入与读取和执行的权限外，还可以删除文件。

⑤ 完全控制 (full control)：拥有所有的 NTFS 文件权限，也就是除了拥有上述所有权限之外，还拥有更改权限与取得所有权的特殊权限。

(2) NTFS 文件夹权限。

① 读取 (read)：查看该文件夹中的文件和子文件夹，查看文件夹的所有者、权限和属性。

② 写入 (write)：可以在文件夹内新建文件与子文件夹、修改文件夹属性等。

③ 列出文件夹目录 (list folder contents)：查看该文件夹中的文件和子文件夹的名称。

④ 读取和执行 (read & execute)：拥有与列出文件夹目录几乎完全相同的权限。

⑤ 修改 (modify)：除了拥有前面的所有权限外，还可以删除此文件夹。

⑥ 完全控制 (full control)：拥有所有的 NTFS 文件夹权限，还拥有更改权限与取得所有权的特殊权限。

(3) NTFS 权限属性。

① 可继承性：当父文件夹的权限设置完成后，父文件夹的 NTFS 权限自动被子文件夹继承。

② 累加性：如果某一个用户属于多个用户组，而该用户及用户所在的组对某个文件或者文件夹拥有不同的 NTFS 权限，那么该用户便拥有多个组的 NTFS 权限。假如 A 用户同时属于销售组与经理组，如果销售组对某文件夹的权限是读取 + 写入，经理组的权限是读取 + 执行，那么 A 用户的权限是读取 + 写入 + 执行。

③ 拒绝权限优先：上面提到 NTFS 的权限是累加的，但有一种特殊情况，就是只要其中一个权限是拒绝，则用户就不再拥有此权限。在上面的案例中，如果销售组的权限是允许读取 + 拒绝写入，而经理组的权限为读取 + 写入，那么 A 用户的权限就为读取。

## 任务实施

### 1. 保护用户账户安全

**步骤 1**　实验准备阶段，根据项目一中任务一知识点，在 VMware Workstation 中部署两台 Windows Server 2008 R2 虚拟机 PC1 和 PC2，并将两台虚拟机实现网络连通。PC1 和 PC2 的 IP 地址规划如表 2-1 所示。

2-1-1

表 2-1 设置主机安全访问权限项目 IP 地址规划

| 设备名称 | 设备角色 | 操作系统 | IP 地址 |
|---|---|---|---|
| PC1 | 文件共享服务器 | Windows Server 2008 | 192.168.159.3/24 |
| PC2 | 测试计算机 | Windows Server 2008 | 192.168.159.4/24 |

在进行下面的操作之前，为了保护虚拟机的设置不会因为误操作受到较大影响，同时保证此任务的实施操作不影响后续任务，建议在配置虚拟机后，在 VMware 工具栏中选择"虚拟机"→"快照"，对虚拟机进行拍摄快照，这样当设置有误或进行其他任务时，可以快速重置虚拟机。本书 Linux 部分的实验操作也是如此。

**注 意**

**步骤 2** 在 PC1 上创建 Windows 用户账户。

(1) 在开始菜单中选择"管理工具"→"计算机管理"，在"计算机管理"窗口展开"本地用户和组"节点，右键单击"用户"节点，在弹出的快捷菜单中选择"新用户"命令，打开"新用户"对话框，如图 2-1 所示。

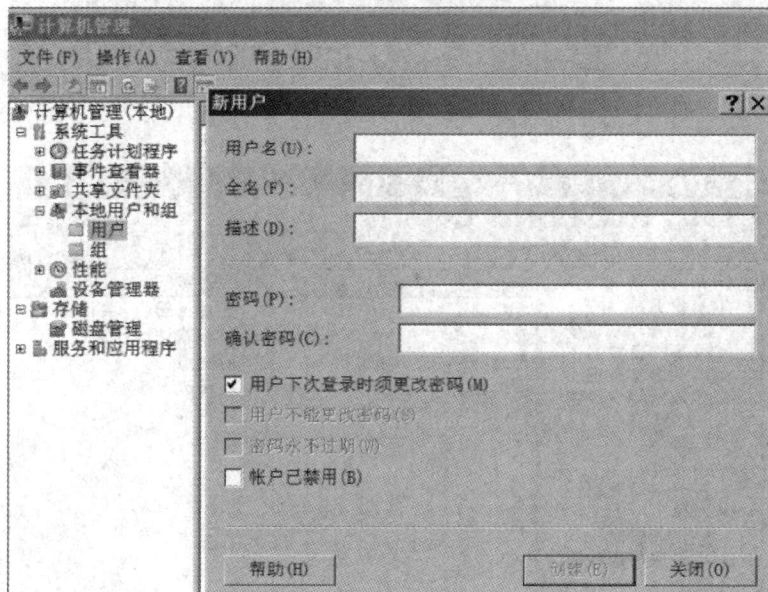

图 2-1 创建新用户

**小贴士**

Windows Server 2008 系统安装后，默认桌面上只有"回收站"图标，对于经常使用的"计算机"和"控制面板"等图标，可以在开始菜单中找到该项，然后右键单击，选择"在桌面上显示"，在桌面上创建快捷方式，方便操作使用。

(2) 在创建用户的时候，密码设置一般为 8 位以上，并包含数字、大小写字母和特殊字符等 3 种或以上元素，以保证用户密码安全。以创建 user1 用户为例，在用户名框中输入 user1，描述框中可以对该用户加以描述，如图 2-2 所示。接着创建用户 user2 和 user3，创建结果如图 2-3 所示。

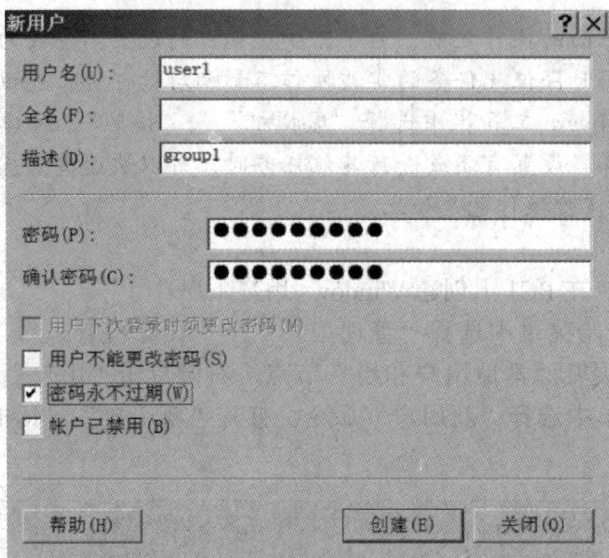

图 2-2　创建用户 user1

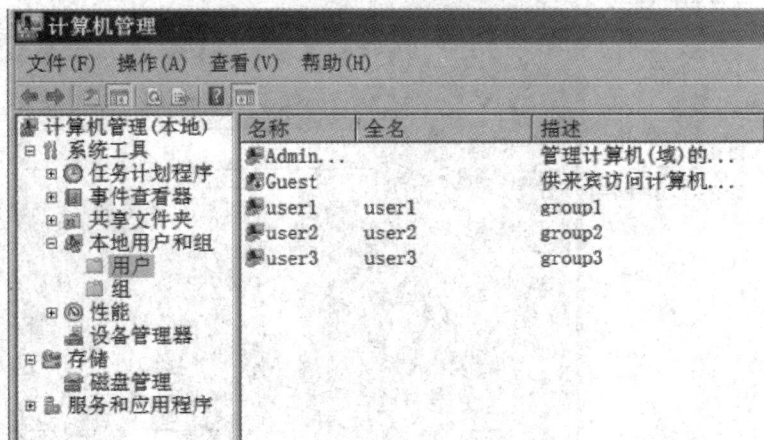

图 2-3　创建所有用户

**步骤 3**　在 PC1 上创建 Windows 用户组。

(1) 在计算机管理界面，右键单击"组"节点，在弹出的快捷菜单中选择"新建组"命令，打开"新建组"对话框，在组名一栏中输入名称 group1，再单击"创建"按钮，即可创建一个组 group1，如图 2-4 所示。

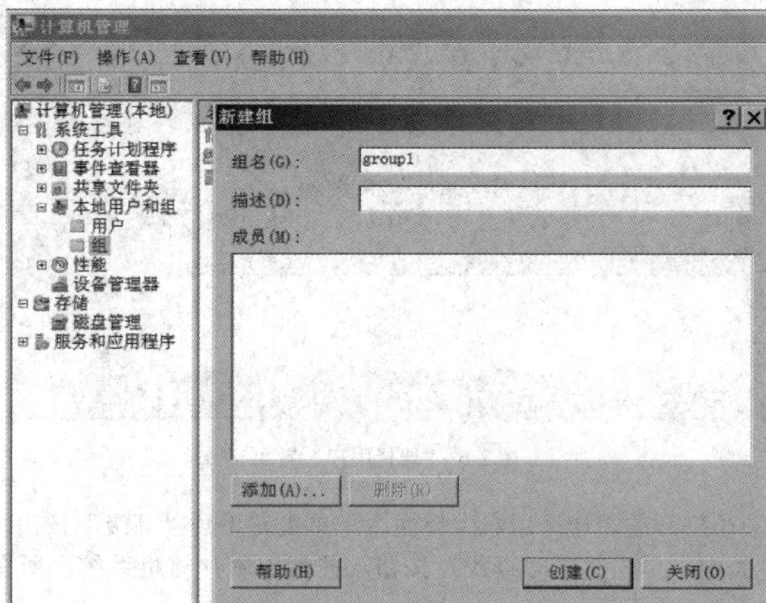

图 2-4　创建 group1 组

(2) 同样创建用户组 group2 和 group3，结果如图 2-5 所示。

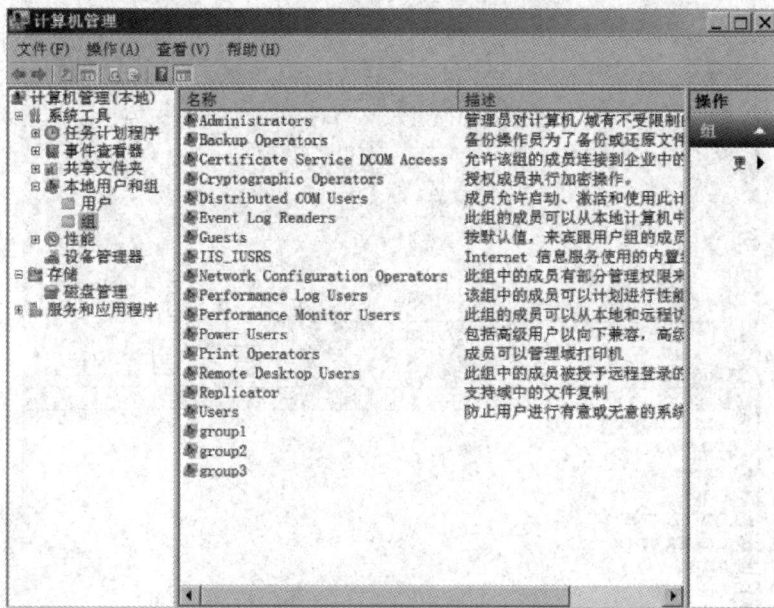

图 2-5　创建全部用户组

步骤 4　在 PC1 上将用户加入到用户组。

(1) 展开"本地用户和组"→"组"节点，在其对应的右侧列表框中，双击指定用户组 group1，出现 group1 的属性对话框，在打开的对话框中单击"添加"按钮，出现"选择用户"界面，如图 2-6 所示。

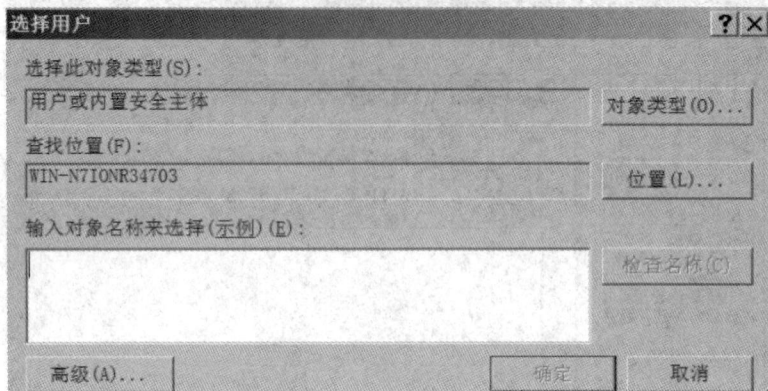

图 2-6　"选择用户"界面

　　(2) 在打开的"选择用户"界面中，单击左下角"高级"按钮，在打开的界面中，单击"立即查找"按钮，搜索出本计算机系统中所有的用户，如图 2-7 所示。

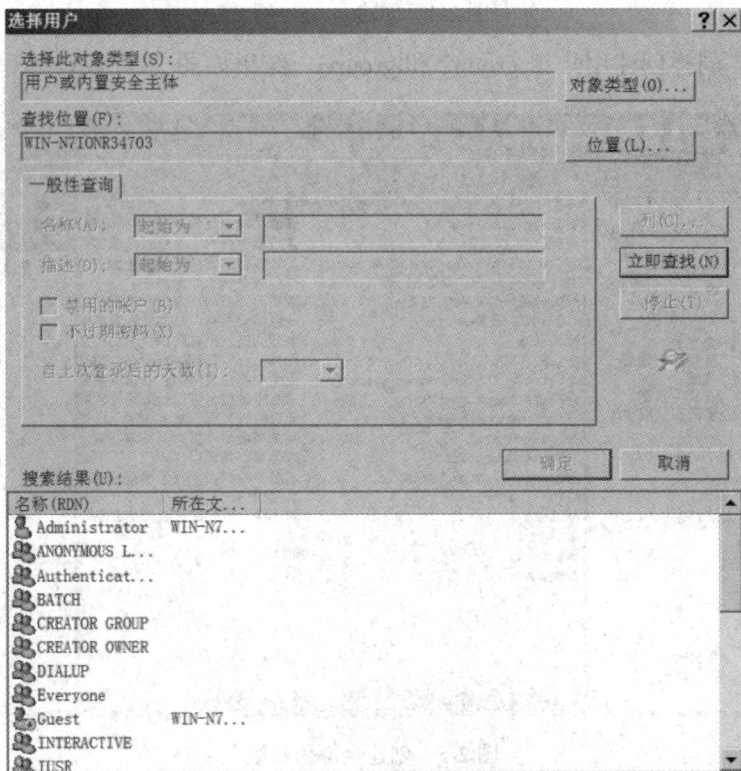

图 2-7　查找计算机中的用户

　　(3) 找到并选中用户 user1，单击"确定"按钮，会在"选择用户"界面中出现所选中的用户的完整名称，如图 2-8 所示。

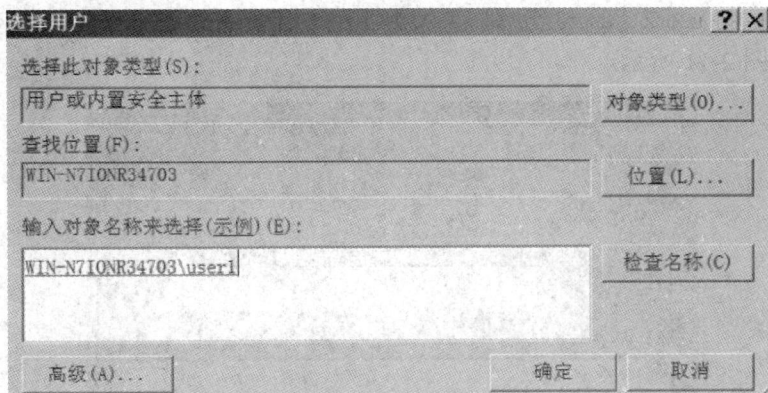

图 2-8　显示选定的用户

　　Windows 系统中对用户的完整命名是在计算机名称后面加上用户名称，表示该计算机上的某个用户。如果在图 2-6 界面中直接输入用户名，则需要再单击"检查名称"按钮，补充为完整的用户名称。

（4）确定所选用户无误，单击"确定"按钮，即可将 user1 加入 group1 中，结果如图 2-9 所示。

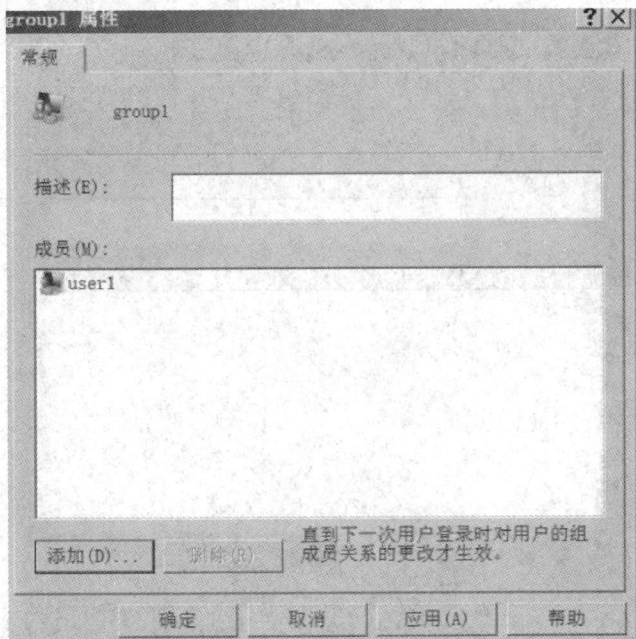

图 2-9　将 user1 加入 group1

　　查看用户组中包含的用户时，双击该组的名称即可在组的属性界面中查看。

(5) 将 user2、user3 分别加入到用户组 group2 和 group3 中，如图 2-10、图 2-11 所示。

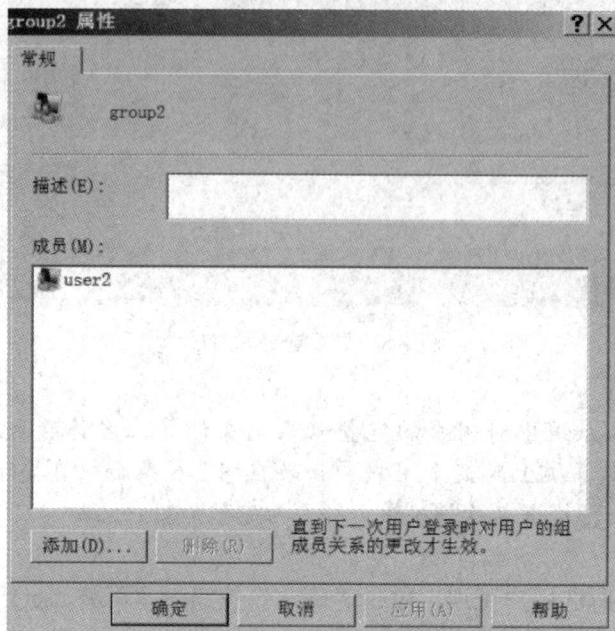

图 2-10　将 user2 加入 group2

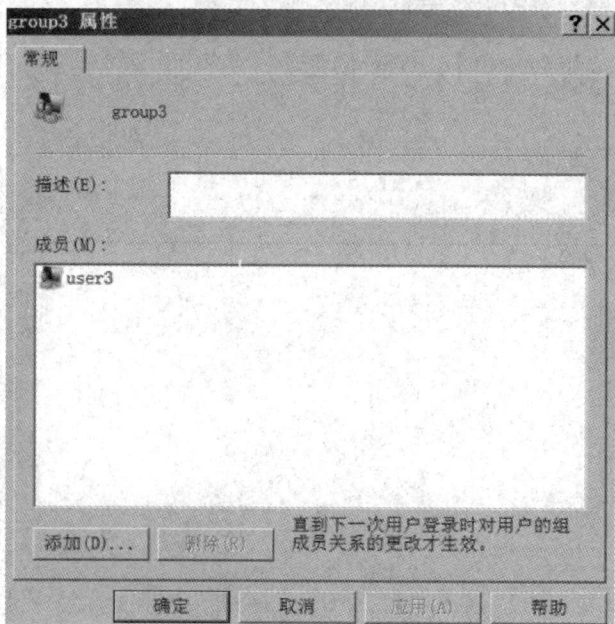

图 2-11　将 user3 加入 group3

2. 实现文件共享安全

步骤 1　创建共享文件夹。

(1) 在 PC1 上创建文件夹。在 C 盘上先创建文件夹 File，然后在文件夹 File 中创建 3 个子文件夹 group1、group2 和 group3，如图 2-12 所示。

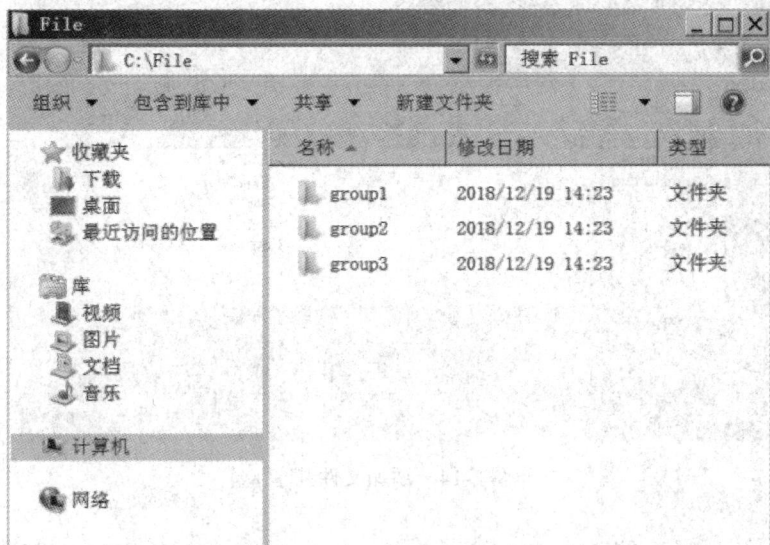

图 2-12　创建文件夹 File

(2) 打开 group1 文件夹，在文件夹中右键单击，在弹出的快捷菜单中选择"新建"→"BMP 图像"，创建图像文件 group1.bmp，如图 2-13 所示。

图 2-13　创建图像文件 group1

Windows Server 2008 系统中，默认情况下会自动隐藏文件的扩展名，需要显示扩展名时，可以在文件夹工具栏中选中"组织"→"文件夹和搜索选项"→"查看"，将"隐藏已知文件类型的扩展名"选项框中的勾取消。

**小贴士**

(3) 在 PC1 上配置共享文件夹权限。右键单击文件夹 File，在弹出的快捷菜单中选择"共享"→"特定用户"命令。

(4) 在文件共享选项对话框中，分别选中下拉菜单中的 user1、user2、user3，然后先后单击"添加""共享"按钮，即可将文件夹进行共享，如图 2-14 所示。

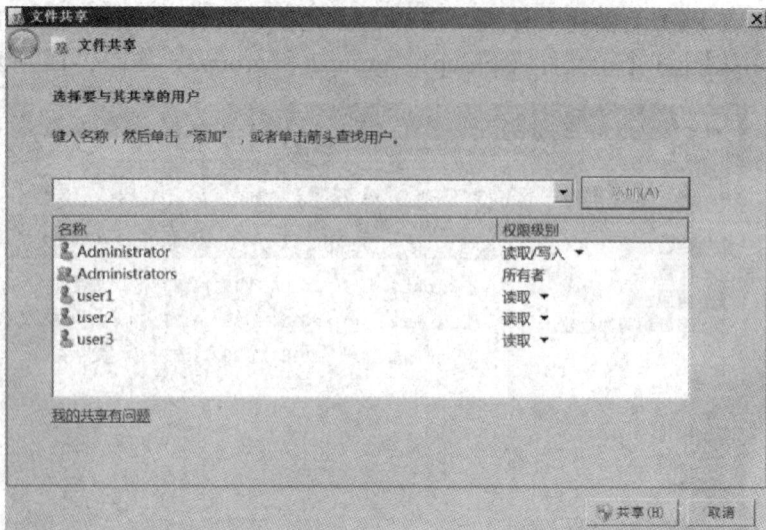

图 2-14　添加文件共享

**注 意**

在共享时，会弹出"网络发现和文件共享"的提示弹窗，选择"是，启用所有公用网络的网络发现和文件共享"。如果只是专用网络共享，PC2 端只能搜索到该共享文件夹，而无法访问。

步骤2　测试文件夹共享。

(1) 在 PC2 上访问共享文件夹。

① 分别在 PC1 和 PC2 的计算机管理中，右键单击"Administrator"，选中"设置密码"选项，为管理员账户设置密码，为了保护账户安全，尽量不要使用相同的密码，如图 2-15 所示。

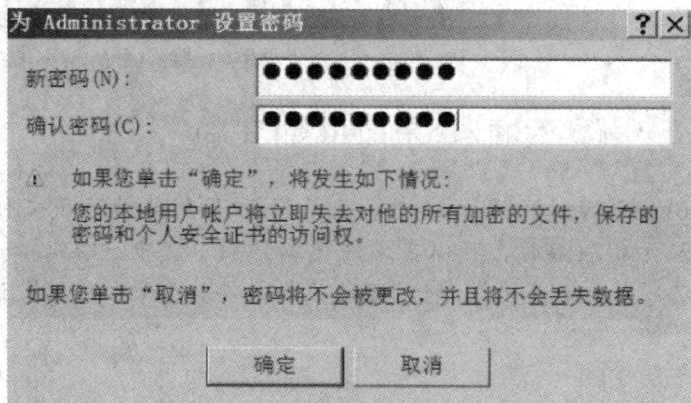

图 2-15　为 Administrator 设置密码

② 在 PC2 上访问共享文件夹。在 PC2 上找到"开始"→"运行"，输入"\\192.168.159.3"，然后输入 PC1 的管理员用户名和密码，访问 PC1 中的共享文件夹 File，如图 2-16 和图 2-17 所示。

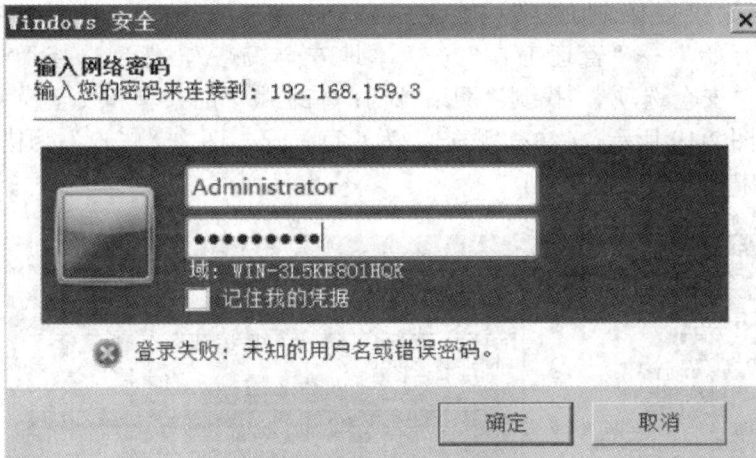

图 2-16    在 PC2 上输入 PC1 的管理员用户名和密码

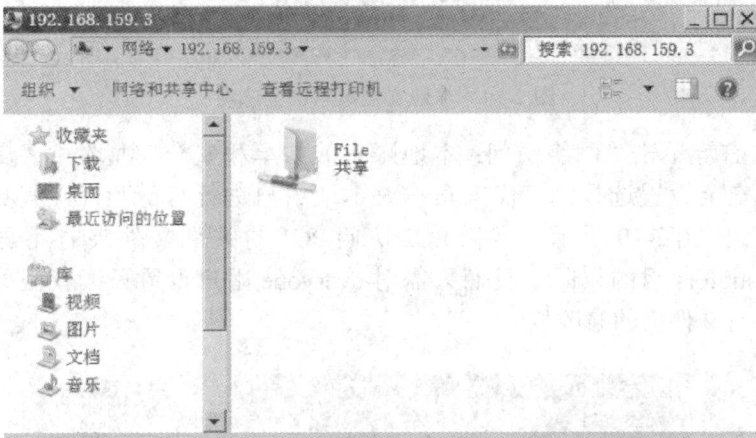

图 2-17    访问 PC1 上的共享文件夹

③ 双击文件夹 File，显示 File 中的子文件夹 group1、group2 和 group3，如图 2-18 所示，PC2 能够访问 File 文件夹内的任何文件和子文件夹，不受限制。

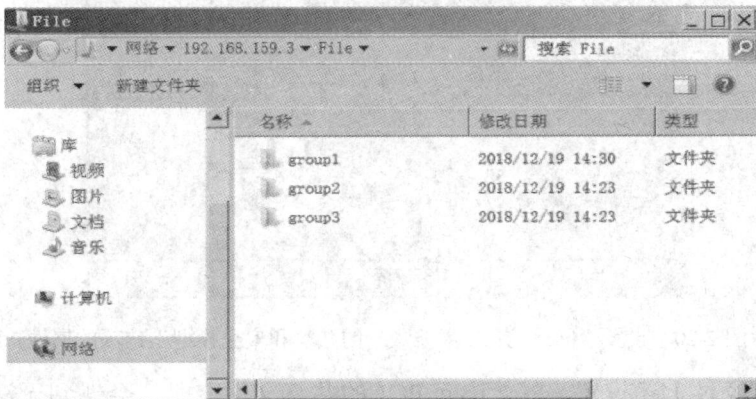

图 2-18    查看 File 的子文件夹

④ 如果要限制 PC2 对 PC1 的共享文件夹的修改，可以在 PC1 上选择"开始"→"管理工具"→"本地安全策略"，然后选择"安全设置"→"安全选项"，找到"网络访问：本地账户的共享和安全模型"选项，如图 2-19 所示。(注："账户"为正确词语，图中"帐户"为错别字，本书文中均统为"账户")

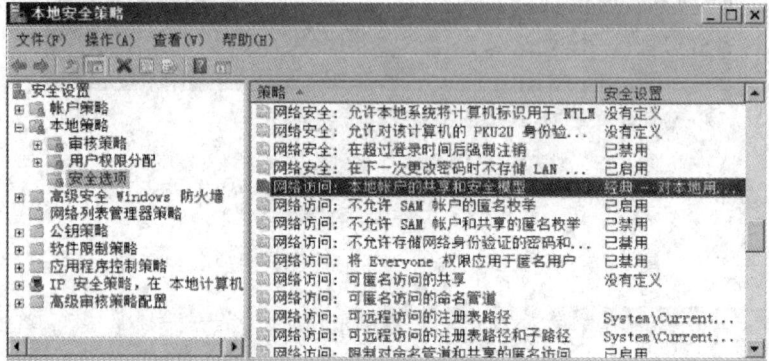

图 2-19　本地安全策略安全选项

⑤ 右键单击"网络访问：本地账户的共享和安全模型"→"属性"，将本地安全设置选择为"仅来宾—对本地用户进行身份验证，其身份为来宾"，如图 2-20 所示。这样 PC2 访问 PC1 的共享文件夹时不再具有 Administrators 组的权限，我们只需对 everyone 用户设置只读权限即可限制 PC2 对文件夹的修改权限。

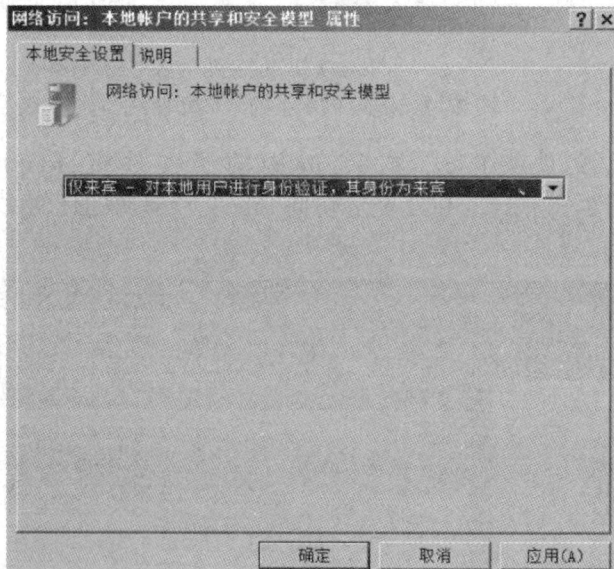

图 2-20　设置"网络访问：本地账户的共享和安全模型"选项的属性

⑥ 经过上述设置，PC2 访问 PC1 的共享文件夹时，会遇到无法访问和登录问题，此时需要在"File 属性"→"共享"中选择"网络和共享中

心"，如图 2-21 所示。然后选择"关闭密码保护共享"，如图 2-22 所示，这样 PC2 访问 PC1 的共享文件夹时，就不再需要输入密码，可以直接搜索和查看共享文件夹。

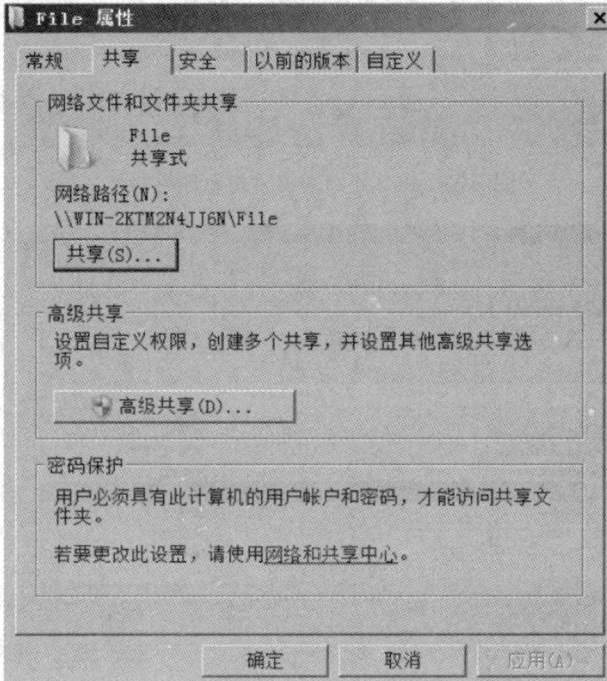

图 2-21　选择文件夹共享属性中的"网络和共享中心"

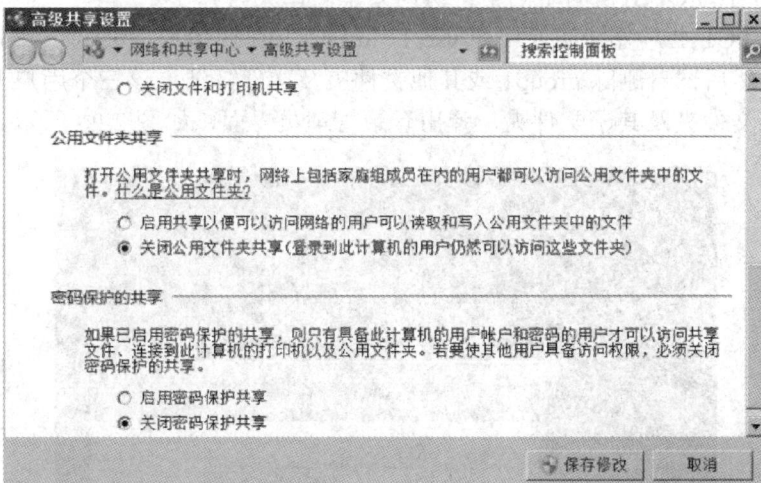

图 2-22　关闭共享文件夹的密码保护

⑦ 尝试在 PC2 上删除文件 group1.bmp，提示该操作被拒绝，如图 2-23 所示。此时必须在 PC1 上将 File 共享中 everyone 用户权限修改为"读取 / 写入"，如图 2-24 所示，这样才可以使 PC2 具有对共享文件夹进行删除、添加的权限。

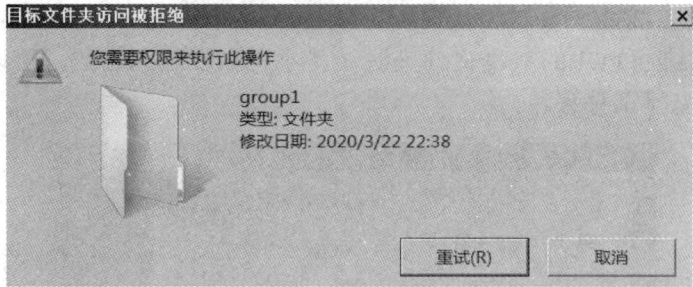

图 2-23 PC2 不可对文件进行删除操作

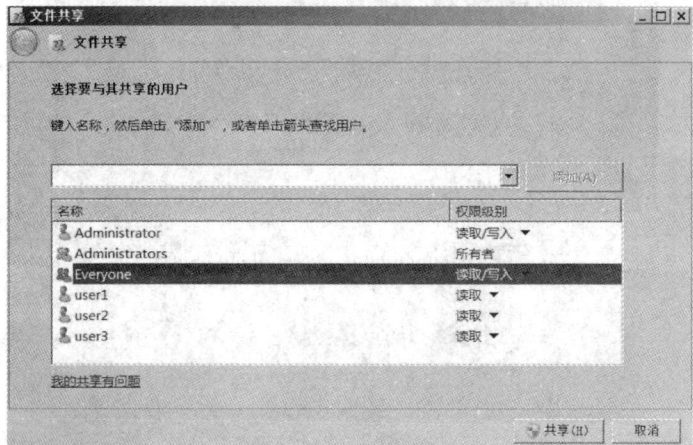

图 2-24 重新为 everyone 用户设置权限级别

(2) 在 PC1 上使用不同用户访问共享文件夹。

在 PC1 上，分别切换用户 user1、user2、user3 用户，尝试访问 File 文件夹，然后试着删除 group1 或其他文件夹及文件，结果该三个用户无法删除 File 文件夹及其子文件夹，弹出登录管理员界面，如图 2-25 所示。

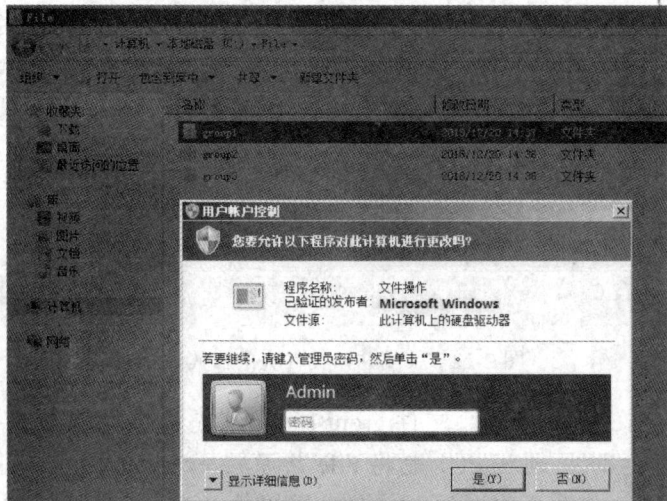

图 2-25 弹出登录管理员界面

步骤3　在 PC1 上修改共享文件夹权限。

在 File 文件夹针对每个用户设置不同的共享权限，具体操作如下：

(1) 配置 user1 用户的文件夹共享权限：对 File 文件夹只能读取。

① 在 File 属性对话框中，单击"共享"选项卡，选择"高级共享"→"权限"→"添加"→"高级"→"立即查找"，选择 user1 用户，单击确定。将 user1 用户的 File 权限设置为"读取"，如图 2-26 所示。

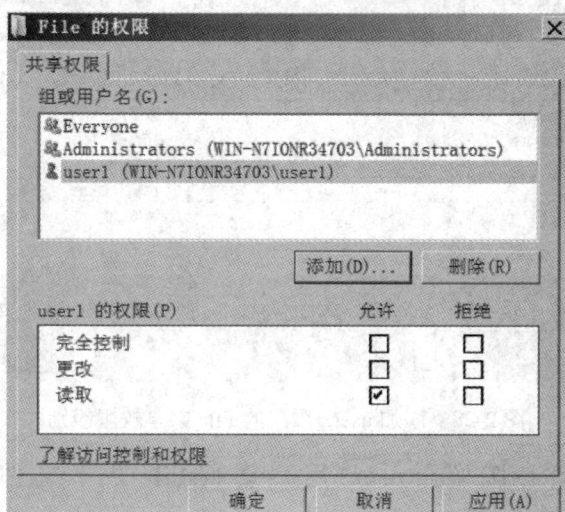

图 2-26　添加 user1 用户的 File 权限

② 在 PC1 上切换至 user1 用户访问 File 共享文件夹，只可读取 File 文件夹及其子文件夹和文件，不能进行添加、删除和修改等操作。

(2) 配置 user2 用户的文件夹共享权限：对 File 文件夹可以更改。

① 按照 (1) 中的方法，在"高级共享"对话框中设置用户 user2 具有读取和更改的权限，如图 2-27 所示。

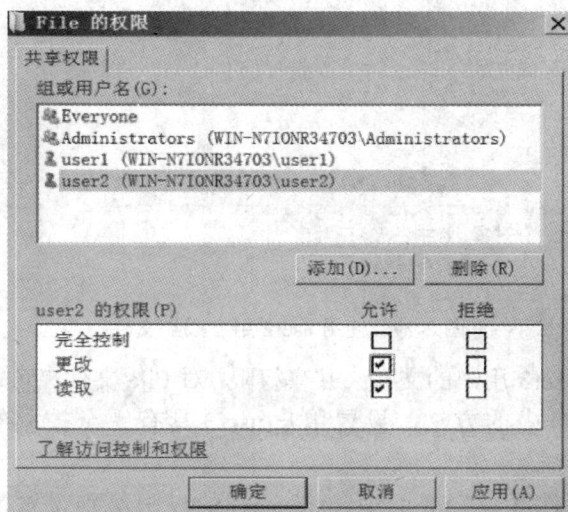

图 2-27　添加 user2 用户的 File 共享权限

② 在"文件共享"界面中，将 user2 的权限级别设置为读取/写入，如图 2-28 所示。

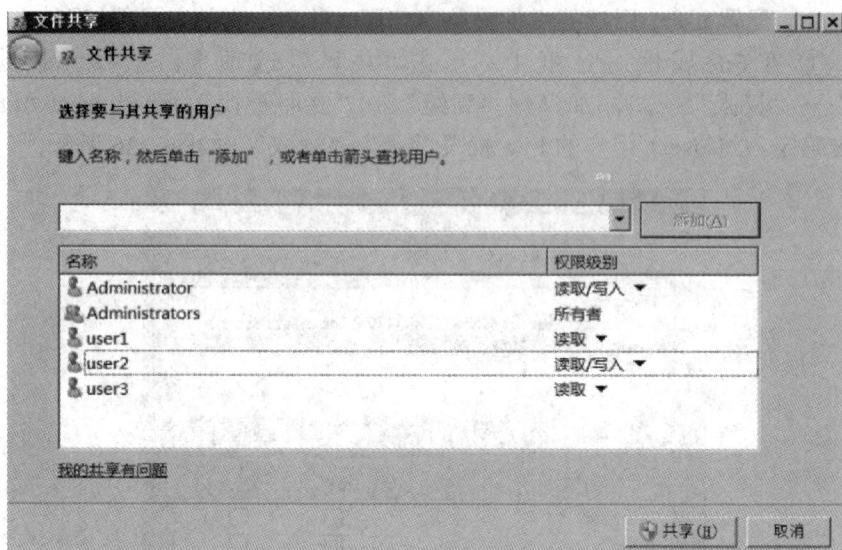

图 2-28　添加 user2 用户的 File 共享权限级别

③ 在 PC1 上切换至 user2 用户访问 File 共享文件夹，尝试在 group2 文件夹中创建 user2.txt，如图 2-29 所示。说明 user2 用户已具备修改权限。

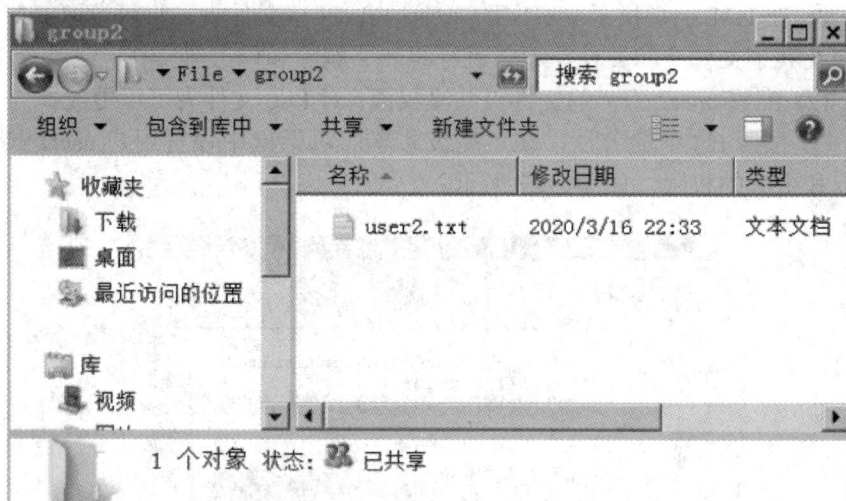

图 2-29　使用 user2 用户添加文件

(3) 配置 user3 用户的文件夹共享权限：对 File 文件夹可以完全控制。

① 按照 (1) 中的方法，设置用户 user3 具有完全控制的权限，如图 2-30 所示。

② 在"文件共享"界面中，将 user3 的权限级别设置为读取/写入，如图 2-31 所示。

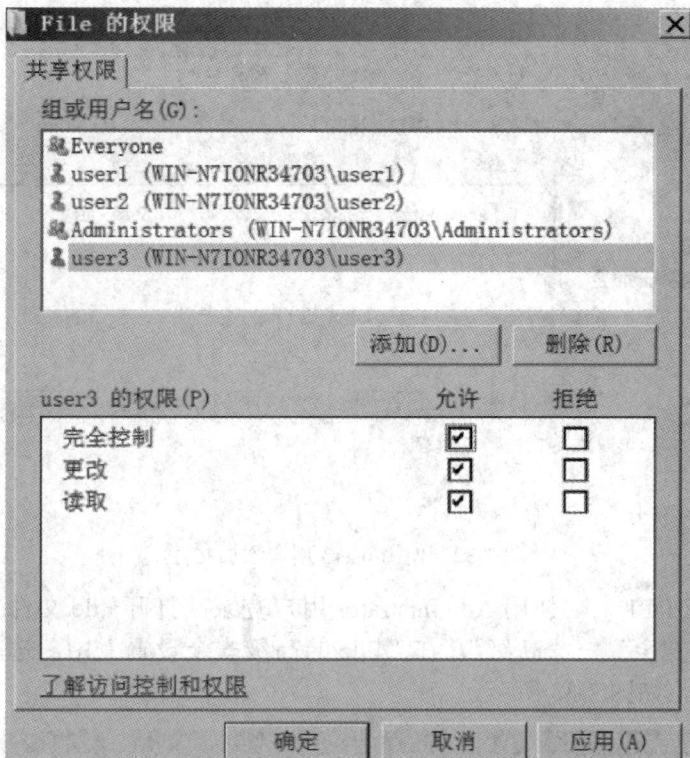

图 2-30　添加 user3 用户的 File 共享权限

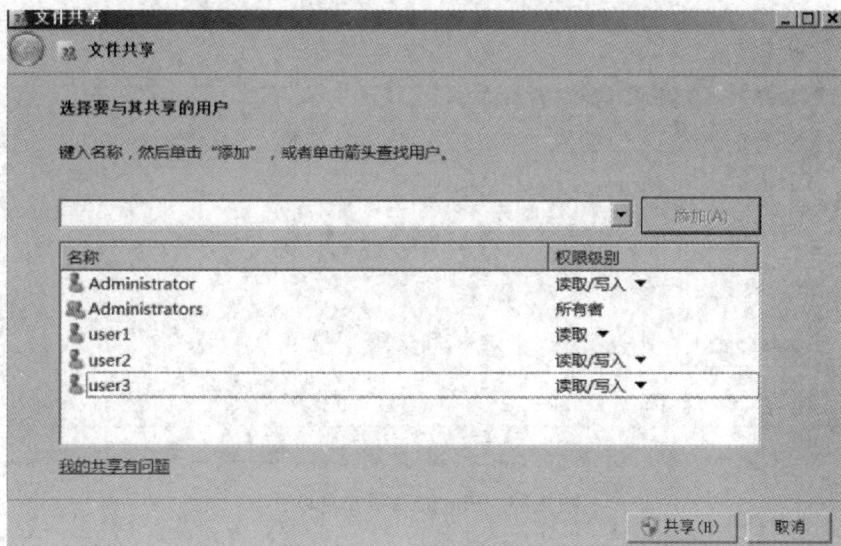

图 2-31　添加 user3 用户的 File 共享权限级别

③ 在 PC1 上切换至 user3 用户访问 File 共享文件夹，尝试在 group3 文件夹中创建 user3.txt，如图 2-32 所示。说明 user3 用户已具备修改权限。

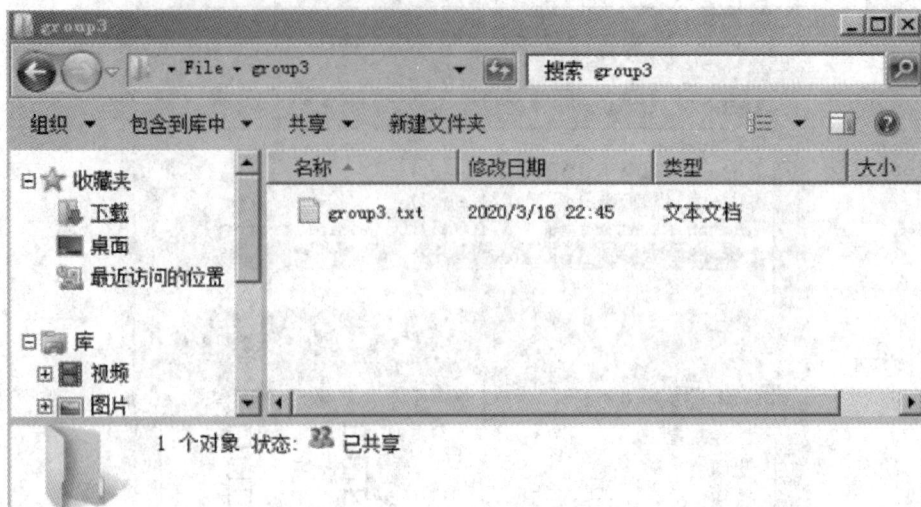

图 2-32 使用 user3 用户添加文件

④ 在 PC1 上，使用 Administrator 用户登录，打开 File 文件夹的"属性"→"安全"→"高级"，在"File 的高级安全设置"中，选择"所有者"一栏，如图 2-33 所示。

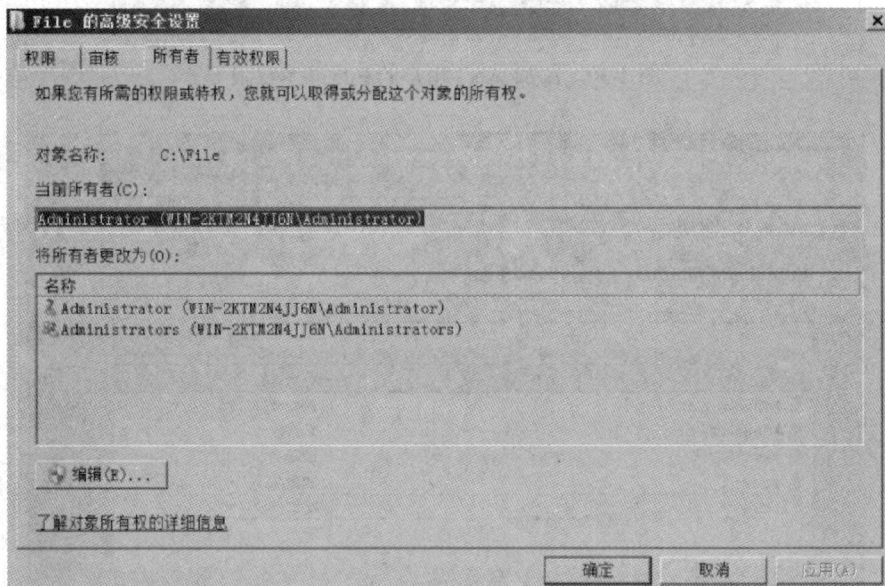

图 2-33 File 的高级安全设置

⑤ 打开"编辑"→"其他用户或组"，选择 user3 用户，如图 2-34 所示，再单击"应用"→"确定"按钮，即可为 user3 获得文件的所有权。这表明，user3 不仅具有修改文件夹的权限，还具有获得文件夹所有权的权限，即 user3 具有完全控制权限。

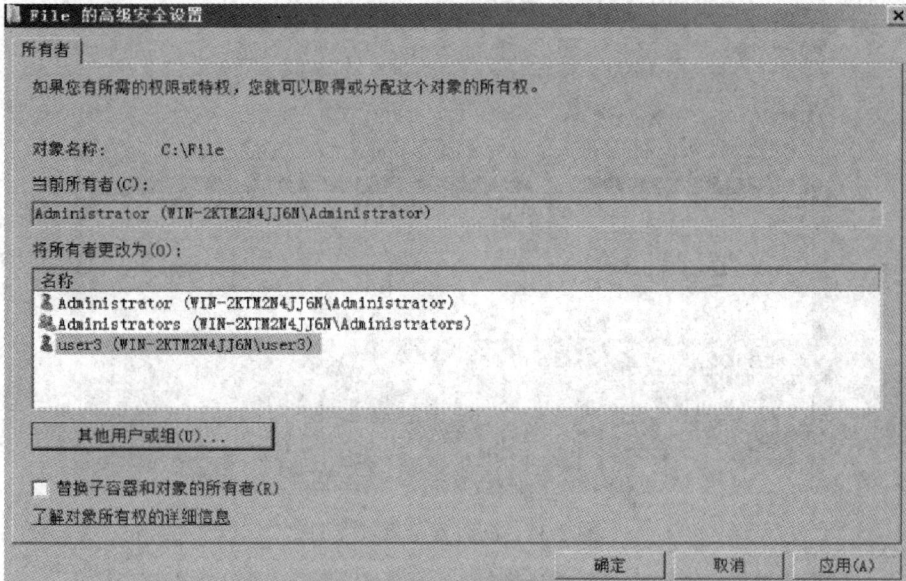

图 2-34　为 user3 获取文件夹所有权

若将文件夹分配给 user3 所有，则 Administrator 不能再控制 File 文件夹，可以重新将所有权转移给 Administrator。

### 3. 保护文件系统安全

步骤 1　在 PC1 上为用户分配 NTFS 权限。

2-1-3

注　意

小贴士

该部分内容是针对用户较少的情况下设置权限的方法，如果用户较多，可以通过将用户加入到组中，然后以组的方式批量设置权限，这样会更加高效。

(1) 设置除管理员之外，只有用户 user1 可以修改文件夹 group1。
① 右键单击 group1 文件夹，在弹出的快捷菜单中选择"属性"，打开"安全"选项卡。
② 在"安全"选项卡中，选择"高级"，打开"group1 的高级安全设置"界面，如图 2-35 所示。
③ 在"group1 的高级安全设置"界面中，单击"更改权限"按钮，将"包括可从该对象的父项继承的权限"复选框中的选择取消，在弹出的"Windows 安全"对话框中选择"删除"，如图 2-36 所示。完成文件夹高级安全设置，如图 2-37 所示。

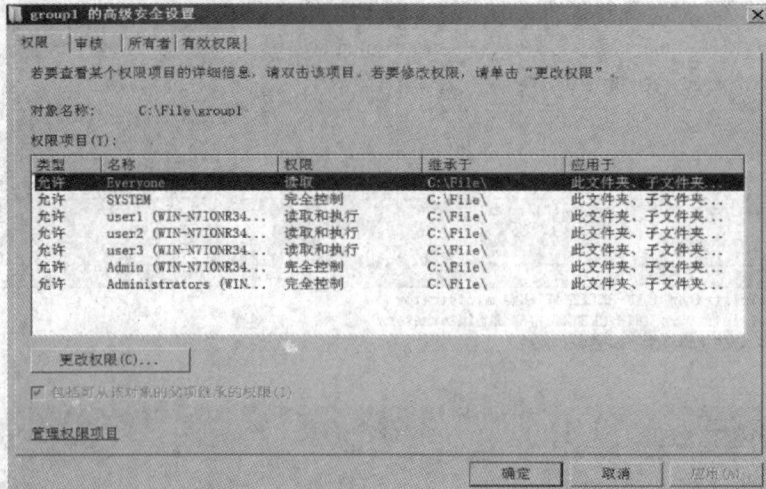

图 2-35　高级安全设置界面

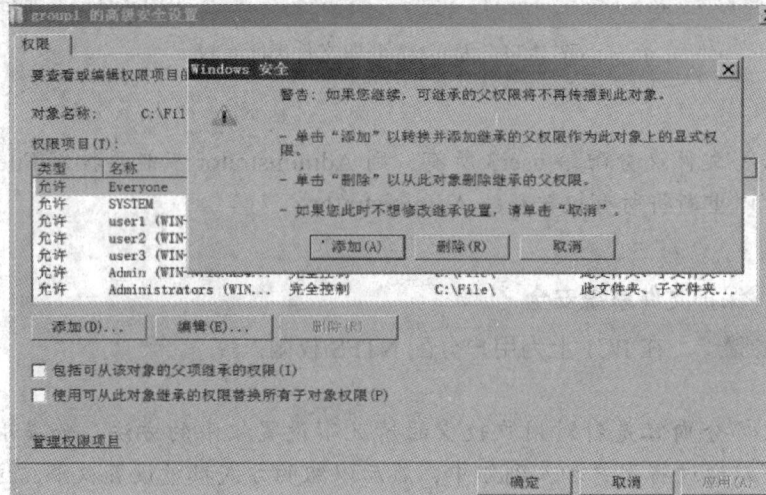

图 2-36　取消对象的父项继承权限

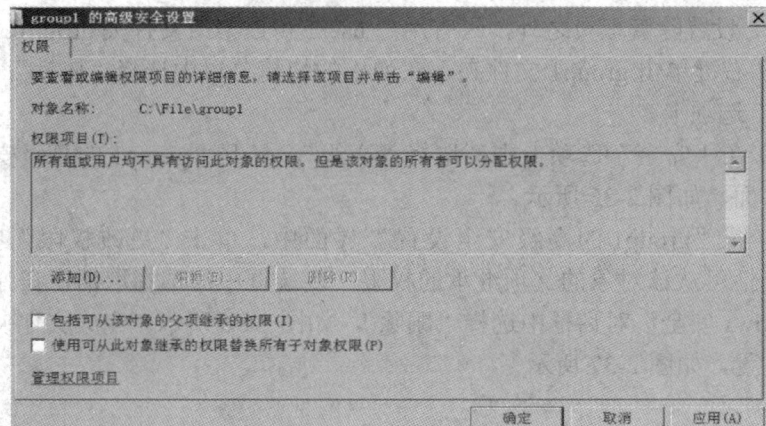

图 2-37　完成文件夹高级安全设置

④ 在图 2-37 中，依次单击"添加"→"高级"→"立即查找"，在列表中选择"Administrator"用户，单击确定，将"Administrator"用户添加到 group1 文件夹的权限中，并设置为完全控制，如图 2-38 所示。

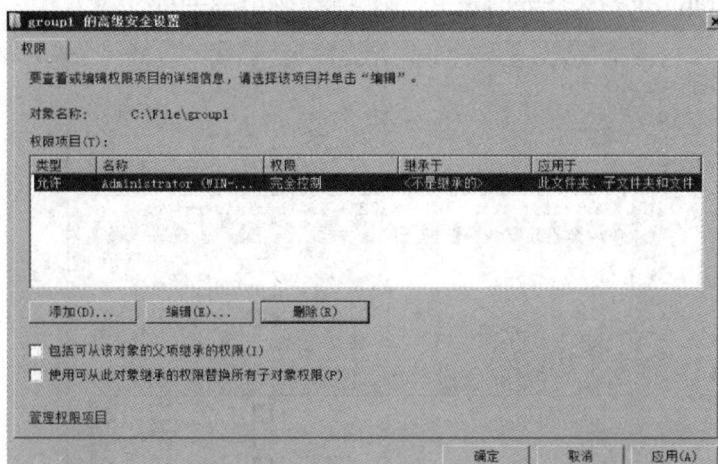

图 2-38　为 group1 文件夹设置 Administrator 完全控制

若没有该步骤，未将 Administrator 设为 group1 文件夹的完全控制权限，则 Administrator 接下来无法操作该文件夹，会引发删除等方面的麻烦，因此，在该步骤中，Administrator 需要拥有完全控制权限。

**注　意**

⑤ 在 group1 文件夹"属性"→"安全"→"编辑"对话框中，单击"添加"→"高级"→"立即查找"，选择 user1 用户，在"user1"用户的权限中选择"修改"及"读取和执行"复选框，如图 2-39 所示。

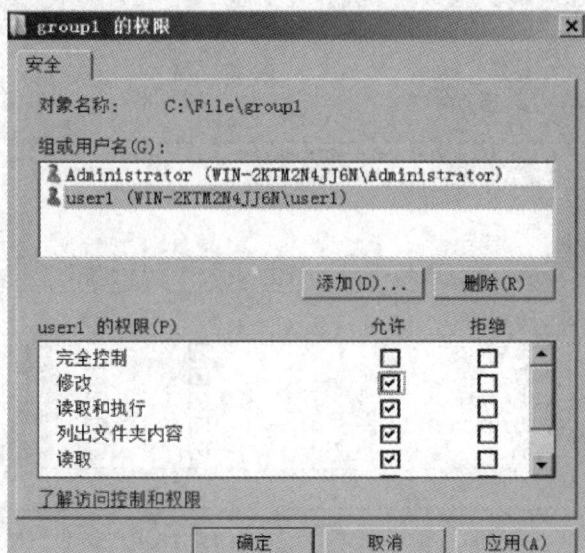

图 2-39　设置 user1 的 NTFS 权限

(2) 设置除 Administrator 之外，只有 group2 组的用户 user2 可以读取文件夹 group2。

按照 (1) 中的方法，设置用户 user2 具有读取文件夹 group2 的权限，Administrator 设为文件夹的完全控制权限，如图 2-40 所示。

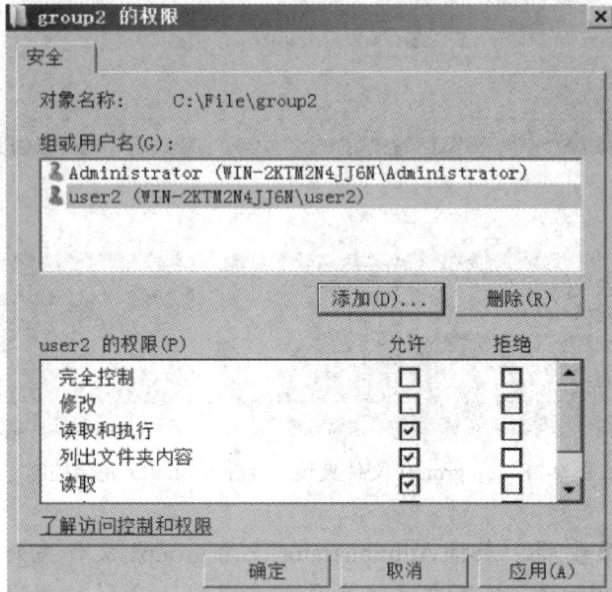

图 2-40　设置 user2 的 NTFS 权限

(3) 设置除 Administrator 之外，只有 group3 组的用户 user3 完全控制文件夹 group3。

按 (1) 中的方法，设置用户 user3 具有完全控制文件夹 group3 的权限，如图 2-41 所示。

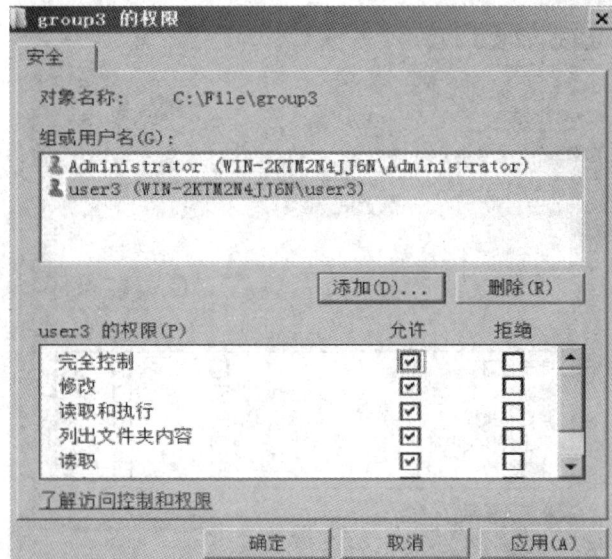

图 2-41　设置 user3 的 NTFS 权限

步骤2　在 PC1 上切换用户验证测试。

(1) 在 PC1 上使用 user1 用户登录，可以访问文件夹 group1，并在文件夹中进行添加、删除等修改操作。

使用 user1 用户分别访问文件夹 group2、group3，提示无权访问该文件夹，如图 2-42 所示。

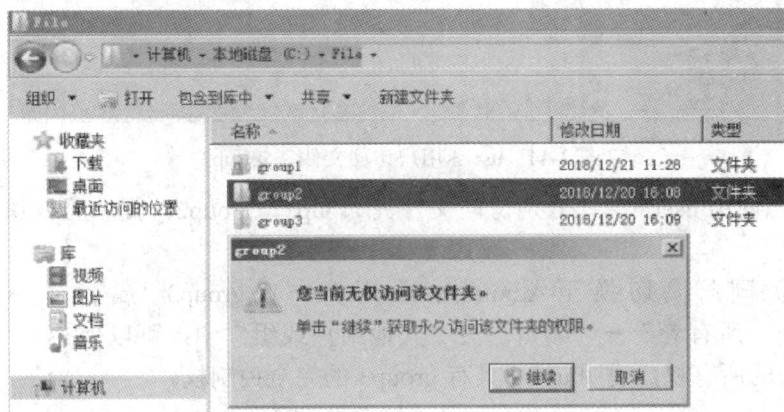

图 2-42　user1 用户无法访问文件夹 group2

(2) 在 PC1 上使用 user2 用户登录，可以访问文件夹 group2，但不能在文件夹中进行添加、删除等修改操作，如图 2-43 所示，尝试修改 user2.txt 的文件名称时，要求必须登录管理员账户。

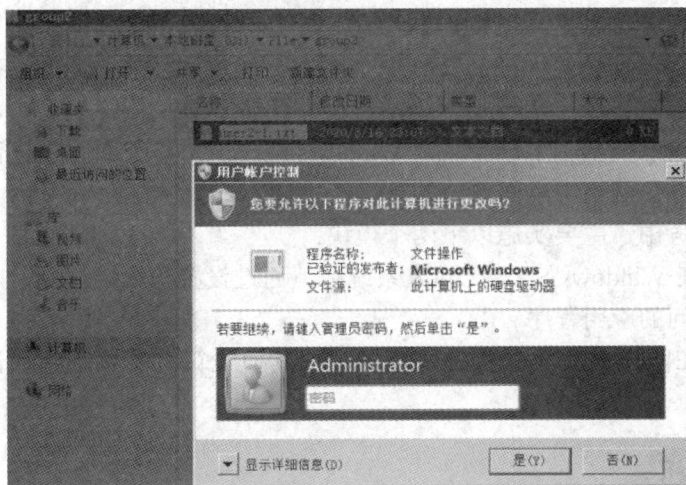

图 2-43　user2 用户可以读取文件夹 group2

使用 user2 用户分别访问文件夹 group1、group3，提示无权访问该文件夹。

(3) 在 PC1 上使用 user3 用户登录，可以访问文件夹 group3，可以在文件夹中进行添加、删除等修改操作，如图 2-44 所示。

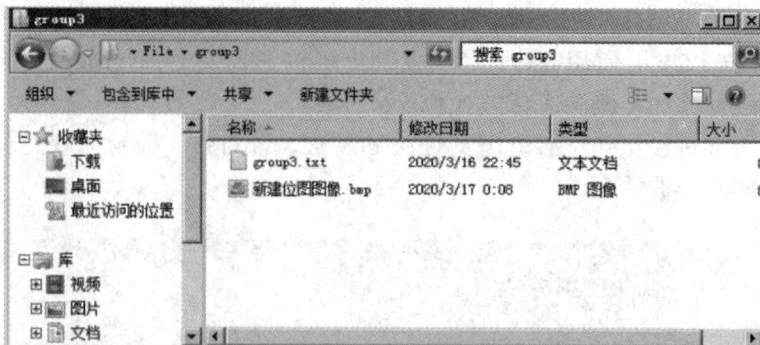

图 2-44　user3 用户访问文件夹 group3

① 使用 user3 用户分别访问文件夹 group1、group2，提示无权访问该文件夹。

② 同样，切换至 Administrator 用户，在 group3 "属性" → "高级" → "所有者" → "编辑" → "其他用户或组"中，可以使 user3 获取文件夹的所有权，说明 user3 具有 group3 的完全控制权。

# 任务二　使用 Windows 防火墙规则加强 Windows 主机安全

## 任务提出

通过任务一"提高 Windows 主机安全访问权限"的实施，可以使用文件系统权限保证公司内部的数据安全。但公司的办公网络还面临公司内部不明病毒的攻击，还需要加强公司办公网络中计算机用户的行为管理，保证数据传输的安全。本任务利用 Windows Server 2008 系统自带的防火墙功能来提高办公网络中桌面系统的防御能力。

本任务中，主要实施以下两个模块：

(1) 在 Windows Server 2008 系统中，通过设置防火墙规则，限制计算机能够访问的应用程序。

(2) 在防火墙中添加特定的服务，使其他计算机能够访问该计算机上的服务。

## 任务分析

### 1. 设置防火墙的访问规则

当前的计算机网络基本上是基于 TCP/IP 模型的，通过 IP 地址可以定位网络结点，通过端口可以发现结点中正在运行的应用程序，进而扫描计算机中存在的漏洞，这为计算机带来很大的潜在隐患。

为了加强公司办公网络中 Windows 桌面系统的安全，减少网络攻击现象的发生，需要对来访用户及访问服务进行限制。利用计算机系统自带的防火墙功能有效地提高办公网络中桌面系统的防御能力。

将本地计算机的 Windows 防火墙打开，可以阻止未经允许的外来计算机建立连接。如果需要允许建立这种连接，必须在防火墙中针对特定程序或服务设置允许打开端口。端口是信息流入计算机时所必经的入口，如果要在 Internet 上与其他人聊天，那么可以为聊天服务数据打开端口，这样防火墙就会允许聊天程序数据到达计算机。

### 2. 防火墙允许 / 限制服务

默认情况下，服务器计算机上禁止远程桌面连接服务，网络中的计算机无法远程登录到服务器。通过在服务器计算机上配置防火墙，可以使计算机远程登录到该服务器，访问该服务器中的服务程序。

## 任务实施

### 1. 设置防火墙的访问规则

步骤 1　实验准备阶段，根据项目一中任务一知识点，在 VMware Workstation 中部署两台 Windows Server 2008 R2 虚拟机 Server 和 PC，并将两台虚拟机实现网络连通。Server 和 PC 的 IP 地址规划如表 2-2 所示。

2-2-1

表 2-2　使用防火墙规则加强防御的项目 IP 地址规划

| 设备名称 | 设备角色 | 操作系统 | IP 地址 |
|---|---|---|---|
| Server | 远程桌面服务器 | Windows Server 2008 | 192.168.159.3/24 |
| PC | 测试计算机 | Windows Server 2008 | 192.168.159.4/24 |

步骤 2　配置远程桌面服务。

(1) 在 Server 上配置远程桌面连接。

① 在 Server 上，右键单击计算机图标，选择"属性"，打开计算机"系统"对话框，选择"远程设置"，打开"系统属性"对话框，在"远程"选项卡中，选中"允许运行任意版本远程桌面的计算机连接"复选框，如图 2-45 所示。

知识链接

远程桌面的第三个选项即网络级身份验证 (NLA) 是一种新的身份验证方法，指在建立所有远程桌面连接之前完成用户身份验证，并出现登录屏幕。这是最安全的身份验证方法，有助于保护远程计算机避免黑客或恶意软件的攻击。NLA 的优点是：

(1) 需要较少的远程计算机资源。验证用户之前，远程计算机使用的资源有限，而不是像以前版本那样启动所有远程桌面连接。

(2) 它通过降低拒绝服务攻击的风险，提供更好的安全性。

(3) 使用远程计算机身份验证，防止用户连接到设置为恶意目的的远程计算机。如果要使用网络级别身份验证，需要进行升级"远程桌面连接"工具，修改注册表等操作。默认情况下，Windows Server 2008 R2 不支持该验证，需要该验证时，要对系统进行相关设置。

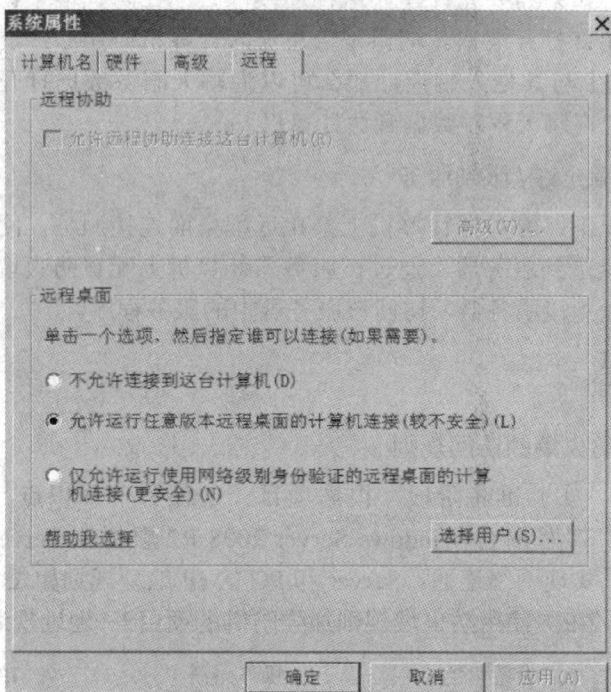

图 2-45  配置远程桌面连接

②在"系统属性"对话框"远程"选项卡中，单击"选择用户"→"添加"→"高级"→"立即查找"，按住键盘上的 Ctrl 键，选择 user1、user2、user3，单击"确定"按钮，将 user1、user2、user3 加入到远程用户中，如图 2-46 所示。

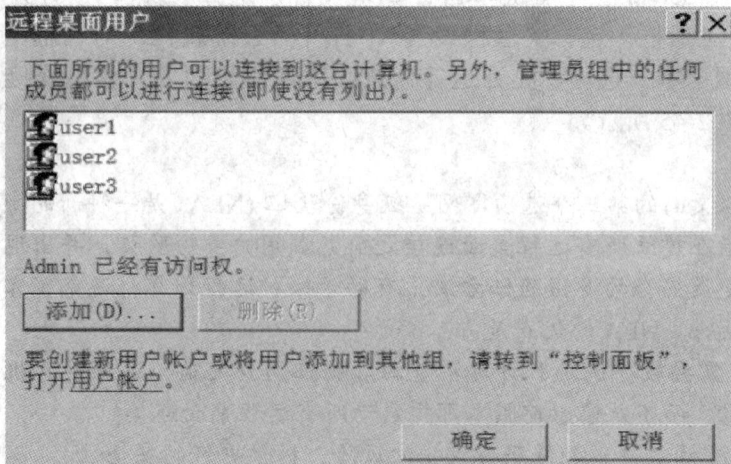

图 2-46  将 user1、user2、user3 设置为远程用户

(2) 在 PC 上测试远程桌面连接。

① 在 PC 上，选择"开始"→"所有程序"→"附件"→"远程桌面连接"，打开"远程桌面连接"界面，如图 2-47 所示。

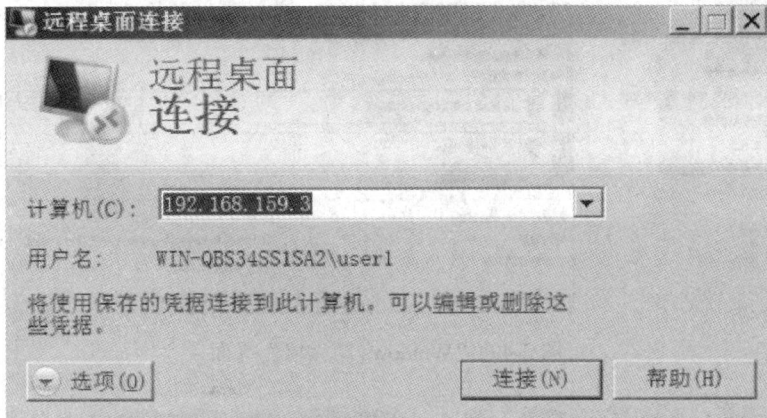

图 2-47　"远程桌面连接"界面

② 在图 2-47 界面中输入 Server 的 IP 地址，单击"连接"按钮，即可连接到 Server 登录桌面，如图 2-48 所示。

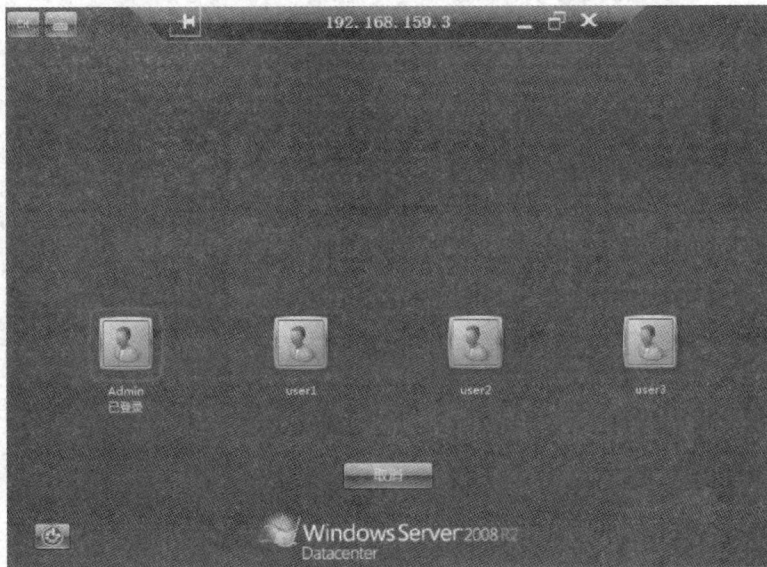

图 2-48　PC 远程登录 Server

### 2. 防火墙允许 / 限制服务

(1) 在 Server 上设置防火墙规则。

① 在 Server 上打开防火墙。选择"开始"→"控制面板"菜单命令，打开"控制面板"窗口，依次打开"系统和安全"→"Windows 防火墙"，

如图 2-49 所示。

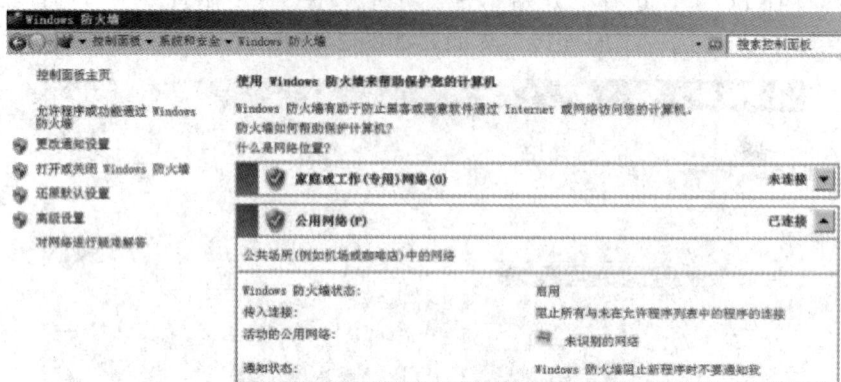

图 2-49   "Windows 防火墙"界面

② 禁止远程桌面连接。单击"允许程序或功能通过 Windows 防火墙"选项卡，取消选中"远程桌面"复选框，如图 2-50 所示。

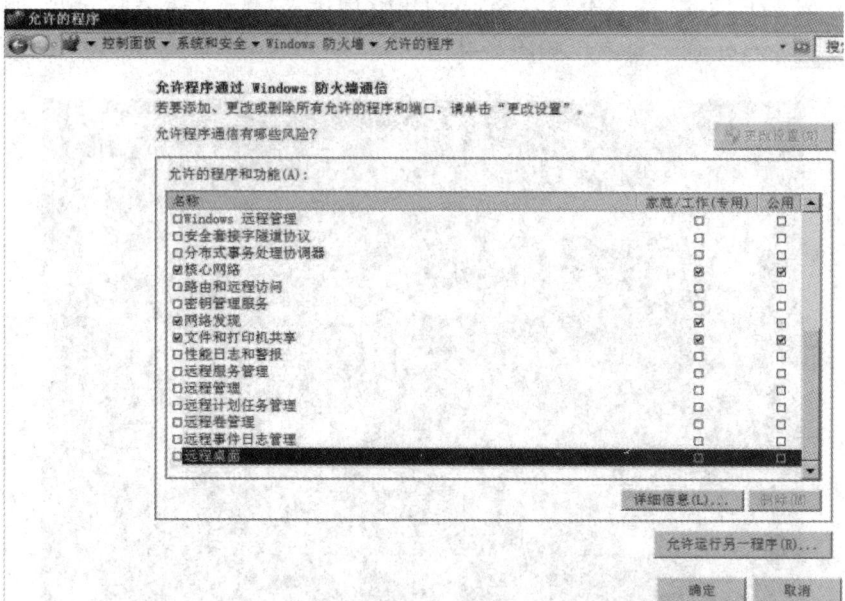

图 2-50   关闭"远程桌面"服务

③ 允许访问"Internet Explorer"。在图 2-50 界面中，单击右下角"允许运行另一程序"按钮，即可选择允许的程序，在这里选择的是"Internet Explorer"，允许与该程序进行通信，如图 2-51 所示。

④ 允许访问 FTP 服务。以 FTP 服务为例，设置基于端口的安全规则。在图 2-49 "Windows 防火墙"界面中，单击左侧"高级设置"选项，打开"高级安全 Windows 防火墙"界面，如图 2-52 所示。

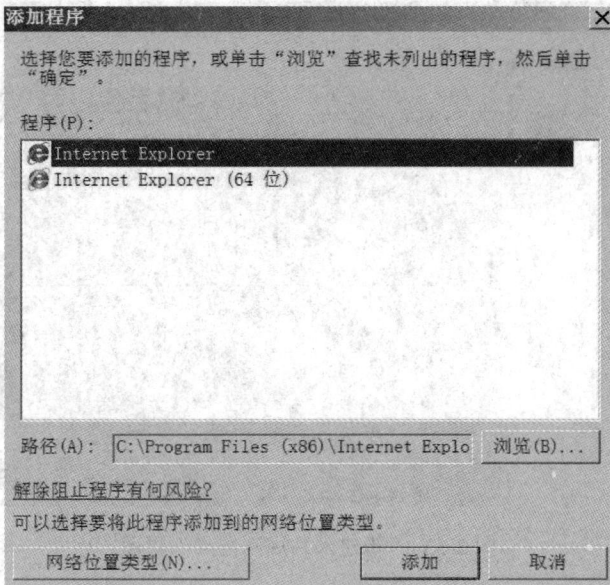

图 2-51　添加"Internet Explorer"程序

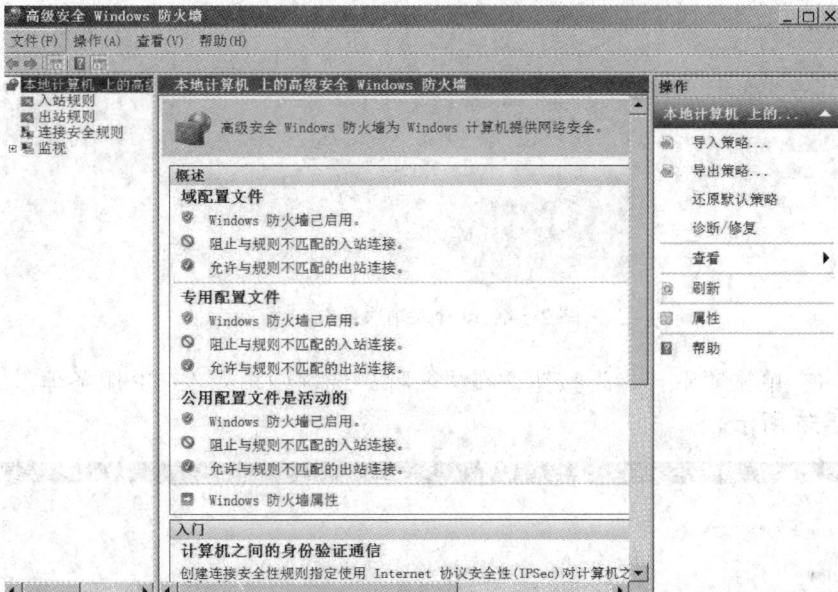

图 2-52　"高级安全 Windows 防火墙"界面

⑤ 单击"入站规则"节点，在右侧"入站规则"菜单中，单击"新建规则"节点，打开"新建入站规则向导"界面，选择要创建的规则类型为"端口"，如图 2-53 所示。

⑥ 单击"下一步"按钮，选择"TCP"协议，在"特定本地端口"框中填写 FTP 服务的端口号 21，如图 2-54 所示。

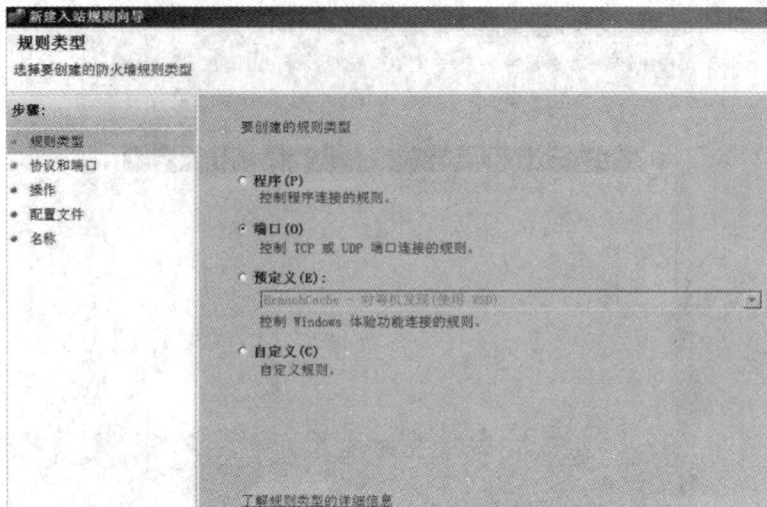

图 2-53 "新建入站规则向导"界面

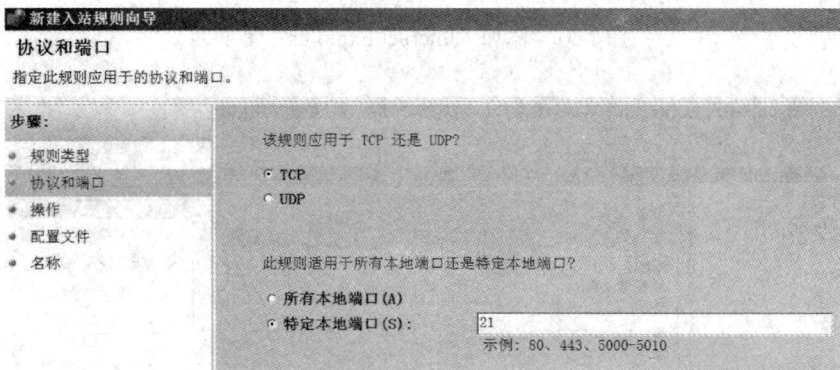

图 2-54 设置入站服务端口号

⑦ 单击"下一步"按钮,在"名称"选项中填入"FTP 服务器",如图 2-55 所示。

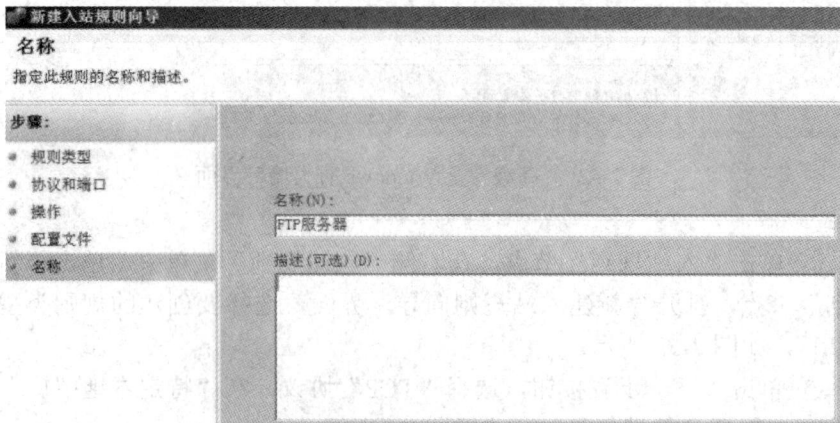

图 2-55 设置入站服务名称

⑧ 单击"完成"按钮，即可在入站规则中添加"FTP 服务器"这项规则，如图 2-56 所示。

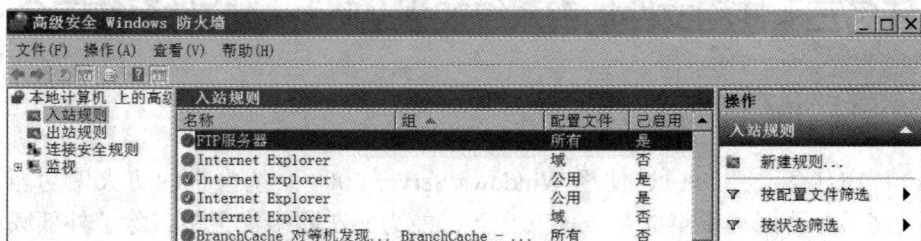

图 2-56　完成添加"FTP 服务器"规则

知识链接

将某个程序添加到防火墙中允许的程序列表或打开一个防火墙端口时，即允许特定程序通过防火墙与计算机之间发送或接收信息。允许程序通过防火墙进行通信，就像是在防火墙中打开了一个孔。每次打开一个端口或允许某个程序通过防火墙进行通信时，计算机的安全性都在随之降低。防火墙拥有允许的程序或打开的端口越多，黑客或恶意软件使用这些通道传播蠕虫、访问文件或使用计算机将恶意软件传播到其他计算机的机会也就越大。

通常，将某个程序添加到允许的程序列表中比打开一个端口要安全得多。如果打开一个端口，无论程序是否正在使用它，该端口都将始终保持打开状态，直到将它关闭。如果将某个程序添加到允许的程序列表，该"孔"仅在需要特别通信时才打开。若要降低安全风险需做到：① 仅在确实需要时才允许程序或打开端口，并在之后从允许的程序列表中删除程序或关闭不需要的端口；② 一定不要允许不识别的程序通过防火墙进行通信。

(2) 在 PC 上测试远程桌面连接。

重新打开"远程桌面连接"对话框，输入 IP 地址，单击"连接"按钮，拒绝远程桌面登录到服务器 Server，说明在 Server 上创建的防火墙规则已经生效，如图 2-57 所示。

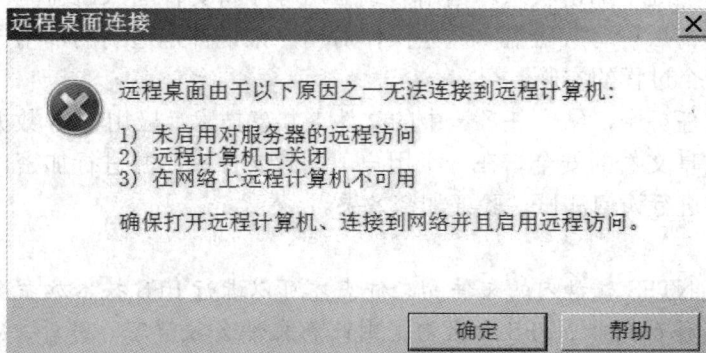

图 2-57　PC 被拒绝远程连接到 Server

# 任务三　使用文件加密系统加强 Windows 文件系统安全

## 任务提出

在任务二中，通过使用 Windows Server 2008 系统自带的防火墙功能提高了办公网络中桌面系统的安全防御能力。在网络安全中，除了外部威胁，还会有内部安全泄密，引发重要文件泄密等事件。在 Windows Server 2008 系统中，通过 NTFS 权限和共享权限管理技术保障了文件资源共享安全，但仍有部分黑客利用相关的软件突破企业设置的文件共享安全权限，获取其权限范围之外的文件，造成企业数据泄密。企业必须及时解决办公网络中的安全问题。

保护数据最好的方法是给数据加密，加密文件系统 (Encrypting File System, EFS) 是 Windows 提供的一种快捷数据加密方法。只要数据存储在 NTFS 分区，就可以使用 EFS 技术给文件夹或者文件加密。

本任务中，主要实施设置共享文件夹的数据加密模块。通过使用 EFS 数据加密技术对用户创建的文件夹进行加密，并测试其他用户对加密后的共享文件夹的访问权限。

## 任务分析

设置共享文件夹的数据加密

EFS 技术提供了对日常文件进行加密的功能，保护文件系统的安全。文件经过 EFS 加密后，只有对其加密的用户或被授权的用户才能够读取，即使非法用户获得了该文件，也会因其被加密而无法访问，因此可以提高网络中共享文件的安全。

用户或应用程序想要读取经过 EFS 技术加密的文件时，系统会将文件从磁盘内读出，自动解密后提供给用户或应用程序使用，而存储在磁盘内的文件仍然处于加密状态。当用户或应用程序将文件写入磁盘时，文件会被自动加密后再写入磁盘，这些操作对用户来说都是透明的，用户完全感觉不到整个过程的实施。

在本任务中，结合任务一中的文件夹共享技术，应用 EFS 数据加密技术保护共享文件的安全。在一个用户下创建文件夹，并进行加密，再使用其他用户进行访问测试，验证加密效果。

**小贴士**

只有 NTFS 磁盘内的文件和文件夹才可以进行 EFS 技术加密。若将文件复制或移动到非 NTFS 磁盘内，则此新文件会被解密。另外，Windows Server 2008 R2 对文件提供了加密和压缩两个操作，这两个操作是互斥的，如果要对已压缩的文件加密，则该文件会自动被解压；如要对已加密的文件压缩，则该文件会自动被解密。

## 任务实施

设置共享文件夹的数据加密

**步骤 1** 实验准备阶段，根据项目一中任务一知识点，在 VMware Workstation 中部署两台 Windows Server 2008 R2 虚拟机 Server 和 PC，并将两台虚拟机实现网络连通。Server 和 PC 的 IP 地址规划如表 2-3 所示。

2-3-1

表 2-3 使用文件加密系统加强文件系统安全的项目 IP 地址规划

| 设备名称 | 设备角色 | 操作系统 | IP 地址 |
| --- | --- | --- | --- |
| Server | 数据存储服务器 | Windows Server 2008 | 192.168.159.3/24 |
| PC | 测试计算机 | Windows Server 2008 | 192.168.159.4/24 |

**步骤 2** 在 Server 上，按照项目二中任务一的第一个模块"保护用户账户安全"的实施步骤，创建用户 (user1、user2、user3) 和组 (group1、group2、group3)，并将用户分别加入相应组中。

**步骤 3** 在 Server 上，根据不同的用户创建相应的文件夹。

(1) 在 C 盘上创建文件夹 C:\File。

(2) 用户 user1 登录，创建文件夹 C:\File\group1，并在 group1 文件夹中创建一个文本文件 group1.txt。

(3) 用户 user2 登录，创建文件夹 C:\File\group2，并在 group2 文件夹中创建图像文件 group2.bmp。

(4) 用户 user3 登录，创建文件夹 C:\File\group3，并在 group3 文件夹中创建压缩文件 group3.zip。

小贴士

在项目二的任务一中，已经对 Server 上创建过 File 文件夹和子文件夹，并使用 3 个用户设置了 3 个子文件夹的共享权限和 NTFS 权限，每个用户对每个子文件夹的访问权限不同，为避免影响本任务的实施，可在 Server 上分别使用 3 个用户登录，将子文件夹的权限修改为默认权限，使得所有用户对子文件夹都具有完全控制的权限。

**步骤 4** 对 Server 上的文件夹加密。

(1) 用户 user1 登录，打开 File 文件夹中的 group1 文件夹，右键单击 group1 文件夹，在弹出的快捷菜单中选择"属性"→"高级"命令，打开"高级属性"界面，选中"加密内容以便保护数据"复选框，如图 2-58 所示。

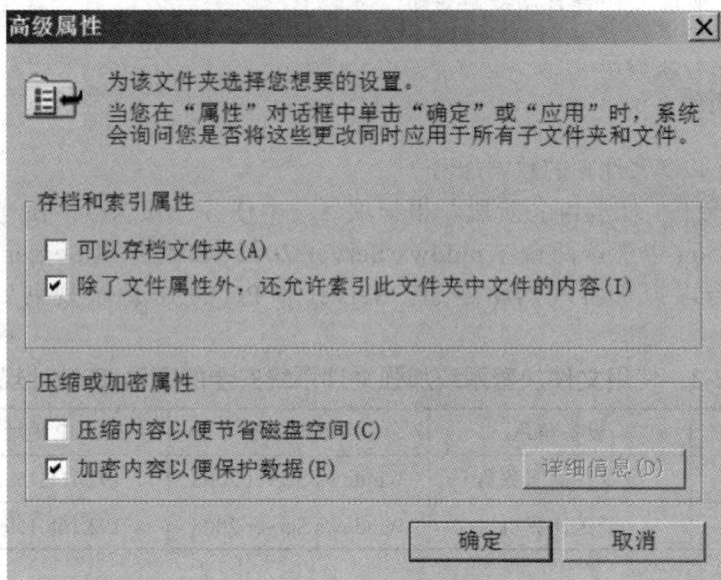

图 2-58　group1 文件夹加密

(2) 操作完成后，单击"确定"按钮，在"确认属性更改"界面中，选择"将更改应用于此文件夹、子文件夹和文件"。group1 文件夹变成绿色，表示文件使用 EFS 技术进行了加密，如图 2-59 所示。

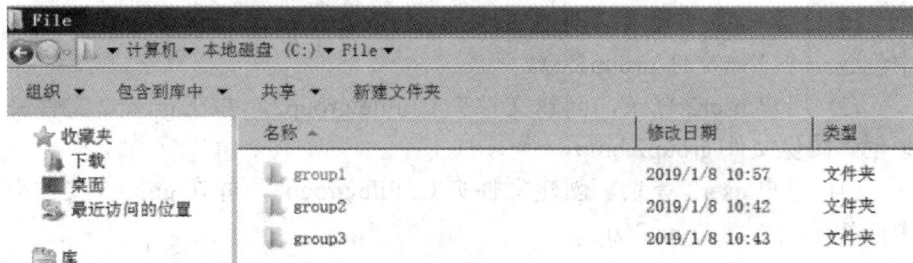

图 2-59　加密后的 group1 文件夹

**课堂讨论**

除了使用文件夹颜色识别被加密过的文件夹，还可以使用哪种方式验证文件夹是否被加密？

(3) 按照第 (1)、(2) 步操作所示，分别使用用户 user2、user3 登录，针对 group2、group3 文件夹进行 EFS 加密设置。

步骤 5　在 PC 上验证测试。

(1) 不同的用户访问不同的文件夹。

① 在 Server 和 PC 上开启远程桌面连接功能，在 PC 上打开远程桌面连接，在远程桌面连接窗口中，选择用户 user1，进行登录。

小贴士

在项目一的任务二中，为了使用防火墙功能提高桌面系统的防御能力，在 Server 的防火墙入站规则中，禁止了远程桌面连接。此处在进行连接时，应确定在 Server 上启用了远程桌面连接。

② 访问文件夹 C:\File，查看子文件夹，如图 2-60 所示。通过 user1 账户可以看见 3 个子文件夹，表示 user1 在查看这 3 个子文件夹时没有受 NTFS 权限限制。

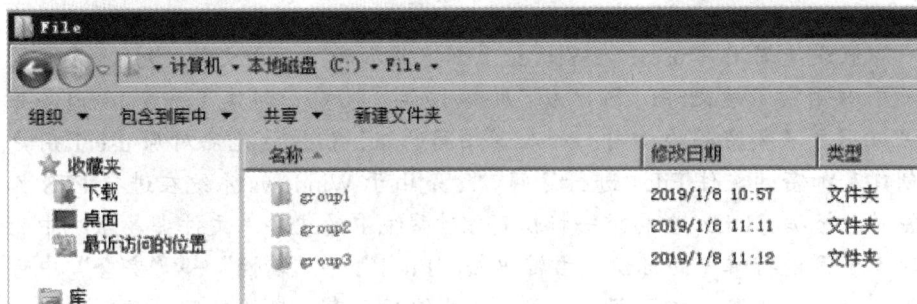

图 2-60    查看子文件夹状态

(2) 查看加密文件的访问状态。

打开 group2 文件夹，可以看到其中的 group2.bmp 文件，双击此文件，弹出拒绝访问对话框，如图 2-61 所示。

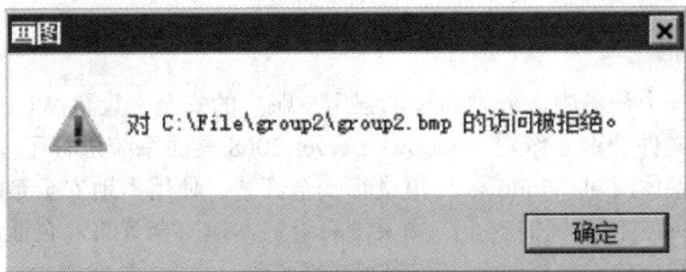

图 2-61    user1 用户访问 group2 的文件被拒绝

(3) 验证结果分析。

① user1 用户可以看到并且访问共享文件夹 File，原因是设置 File 文件夹的共享权限时没有限制其读取权限。

② user1 用户可以打开 3 个子文件夹，可以查看 3 个子文件夹中的文件，表示这 3 个子文件夹没有限制 user1、user2、user3 用户浏览。

③ user1 用户在双击 group2.bmp 文件，试图查看其内容时，弹出拒绝访问对话框，这并不是因为 NTFS 起了作用。在设置 group2 文件夹时没有拒绝 user1 的读取，但文件却无法打开，拒绝访问，这是 EFS 加密技术发挥了作用。

④ 在 EFS 中，用户建立和加密的文件只有自己才可以访问，即只有 user2 才可以访问其建立的文件 group2.bmp，其他任何人都无权访问，管理员也不例外。但是由于管理员对于文件夹具有完全控制的 NTFS 权限，管理员虽然不能查看 group2.bmp 的内容，但是依然可以对该文件进行删除等操作。

⑤ 其他用户虽然无法访问 group2.bmp，但是可以在 user2 创建的文件夹 group2 下创建属于自己的文件，并且进行加密后，只有该用户可以查看，而 user2 及其他用户无法查看。

**知识拓展**

假设使用用户 user1 在 Server 上创建并加密了一个文件 File1，管理员不小心删除了该文件，然后为了掩盖错误，又重新创建了一个 user1，并保证用户名和密码均相同，加入到相同的组，但依然无法对原 user1 用户创建和加密的文件 File1 进行访问。这是由于 Windows 系统在进行 EFS 加密时，根据 GUID(全局唯一标识符) 对系统中的文件、文件夹等系统中的所有资源进行唯一的标识。右键单击"File1"→"属性"→"安全"中可见一个白色头像，并带有一个问号，头像后面有一串的数字，该数字即该用户的 GUID，删除后不可再生，所以重新创建的用户与原用户的 GUID 不同，就无法操作 user1 用户创建和加密的文件 File1。

# 任务四　使用本地安全策略加强 Windows 主机整体安全

**任务提出**

在前三个任务中，分别通过加强用户账户的安全、设置 Windows 防火墙规则、文件加密系统对 Windows Server 2008 桌面系统进行了安全防御，但并未从整体上对 Windows 环境进行安全部署。使用本地安全策略可以提高 Windows 整体环境的安全，如果没有设置本地安全策略，企业部门之间通过办公网络传输数据时就容易遭到网络攻击。

本任务中，主要通过以下策略加强系统安全：

(1) 通过限制用户登录时尝试输入用户名和密码的次数，防止用户的用户名和密码被非授权人员破解和登录，进而遭受攻击。

(2) 对本地用户和用户组的权限进行指定，将管理员的权限分发给不同的用户，防止非法用户破解管理员账户后，获得计算机的所有操作权限。

(3) 在 IP 筛选器中通过添加允许或阻止的应用程序的端口号、IP 地址、协议等，限制其他主机与本机之间的通信。

(4) 在 Windows 系统中，利用用户账户的安全策略保护密码，设置更强、更安全的密码，提高破解密码的代价，防止密码被破解。

**任务分析**

### 1. 禁止枚举账号

用户账号的安全是保护计算机系统的第一道安全屏障，大部分黑客利用漏洞进行入侵，然后提升权限成为管理员，一般都与用户账号紧密相连。黑客攻击 Windows 系统，需要知道账号和密码，而 Windows 系统安装时默认允许任何用户通过空连接得到系统所有账号列表，并且 Windows 系统的默认管理员账号均为 Administrator。黑客可以很容易的获取 Windows 系统中账号，然后使用暴力法破解账号的密码，对计算机进行攻击。所以有必要通过修改注册表和设置本地安全策略禁止枚举账号，限制黑客破解用户的名称和密码。

### 2. 指派本地用户权限

Windows 系统中，管理员 Administrator 拥有所有的权限，是一个超级用户，一旦被黑客攻破，整个操作系统面临完全被破坏的局面。通过在本地安全策略中，指派本地用户的权限，将管理员的权限分派给不同的用户，例如，哪些用户组或用户可以登录到此终端，哪些用户组或用户不能登录到此终端。即使黑客破解了用户账号，但由于权限被限制，也无法对系统进行完全的破坏。

### 3. IP 策略

IP 安全策略是一个用于通信分析的策略，它将通信内容与设置好的规则进行比较，判断通信是否与预期相吻合，然后决定是否允许通信。它弥补了传统 TCP/IP 设计上的"随意信任"安全漏洞，可以更仔细、更精确地实现 TCP/IP 安全，根据应用程序的端口号、IP 地址、协议等限制计算机间的通信。当配置好 IP 安全策略后，就相当于拥有了一个免费且功能完善的防火墙系统。

### 4. 密码安全

在 Windows 桌面系统中，用户账号的安全策略默认是关闭的。要想保证桌面系统安全，必须开启用户账号的安全策略。

用户账号的密码安全涉及的概念包括：

(1) 弱口令：弱口令是指仅含简单数字或字母的口令，或口令与个人信息相关，例如"123"、"abc"、生日、姓名等。

(2) 密码长度：密码字符的长度，建议密码的长度至少为 8 位。

(3) 密码复杂性：密码由大写字母、小写字母、数字和特殊符号 4 种字符组成，这些字符组合的复杂程度称为密码复杂性。一般较强的密码要求包含至少 3 种字符。

(4) 密码生存周期：也称密码有效期。在通常情况下，一个密码是有时效性的。在工作组中，Windows XP 操作系统的密码生存周期默认是 0，这意味着密码永不过期；在活动目录中，密码的生存周期默认是 7 天。密码生存周期包含两种类型，一种是密码最长使用期限，另一种是密码最短使用期限。

(5) 强制密码历史：指更改的密码不能是最近设置过的密码。例如，在更改密码之前设置的密码从远到近依次是 123、456、789，假设强制密码历史设置为 2，那么再更换密码时，不能使用最近的 2 个密码 456 和 789。

**小贴士**

密码能否被破解，不是仅靠密码复杂性、密码长度、生存周期、强制密码历史等其中一两个因素决定的，而是由这几个因素共同决定的。无论密码设置多么牢靠，都会有被破解的可能，因此密码安全也没有绝对的安全，我们只能从自身出发，加强其安全性，防止非法用户攻击。

**任务实施**

### 1. 禁止枚举账号

**步骤 1**　实验准备阶段，根据项目一中任务一知识点，在 VMware Workstation 中部署两台 Windows Server 2008 R2 虚拟机 Server 和 PC，并将两台虚拟机实现网络连通。Server 和 PC 的 IP 地址规划如表 2-4 所示。

2-4-1

表 2-4　使用本地安全策略加强 Windows 主机整体防御的项目 IP 地址规划

| 设备名称 | 设备角色 | 操作系统 | IP 地址 |
|---|---|---|---|
| Server | 数据存储服务器 | Windows Server 2008 | 192.168.159.3/24 |
| PC | 测试计算机 | Windows Server 2008 | 192.168.159.4/24 |

**步骤 2**　创建系统账户。

① 在 Server 上，按照项目二任务一中"保护用户账户安全"的实施步骤，创建用户 (user1、user2、user3) 和组 (group1、group2、group3)，并将用户分别加入相应组中。

② 在 Server 上开启远程桌面功能，由于本任务将从整体上加强 Windows 桌面系统的安全，需要对账户的权限进行设置，并测试远程连接时的权限，因此本任务在开启远程桌面功能时，在"远程设置"→"系统属性"中选择"仅允许使用网络级别身份验证的远程桌面的计算机连接 ( 更安全 )"选项，如图 2-62 所示。

在"选择用户"中将 user1、user2、user3 添加到远程桌面用户列表中，如图 2-63 所示。

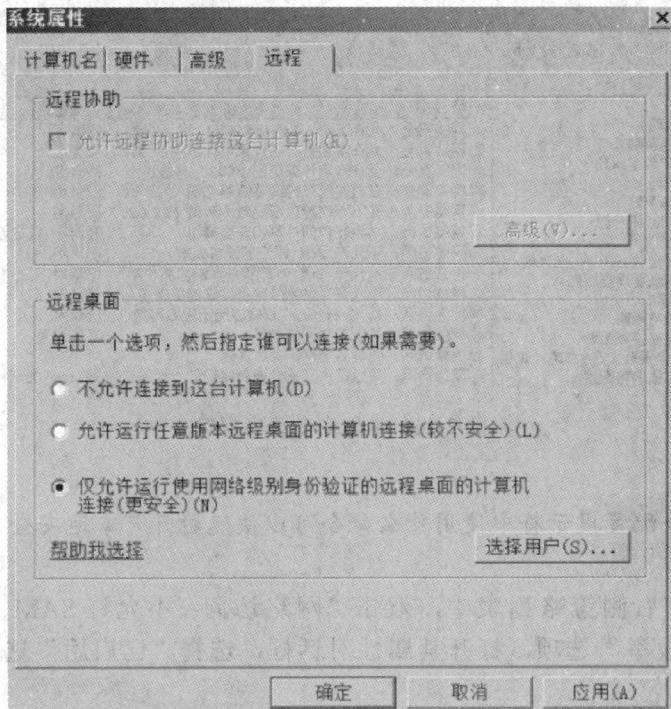

图 2-62 设置远程桌面连接系统属性选择

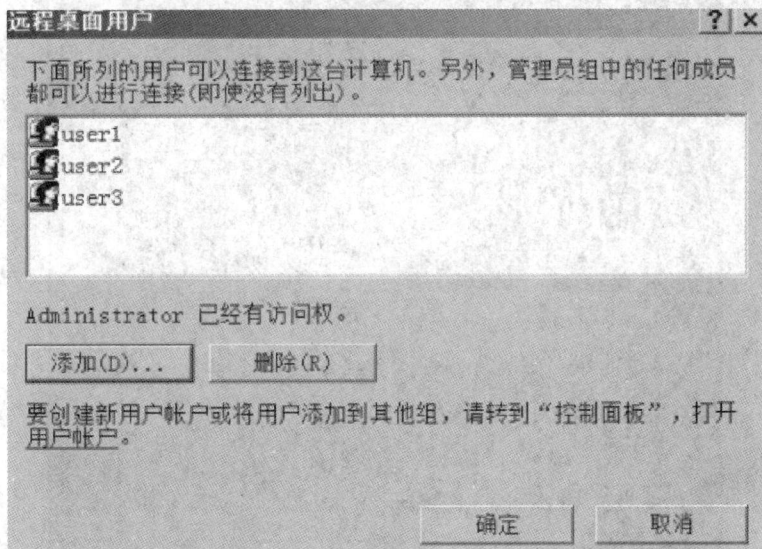

图 2-63 添加远程桌面用户

步骤 3 禁止枚举账号。

(1) 在 Server 上,选择"开始"→"管理工具"→"本地安全策略"菜单命令,打开"本地安全策略"窗口,展开"本地策略"→"安全选项"节点,如图 2-64 所示。

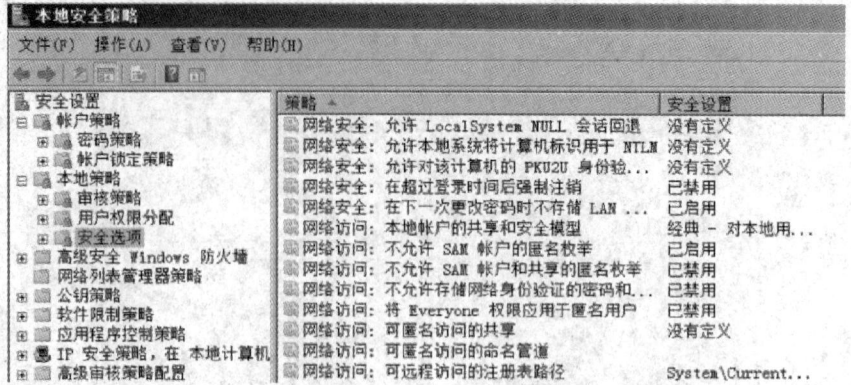

图 2-64　本地安全策略窗口

**课堂讨论**

　　在命令配置提示符中使用什么命令可以快速打开"本地安全策略"?

　　(2) 在右侧策略列表中，双击"网络访问：不允许 SAM 账户和共享的匿名枚举"选项，打开其属性对话框，选择"已启用"选项，如图 2-65 所示。

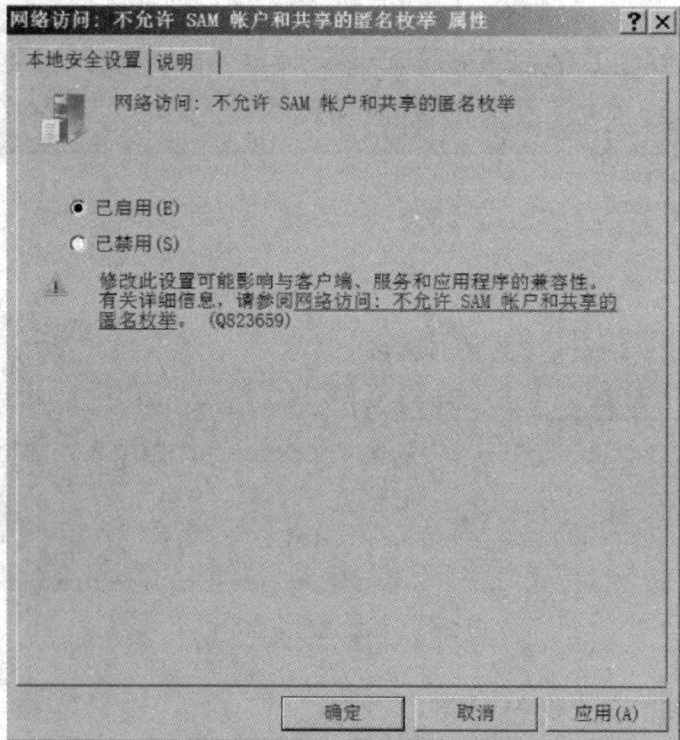

图 2-65　启用不允许 SAM 账户和共享的匿名枚举策略

　　(3) 按照第 (2) 步操作，启用"网络访问：不允许 SAM 账户的匿名枚举"策略。若已启用，此步骤可省略。

小贴士

SAM 文件是 Windows 系统中用于保存用户账户的数据库，所有系统用户的登录名及口令等相关信息都会记录在 SAM 文件中，这样用户在登录的时候才可以用不同的用户名登录到本地。当禁止 SAM 账户的匿名枚举和共享的匿名枚举后，匿名用户将不能访问共享的文件夹。

(4) 在右侧策略列表中，双击"网络访问：本地账户的共享和安全模型"选项，打开其属性对话框，选择"仅来宾—对本地用户进行身份验证，其身份为来宾"选项，如图 2-66 所示。这样当其他计算机试图访问 Server 时，其身份会被设置为来宾，即匿名用户。

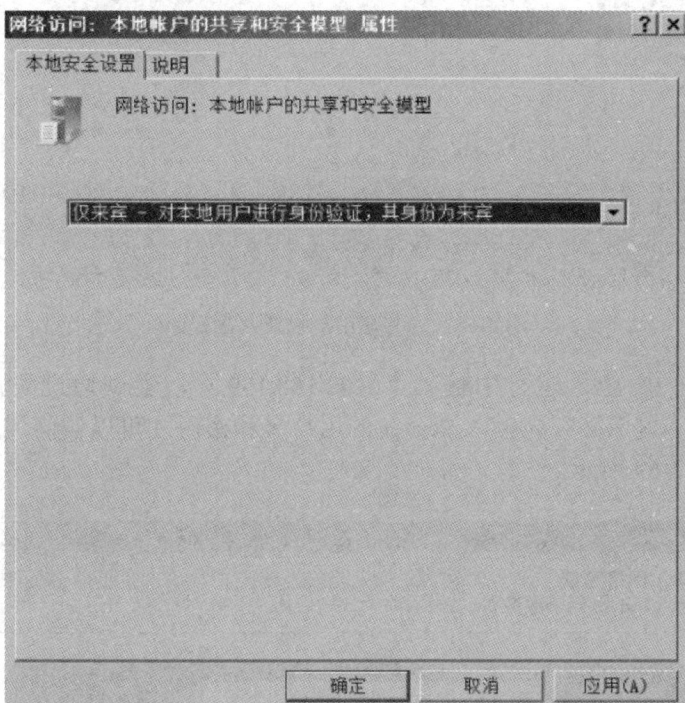

图 2-66　设置网络访问：本地账户的共享和安全模型

(5) 在 Server 上，创建共享文件夹 C:\file1，如图 2-67 所示。

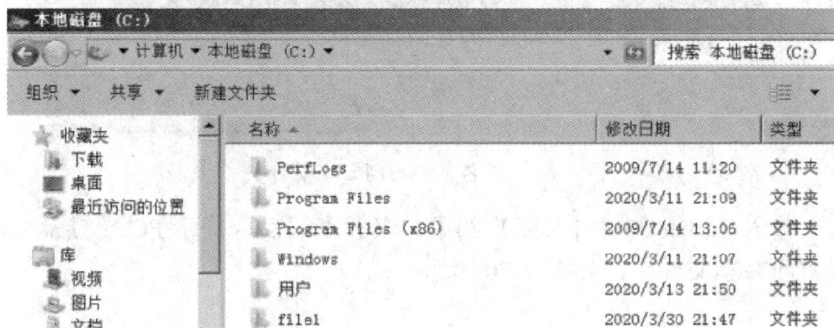

图 2-67　file1 共享文件夹

在 file1 的共享中分别添加 user1、user2、user3，赋予只读权限，如图 2-68 所示。

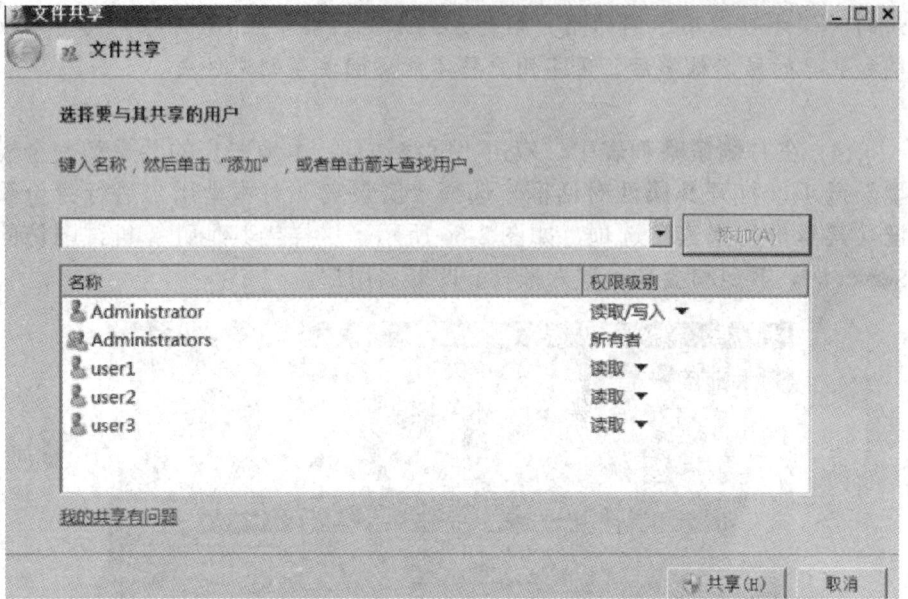

图 2-68　为共享用户设置共享权限

(6) 在 PC 上，运行中输入 "\\192.168.159.3"，尝试通过匿名访问共享文件夹，提示必须先输入 Server 的用户名和密码才可以访问该共享文件夹，如同 2-69 所示。

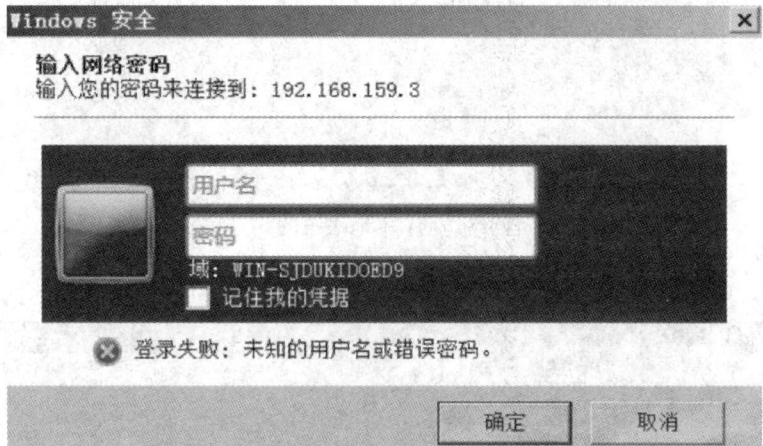

图 2-69　匿名无法访问共享文件夹

在输入 Server 的管理员账户的用户名和密码后，提示 PC 端登录失败，无法访问共享文件夹，如图 2-70 所示。

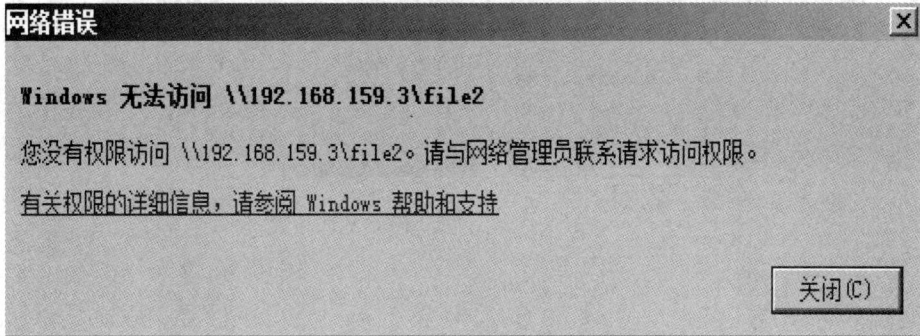

图 2-70　PC 端访问登录 Server 失败

**2. 指派本地用户权限**

(1) 指派用户权限。

① 配置所有用户具有"从网络访问此计算机"的权限。打开"本地安全策略"窗口，展开"本地策略"→"用户权限分配"节点，如图 2-71 所示。

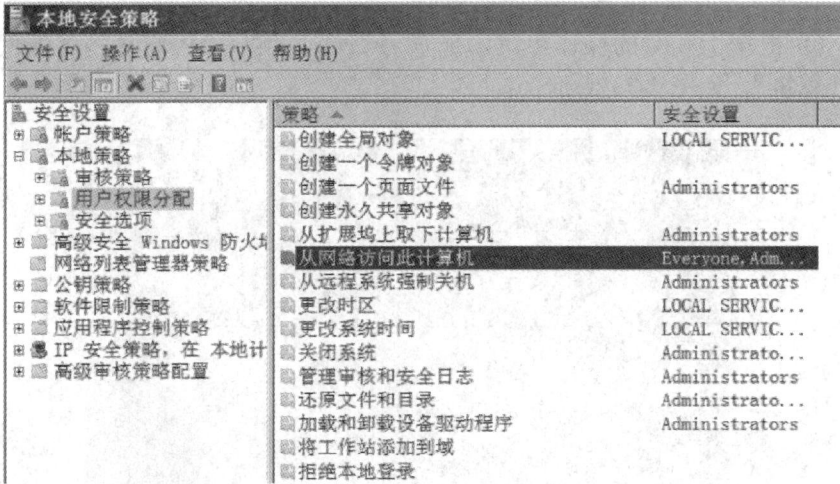

图 2-71　用户权限分配界面

② 在"用户权限分配"界面右侧列表框中，双击"从网络访问此计算机"选项，打开其属性对话框，如图 2-72 所示，查看是否允许 Administrators 组用户和 Everyone 用户访问，若没有相关用户，则单击"添加用户或组"按钮进行添加，然后单击"应用"和"确定"按钮，完成配置。

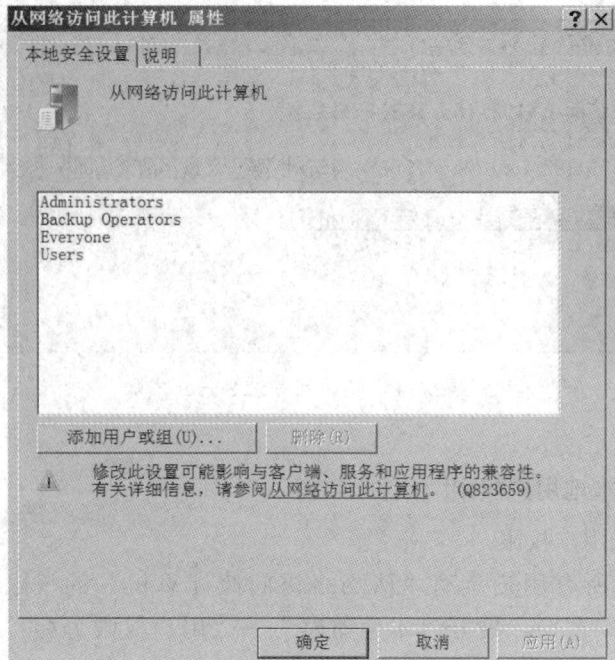

图 2-72　添加从网络访问此计算机的用户

　　③ 根据①和②的操作步骤，配置 group1 组用户"拒绝从网络访问这台计算机"，如图 2-73 所示。

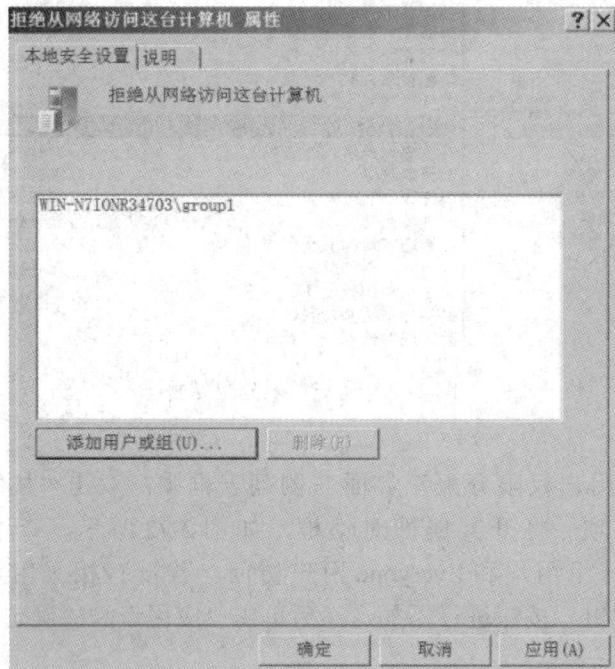

图 2-73　配置 group1 组用户无法从网络访问这台计算机

在指派本地用户权限时，对每个策略添加可用用户或用户组时，"选择用户或组"对话框的"对象类型"一栏中，默认只选中了"内置安全主体"和"用户"，如果需要添加一些用户组，则要在此处勾选上"组"选项，否则会查找不到本计算机系统上的用户组，导致无法添加。另外，当需要添加两个或两个以上用户组或用户时，可以按住 Ctrl 键，同时选中相应的用户组或用户。

④ 根据①和②的操作步骤，只允许管理员、user2 和 user3 具有"关闭系统"的权限，如图 2-74 所示。

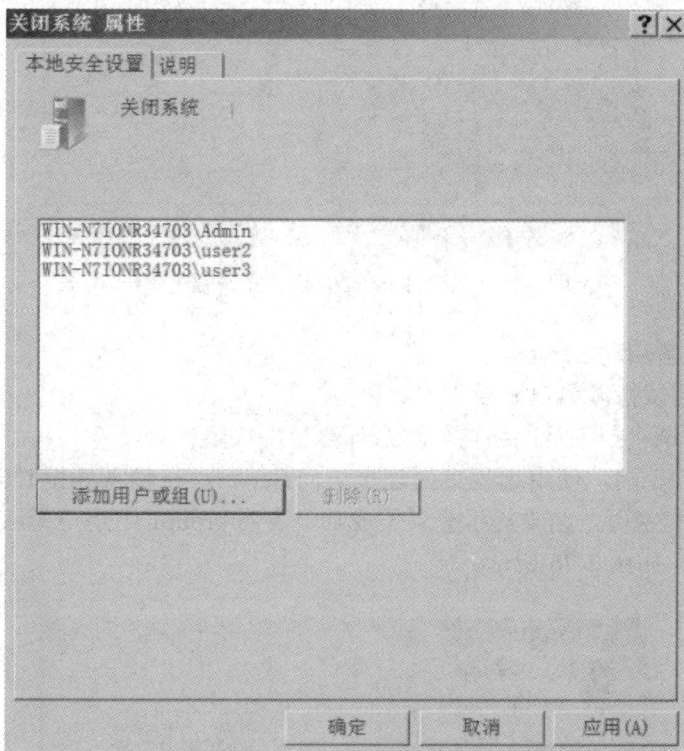

图 2-74 只允许管理员、user2 和 user3 关闭系统

在为管理员、user2 和 user3 设置"关闭系统"权限时，默认情况下，"关闭系统"中允许 Administrators 和 Backup Operators 可以关闭系统，因此在添加管理员、user2 和 user3 后，要将原默认用户组删除，后面步骤中的安全设置同样需要注意默认允许用户，必要时进行删除。

⑤ 只允许用户 user2 具有"从远程系统强制关机"的权限，如图 2-75 所示。

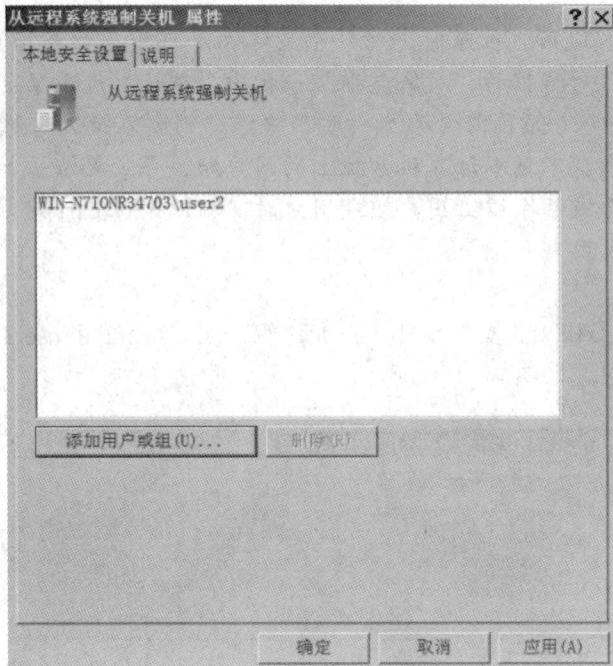

图 2-75　只允许 user2 从远程系统强制关机

⑥ 重新启动 Server。

(2) 测试指派用户权限。

① 测试"拒绝从网络访问这台计算机"权限设置。

a. 在 PC 端，使用远程桌面连接访问 Server，在输入凭据时输入 user1 的用户名和密码，结果提示登录不成功，表明 group1 组用户无法从网络访问问 Server，如图 2-76 所示。

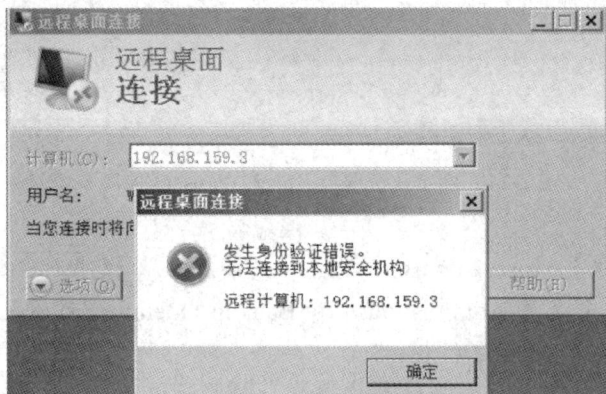

图 2-76　user1 无法从网络访问 Server

b. 在 PC 端输入 user2 的用户名和密码，可以远程登录，如图 2-77 所示。

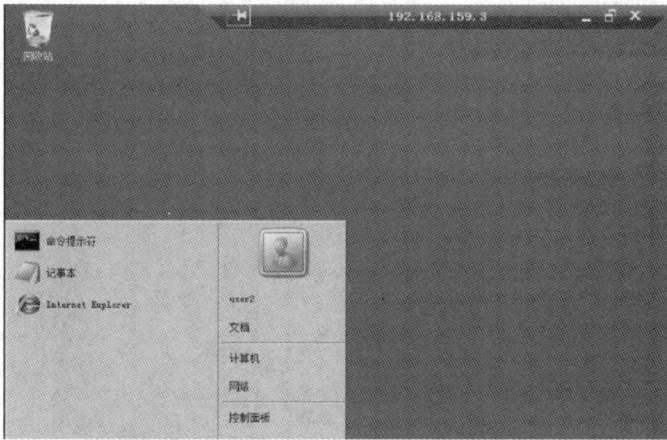

图 2-77 user2 可以远程登录访问 Server

② 测试"关闭系统"权限设置。

a. 在 Server 上切换至 user1 用户登录，发现用户 user1 不能关闭计算机，在命令提示符中也不能通过命令关机，分别如图 2-78 和图 2-79 所示。

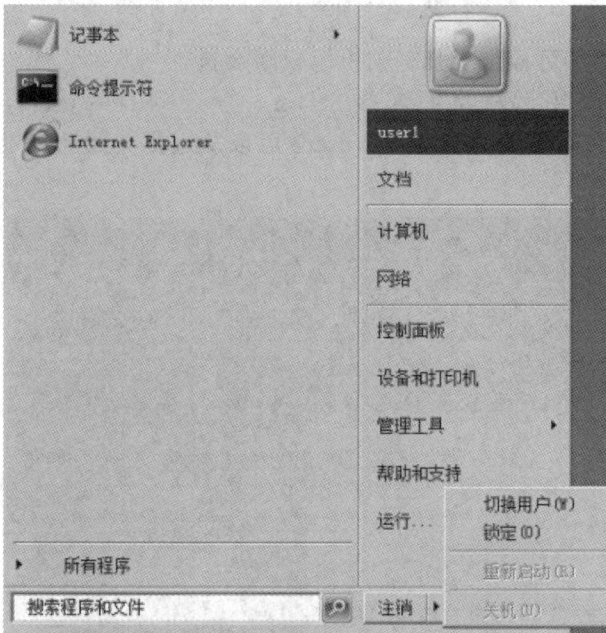

图 2-78 用户 user1 不能在本地关闭计算机

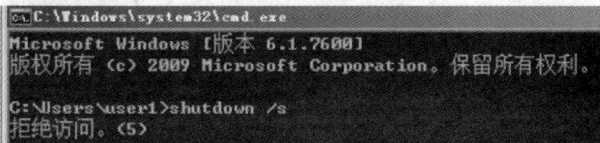

图 2-79 用户 user1 的命令提示符中拒绝访问关机程序

b. 用户 user2 和 user3 可以关闭计算机，如图 2-80 所示。

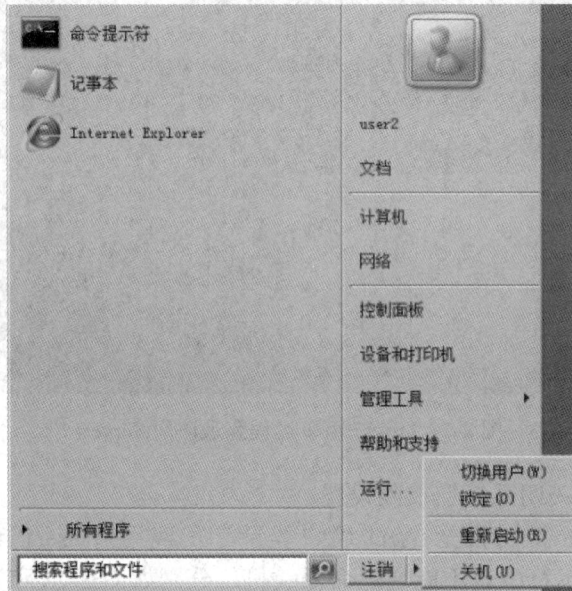

图 2-80　用户 user2 可以关闭计算机

③ 测试"从远程系统强制关机"权限设置。

在 PC 端使用远程桌面连接 Server，登录账户为 user2，在 user2 的"开始"菜单中有"关机"选项，user2 可以从远程关闭计算机，如图 2-81 所示。

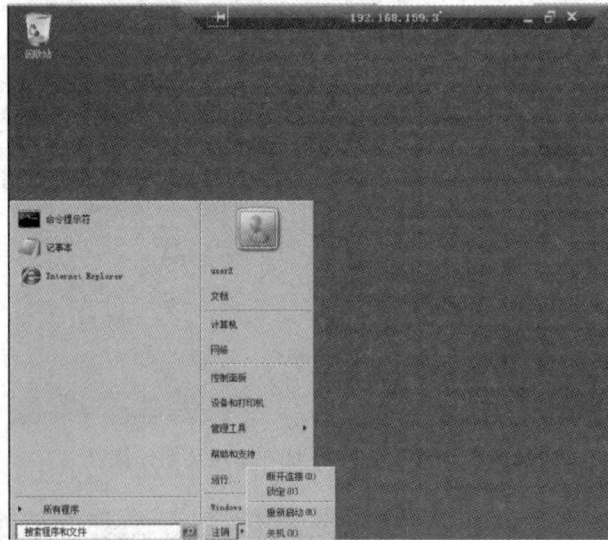

图 2-81　user2 可以远程关闭 Server

## 3. IP 策略

(1) 测试网络共享。

① PC 能够访问 Server 上的网络共享文件夹 C:\file1。

② 在 PC 上，打开"开始"→"管理工具"→"服务器管理器"节点，打开"功能"选项，单击"添加功能"按钮，在"选择功能"界面中勾选上"Telnet 客户端"选项，如图 2-82 所示。

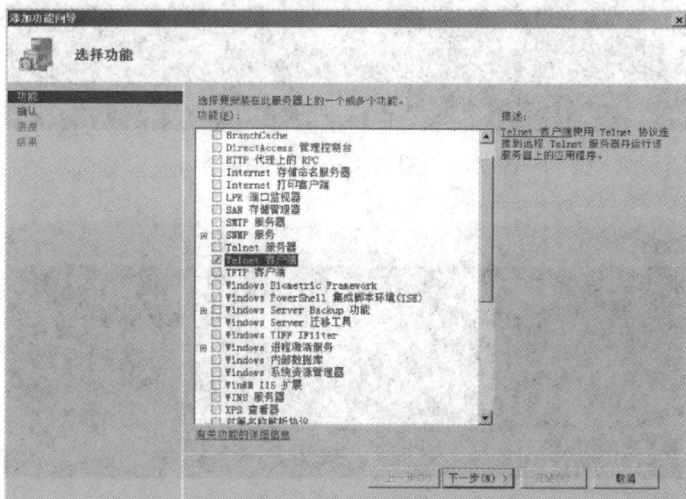

图 2-82　添加 Telnet 客户端功能

③ 在"选择功能"界面中，单击"下一步"→"安装"→"关闭"按钮，完成 Telnet 客户端安装。

④ 测试 445 和 139 端口连接。在 PC 上，打开命令提示符窗口，输入命令"telnet 192.168.159.3 445"，可以连接到 Server 的 445 端口，表示 Server 的 445 端口已经打开并且可以连接，如图 2-83 和图 2-84 所示。

图 2-83　测试 Server 的 445 端口

图 2-84　成功连接 Server 的 445 端口

⑤ 按照④所示，连接 Server 的 139 端口，如图 2-85 和图 2-86
所示。

图 2-85　测试 Server 的 139 端口

图 2-86　成功连接 Server 的 139 端口

(2) 创建 IP 安全策略。

① 在 Server 上，选择"管理工具"→"本地安全策略"菜单命令，打
开"本地安全策略"窗口。右键单击"IP 安全策略，在本地计算机"节
点，在弹出的快捷菜单中选择"创建 IP 安全策略"命令，进入"IP 安全
策略向导"界面，如图 2-87 所示。

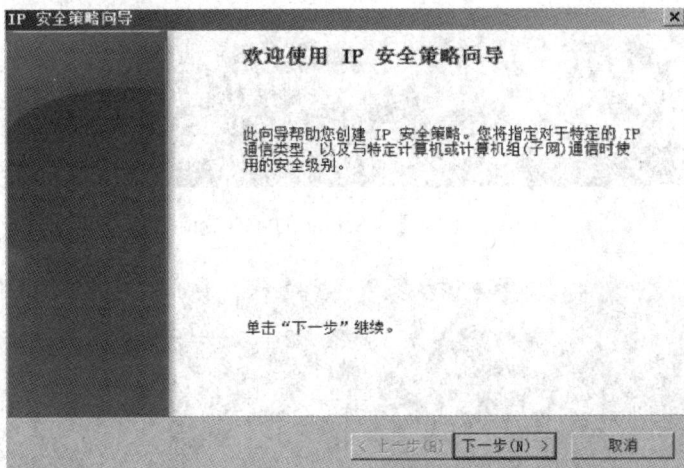

图 2-87　IP 安全策略向导

② 单击"下一步"按钮，输入 IP 安全策略的名称，如图 2-88
所示。

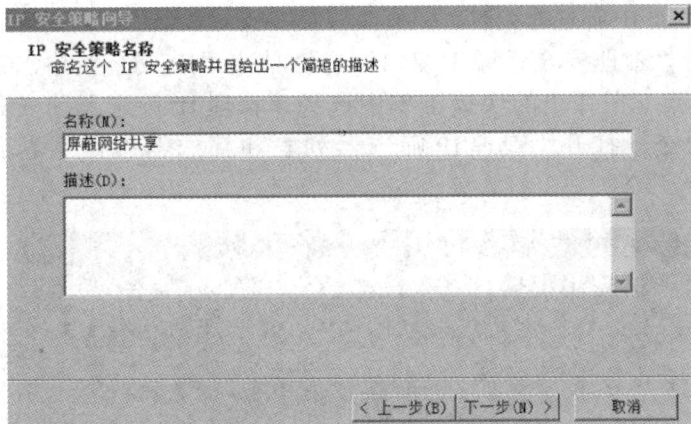

图 2-88　输入 IP 安全策略的名称

③ 单击"下一步"按钮，进入"安全通讯请求"界面，保持默认配置，如图 2-89 所示。

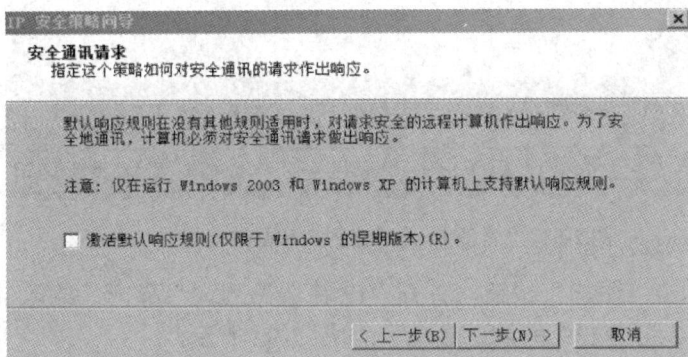

图 2-89　"安全通讯请求"界面

④ 单击"下一步"→"完成"按钮，完成 IP 安全策略向导配置，如图 2-90 所示。

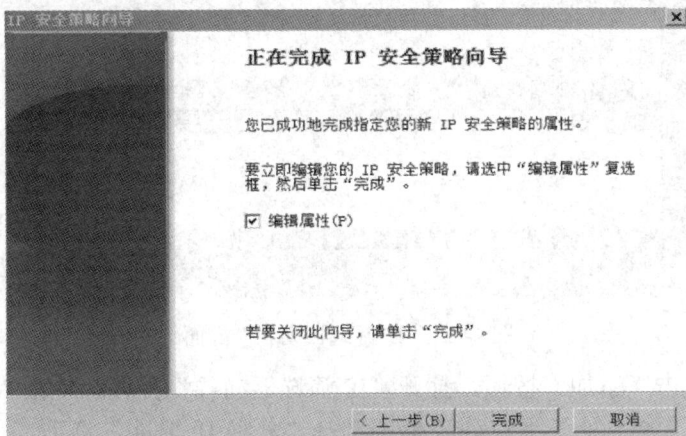

图 2-90　完成 IP 安全策略向导配置

(3) 添加 IP 筛选器列表。

① 在"本地安全设置"窗口，右键单击"IP 安全策略，在本地计算机"节点，在弹出的快捷菜单中选择"管理 IP 筛选器列表和筛选器操作"命令，打开"管理 IP 筛选器列表和筛选器操作"界面，如图 2-91 所示。

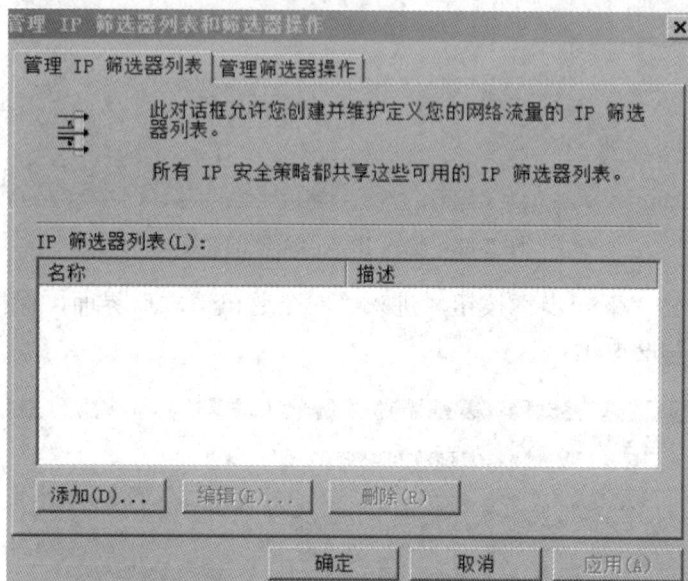

图 2-91 "管理 IP 筛选器列表和筛选器操作"界面

② 单击"添加"按钮，打开"IP 筛选器列表"界面，输入 IP 筛选器列表名称"连接 139 和 445 端口"，如图 2-92 所示。

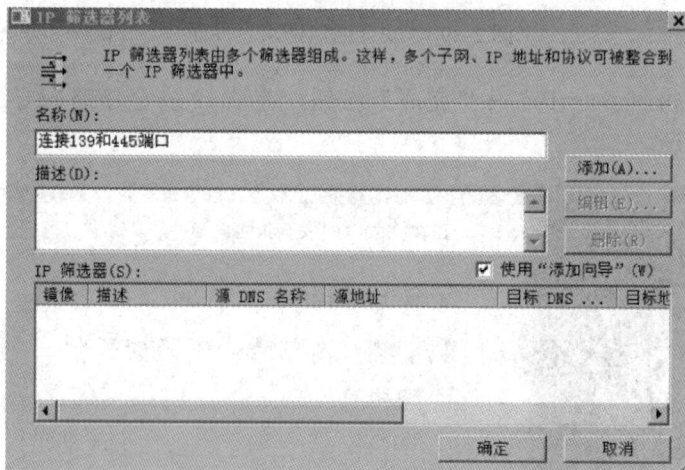

图 2-92 "IP 筛选器列表"界面

③ 单击"添加"按钮，打开"IP 筛选器向导"界面，单击"下一步"按钮，在"源地址"下拉列表框中选择"任何 IP 地址"选项，如图 2-93 所示。

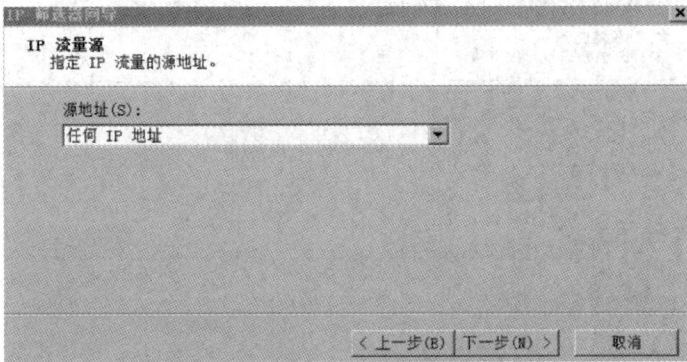

图 2-93 配置 IP 流量源

④ 单击"下一步"按钮，进入"IP 流量目标"设置界面，在"目标地址"下拉列表框中选择"我的 IP 地址"选项，如图 2-94 所示。

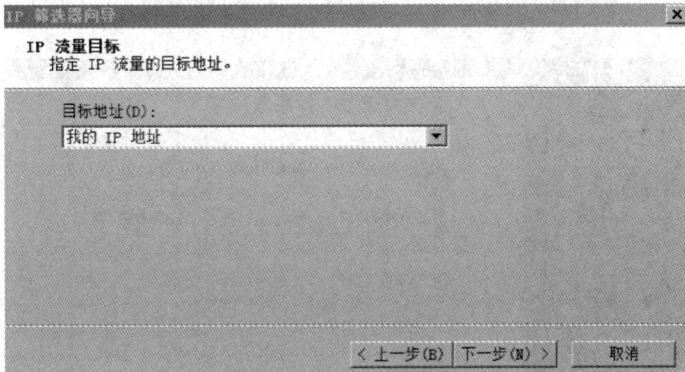

图 2-94 配置 IP 流量目标

⑤ 单击"下一步"按钮，进入"IP 协议类型"设置界面，在"选择协议类型"下拉列表框中选择"TCP"选项，如图 2-95 所示。

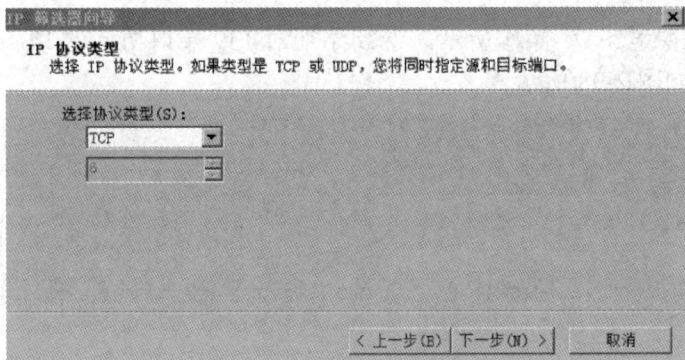

图 2-95 设置 IP 协议类型

⑥ 单击"下一步"按钮，进入"IP 协议端口"设置界面，端口信息设置如图 2-96 所示。

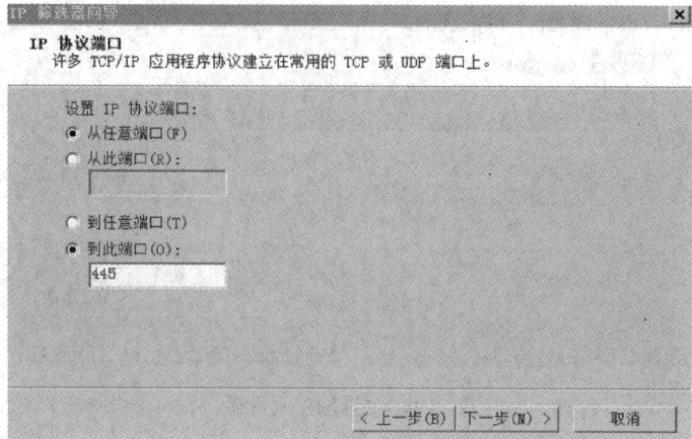

图 2-96　IP 协议端口设置

⑦ 单击"下一步"按钮，完成 IP 筛选器向导设置，如图 2-97 所示。

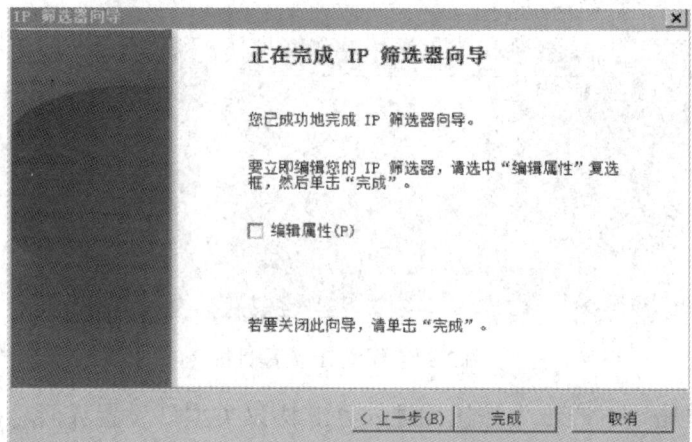

图 2-97　完成 IP 筛选器向导设置

⑧ 按照③～⑦ 操作所示，继续添加对 139 端口访问的 IP 筛选器表，添加结果如图 2-98 所示。

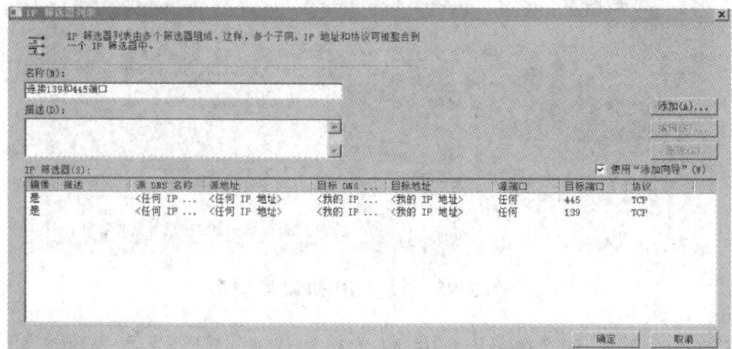

图 2-98　完成 IP 筛选器列表的添加

(4) 添加筛选器操作。

① 在"管理 IP 筛选器列表和筛选器操作"界面单击"管理筛选器操作"选项卡，如图 2-99 所示。

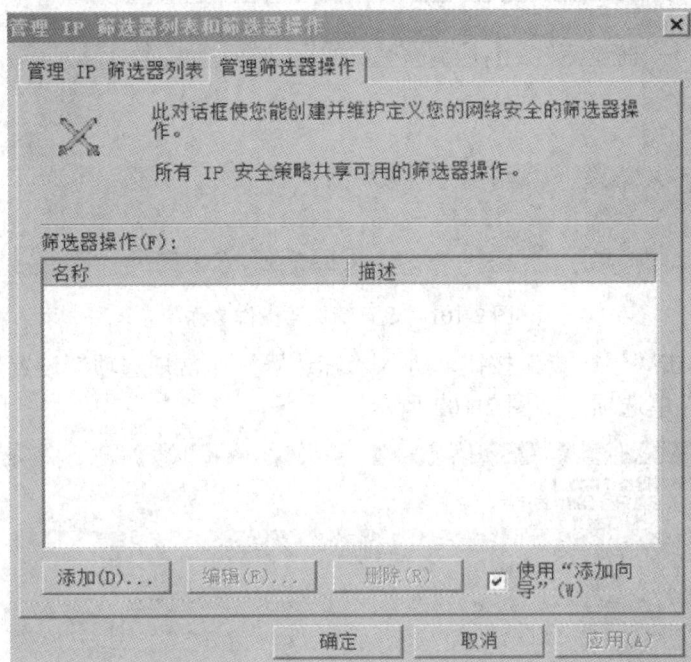

图 2-99　"管理筛选器操作"选项卡

② 单击"添加"按钮，进入"筛选器操作向导"界面，如图 2-100 所示。

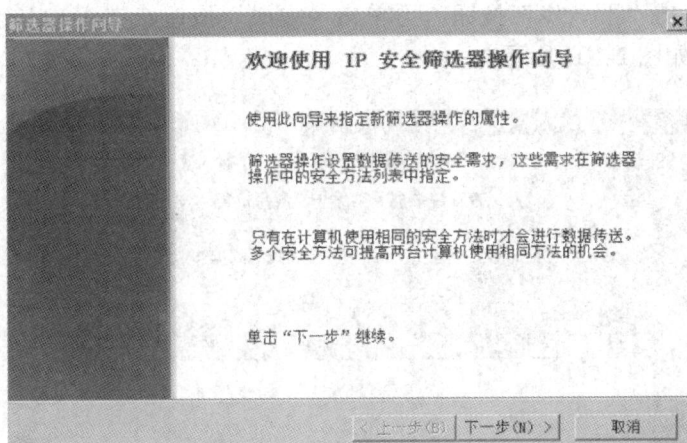

图 2-100　筛选器操作向导

③ 单击"下一步"按钮，进入"筛选器操作名称"设置界面，输入名称"阻止访问"，如图 2-101 所示。

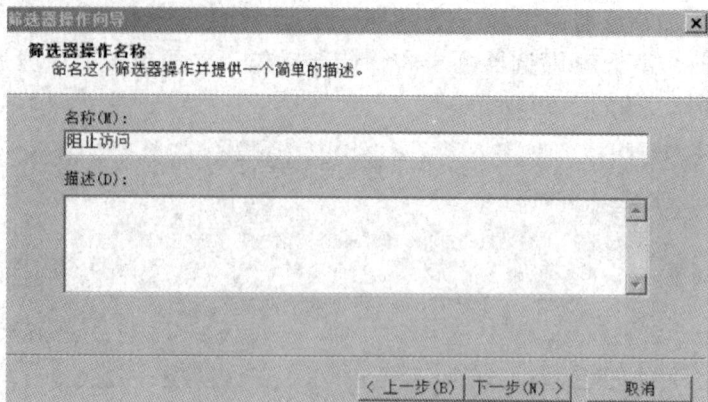

图 2-101　设置筛选器操作名称

④ 单击"下一步"按钮，进入"筛选器操作常规选项"设置界面，选中"阻止"单选项，如图 2-102 所示。

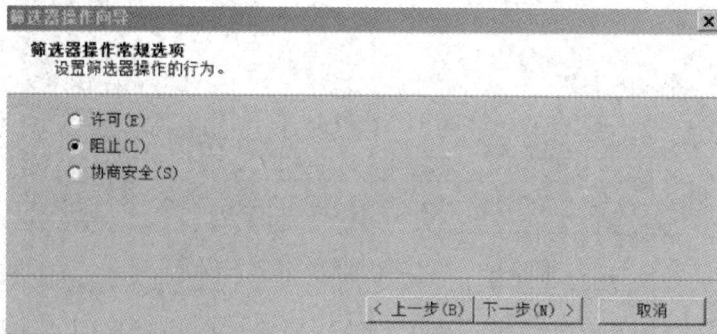

图 2-102　设置筛选器操作的行为

⑤ 单击"下一步"按钮，再单击"完成"按钮，完成 IP 安全筛选器的添加，如图 2-103 所示。

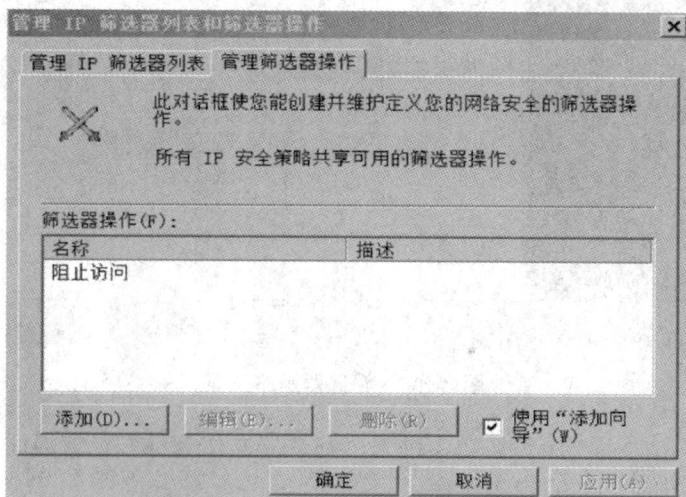

图 2-103　完成 IP 安全筛选器的添加

⑥ 单击"确定"按钮，返回"本地安全策略"窗口，在"IP 安全策略，在本地计算机"节点对应的右侧列表框中可以看到新建的"屏蔽网络共享"策略，如图 2-104 所示。

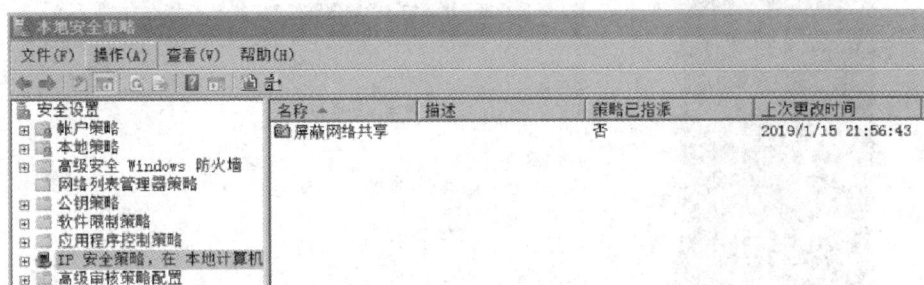

图 2-104　IP 安全策略添加结果

(5) 添加安全规则。

① 右键单击"屏蔽网络共享"选项，在弹出的快捷菜单中选择"属性"命令，打开"屏蔽网络共享属性"界面，如图 2-105 所示。

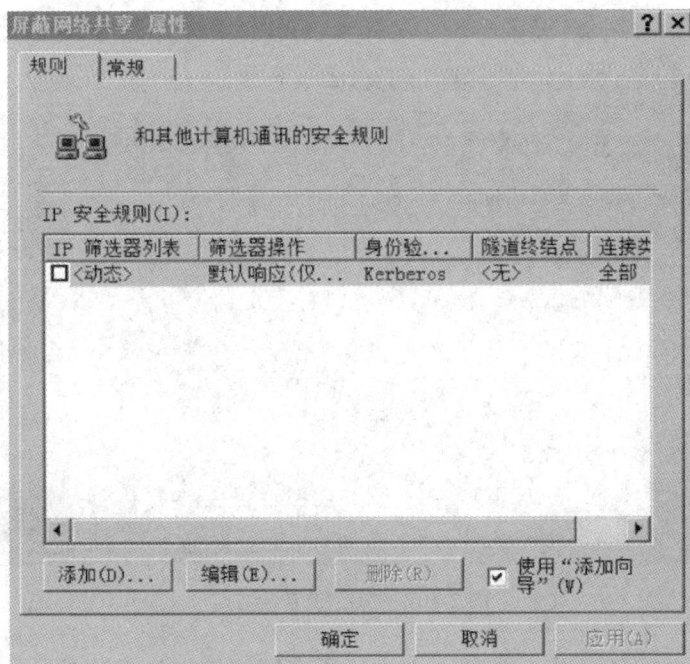

图 2-105　"屏蔽网络共享属性"界面

② 选中"使用'添加向导'"复选框，单击"添加"按钮，打开"安全规则向导"界面，如图 2-106 所示。

③ 单击"下一步"按钮，选中"此规则不指定隧道"单选项，如图 2-107 所示。

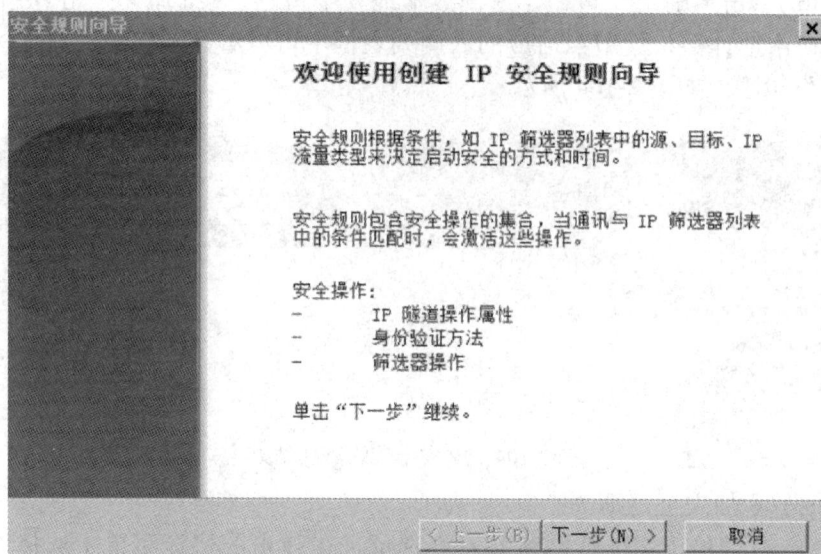

图 2-106 "安全规则向导"界面

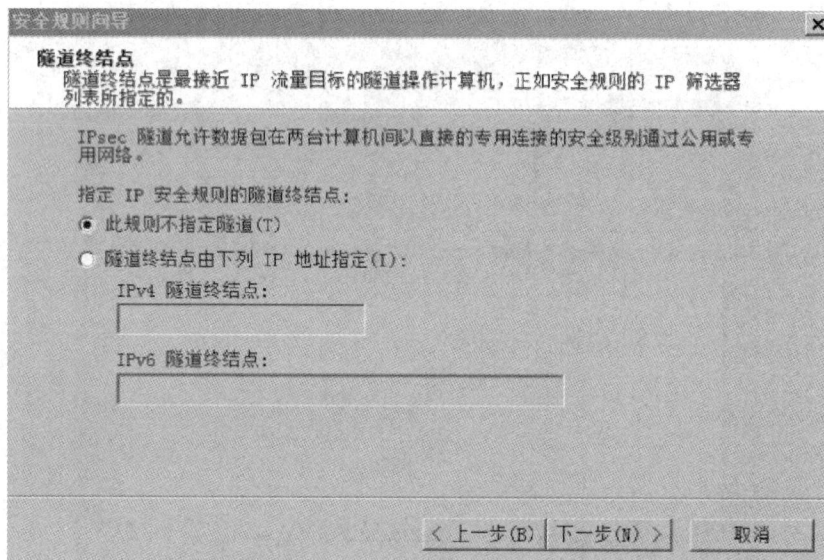

图 2-107 指定隧道终结点

④ 单击"下一步"按钮，选中"所有网络连接"单选项，如图 2-108 所示。

⑤ 单击"下一步"按钮，在"IP 筛选器列表"中选中"连接 139 和 445 端口"单选项，如图 2-109 所示。

⑥ 单击"下一步"按钮，在"筛选器操作"列表框中，选中"阻止访问"单选项，如图 2-110 所示。

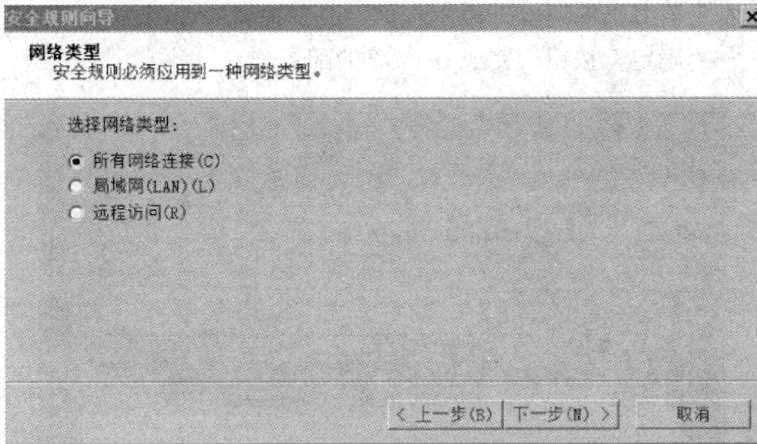

图 2-108　指定网络类型

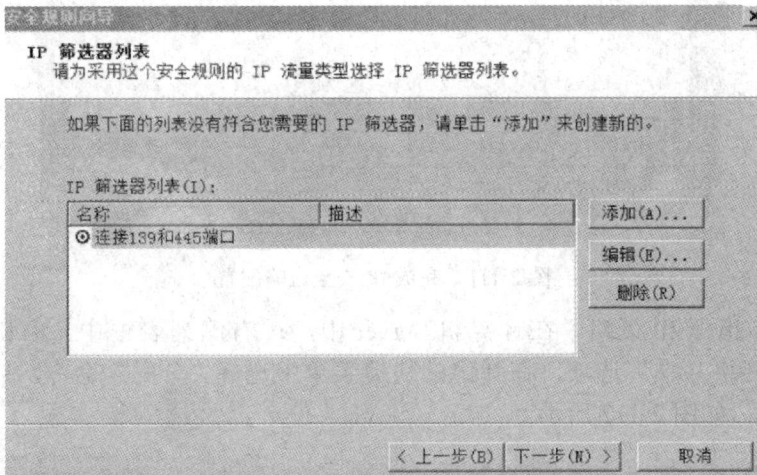

图 2-109　IP 筛选器列表选项

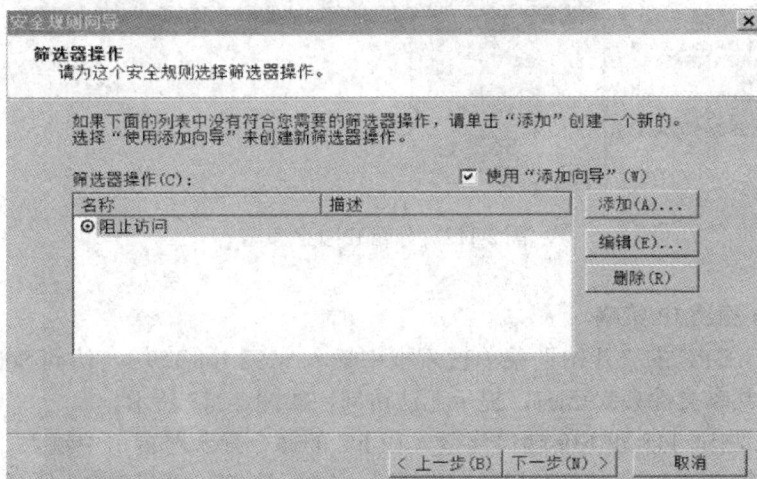

图 2-110　筛选器操作选项

⑦ 依次单击"下一步"按钮和"完成"按钮，如图 2-111 所示。单击"应用"→"确定"按钮，完成 IP 策略的配置。

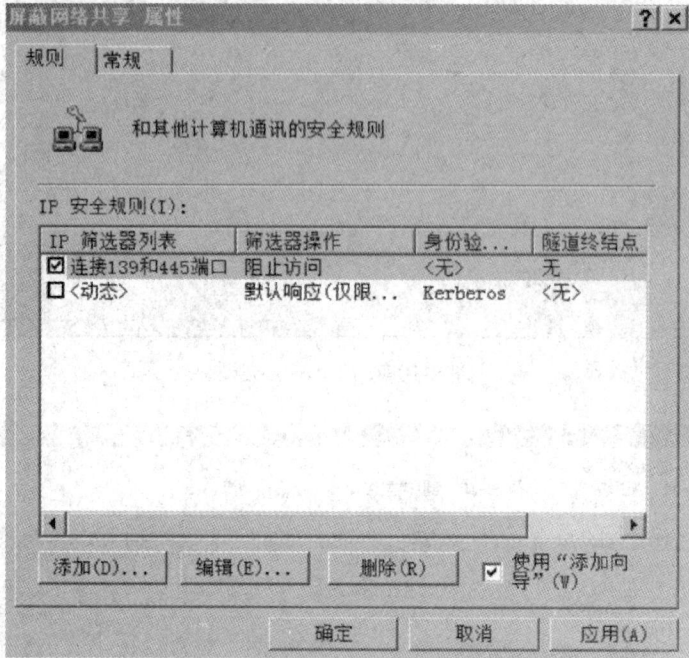

图 2-111　完成 IP 安全策略配置

⑧ 指派 IP 策略。在计算机 Server 中，在右侧列表框中，右键单击"屏蔽网络共享"选项，在弹出的快捷菜单中选择"分配"命令，完成策略分配，如图 2-112 所示。

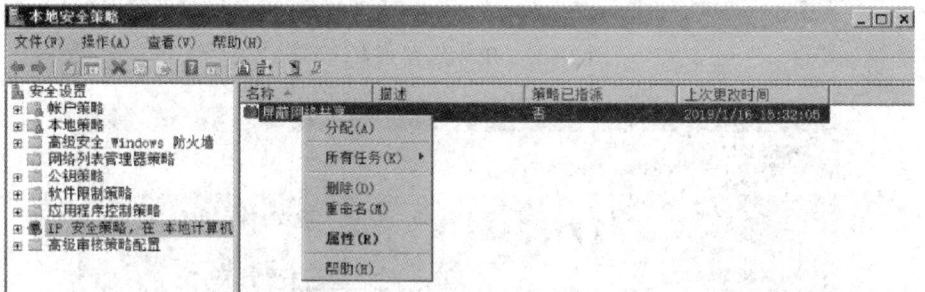

图 2-112　分配 IP 安全策略

(6) 测试 IP 策略。

① 在 PC 的"开始"菜单搜索框中输入 \\192.168.159.3，访问 Server 上的网络共享文件夹 C:\file1，提示无法访问，如图 2-113 所示。

② 测试 445 和 139 端口连接。在 PC 的命令提示符窗口中输入"telnet 192.168.159.3 445"，观察状态，发现无法进行连接，如图 2-114 所示。

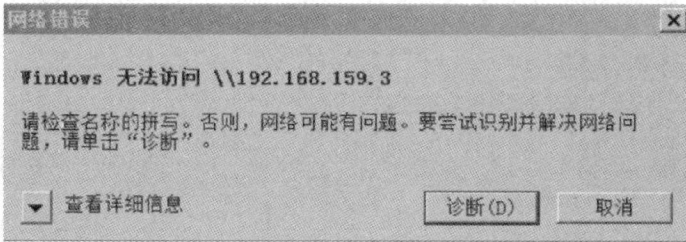

图 2-113 PC 无法访问 Server 上的共享文件

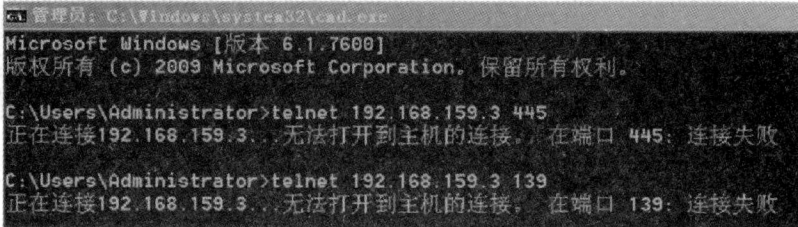

图 2-114 测试 445 和 139 端口连接

根据设置 IP 安全策略的方法，试着创建一个 IP 安全策略，阻止 **课堂练习** Server 访问浏览器。

#### 4. 密码安全

(1) 设置密码策略。

① 在计算机 Server 中，打开"本地安全策略"窗口，展开"帐户策略"→"密码策略"节点，如图 2-115 所示。

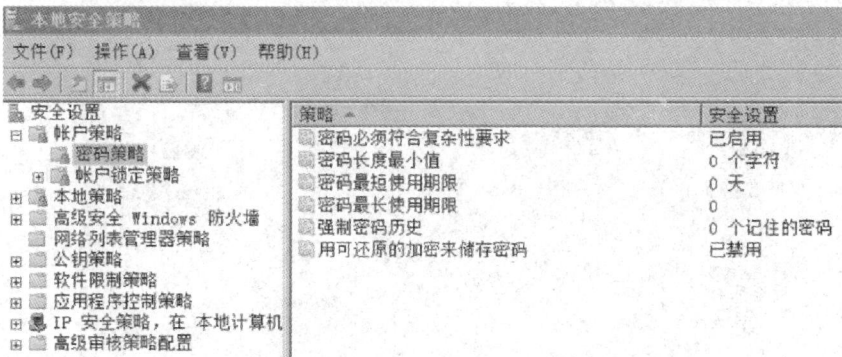

图 2-115 系统密码策略列表

② 在右侧列表框中，右键单击"密码必须符合复杂性要求"选项，在弹出菜单中选择"属性"命令，在打开的界面中，选中"已启用"选项，单击"应用"→"确定"按钮，完成配置，如图 2-116 所示。

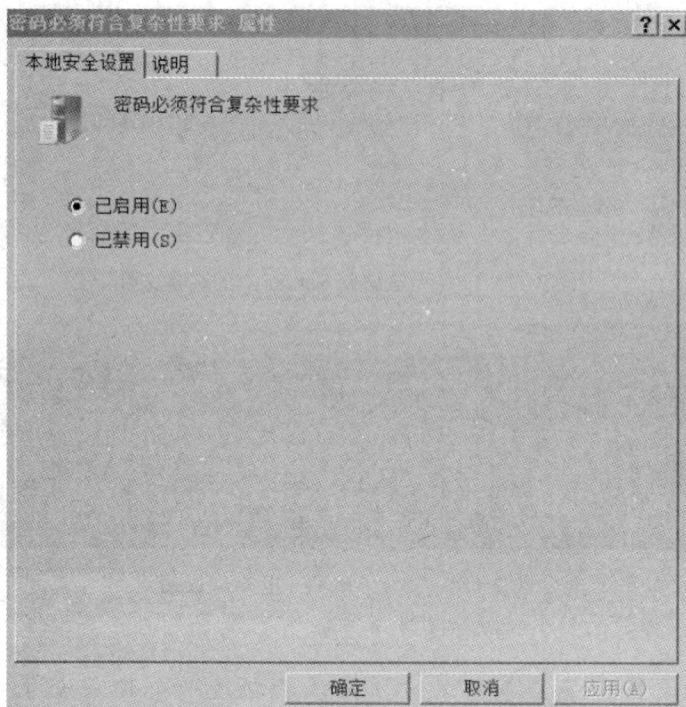

图 2-116　启用密码复杂性要求

　　③ 双击"密码长度最小值"选项，打开其属性界面，输入"8"，单击"应用"→"确定"按钮，如图 2-117 所示。

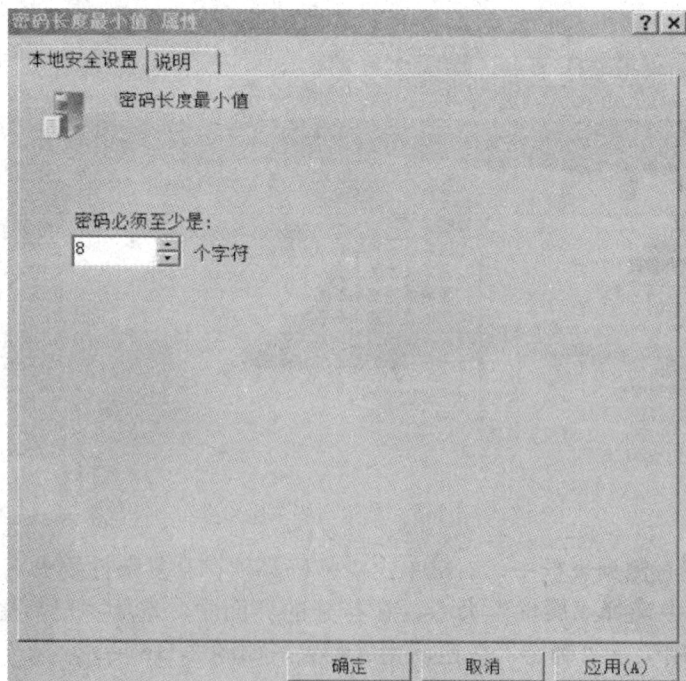

图 2-117　设置密码长度最小值

④ 双击"密码最长使用期限"选项，打开其属性界面，输入"42"，单击"应用"→"确定"按钮，如图 2-118 所示。

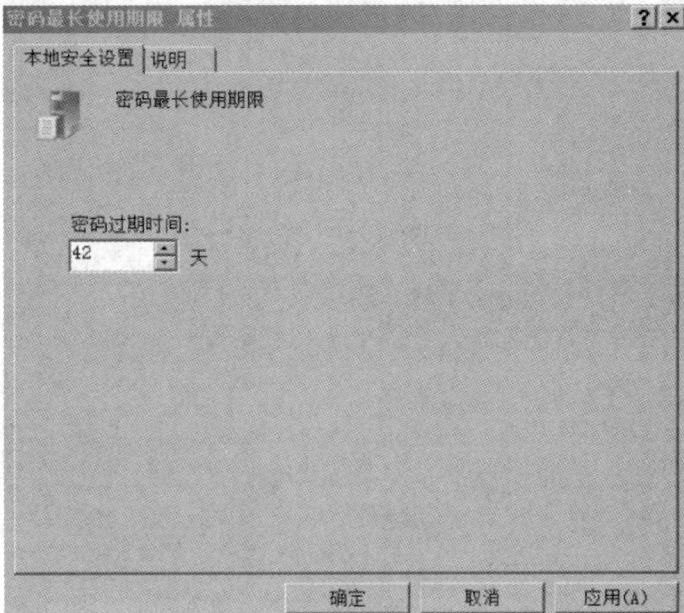

图 2-118　设置密码最长使用期限

⑤ 双击"密码最短使用期限"选项，打开其属性界面，输入"1"，单击"应用"→"确定"按钮，完成配置，如图 2-119 所示。

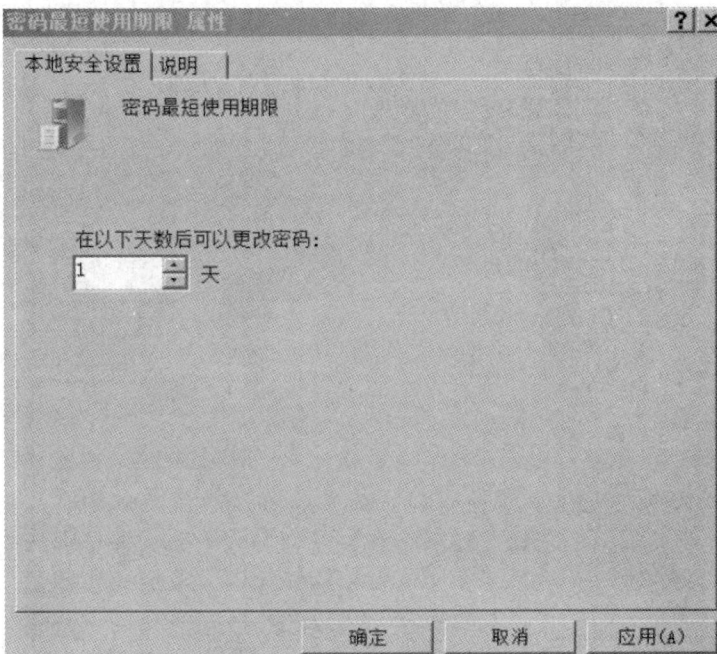

图 2-119　设置密码最短使用期限

⑥ 双击"强制密码历史"选项，打开其属性界面，输入"3"，单击"应用"→"确定"按钮，如图 2-120 所示。

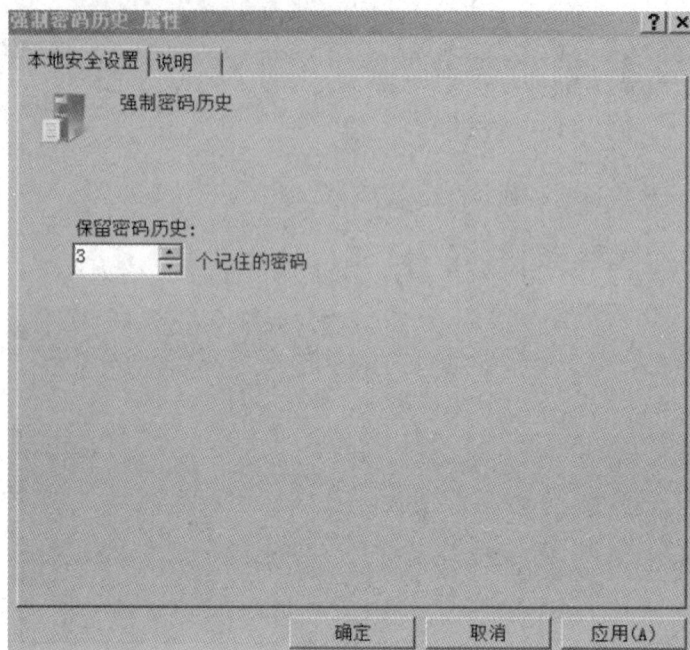

图 2-120　设置强制密码历史

⑦ 双击"用可还原的加密来储存密码"选项，打开其属性界面，选中"已禁用"单选项，单击"确定"按钮，完成配置，如图 2-121 所示。

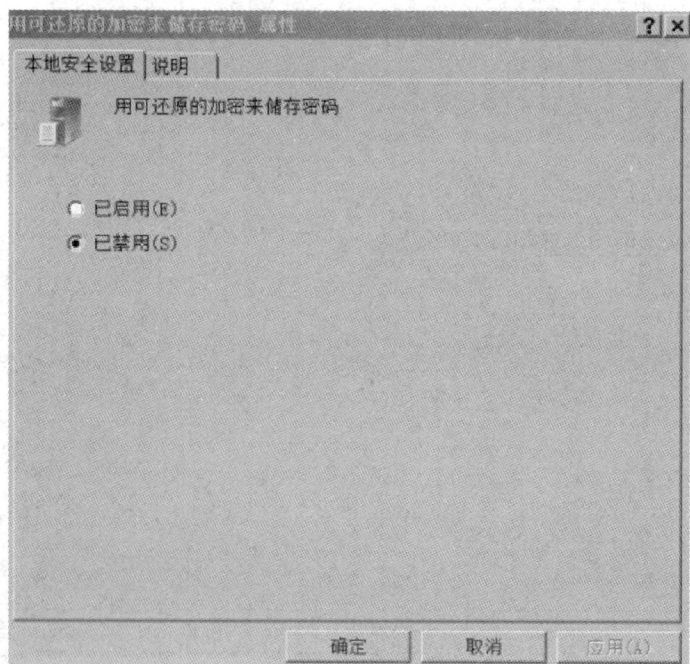

图 2-121　禁止使用可还原的加密来储存密码

⑧ 完成步骤①～⑦的配置后，在密码策略对应的安全设置列中，可以显示已经设置的密码策略，如图 2-122 所示。

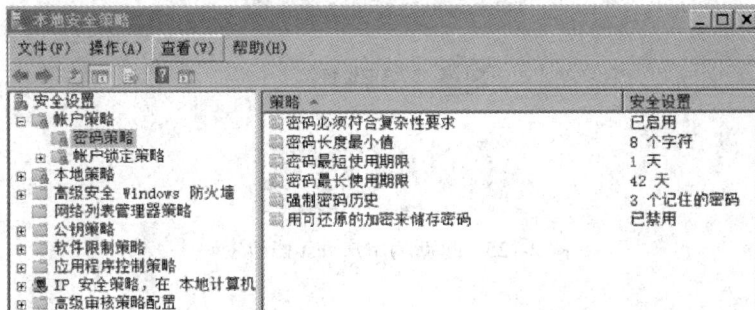

图 2-122　查看密码策略设置结果

(2) 验证密码策略。

① 在 Server 上，找到"管理工具"→"计算机管理"→"本地用户和组"→"用户"，创建用户 test，可以尝试密码复杂度、密码长度最小值策略的要求，设置的密码必须长于 8 个字符，同时包含 3 种以上字符。

② 为用户 test 修改密码，由于密码使用不足一天，不满足密码最短使用期限，所以拒绝修改，如图 2-123 所示。

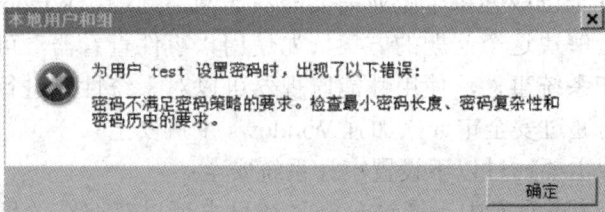

图 2-123　拒绝修改密码

③ 将系统日期修改为下一天，如图 2-124 所示。

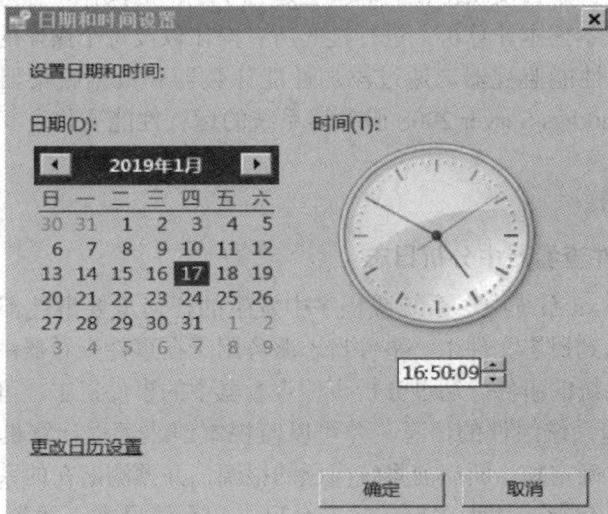

图 2-124　将日期修改为下一天

④ 重新为用户 test 尝试修改密码，密码修改成功，如图 2-125 所示。

图 2-125　重新为用户 test 修改密码

# 任务五　使用安全审计加强 Windows 主机安全维护

## 任务提出

本项目前 4 个任务中，已经分别从局部到整体对 Windows Server 2008 桌面系统进行了安全防御。除此之外，在日趋复杂的网络环境中，如何监控操作系统安全已成为每个企业需要解决的网络问题，Windows 操作系统提供了一整套解决这个问题的方案，如使用"事件查看器"可以查看应用程序、安全和系统事件，使用性能监视器可以对系统性能进行监控。本任务将学习如何通过安全审计来加强 Windows 主机安全。

本任务中主要通过以下设置审计系统安全：

(1) 在事件查看器中，通过分析系统日志可以获取有关硬件、软件和系统组件的信息，并可以监视本地或远程计算机上的安全事件。

(2) 事件查看器中的事件类型有信息、警告、错误、成功审核、失败审核，不同类型的事件反映了在计算机上进行了不同的操作，通过分析事件类型，我们可以掌握本计算机上进行过的所有操作以及每个操作的执行情况。

(3) 利用性能监视器，通过添加性能计数器和数据收集器，准确、及时地监控 Windows Server 2008 服务器系统的运行性能变化。

## 任务分析

### 1. 在事件查看器中分析日志

在 Windows 系统中，系统或程序中发生的任何重要事件都需要通知用户，或者写入到日志文件中。事件日志服务用于在事件查看器中记录应用程序、安全和系统的事件。通过分析事件查看器中的事件日志，可以获取有关硬件、软件和系统组件的信息，并可以监视本地或远程计算机上的安全事件，帮助用户确定和诊断当前系统问题的根源，并预测潜在的系统问题。

事件日志包括应用程序日志、安全日志和系统日志三种类型：

(1) 应用程序日志包含由程序记录的事件。例如，数据库程序能在应用程序日志中记录文件错误，写入应用程序日志中的事件是由软件程序开发人员确定的。

(2) 安全日志包含有效和无效的登录尝试等事件，以及与资源使用有关的事件(如创建、打开或删除文件)。例如，在启用登录审核的情况下，每当用户尝试登录到计算机上时，都会在安全日志中记录一个事件。

(3) 系统日志包含 Windows 系统组件所记录的事件。如果在启动过程中未能加载某个驱动程序，就会在系统日志中记录一个事件。Windows 需预先设置记录的系统事件。

### 2. 在事件查看器中分析事件级别

事件的级别分别为信息、警告、错误、详细和关键，每种事件级别反应系统上执行的不同操作类型：

(1) 信息：描述任务 ( 如应用程序、驱动程序或服务 ) 成功运行的事件。例如，当网络驱动程序成功加载时，将记录"信息"事件。

(2) 警告：警告不一定重要，但表明将来有可能出现问题的事件。例如，当磁盘空间快用完时将记录"警告"事件。

(3) 错误：描述重要问题 ( 如关键任务失败 ) 的事件。错误事件可能涉及数据丢失或功能缺失。例如，当启动过程中无法加载服务时将记录错误事件。

(4) 详细：描述详细事件。

(5) 关键：描述关键事件。

### 3. 设定性能监视及优化功能

通常来说，当需要查看本地服务器系统的运行性能如何时，人们常常会习惯使用系统的任务管理器进行查看，因为在系统任务管理器窗口中，既可以非常直观地看到服务器正在运行的所有进程，又能看清楚每一个系统进程耗费的资源和内存资源。但是，如果希望获得更为详细的服务器运行性能信息时，更适合使用 Windows Server 2008 系统自带的性能监视器工具，利用该工具不但能够获取更为详细的技术层面的统计信息，而且还能对这些信息进行及时准确统计记录，方便改变系统选项，从而达到优化、提高服务器系统运行性能的目的。

## 任务实施

### 1. 在事件查看器中分析日志

步骤1　实验准备阶段，根据项目一中任务一知识点，在 VMware Workstation 中部署一台 Windows Server 2008 R2 虚拟机 Server。Server 的 IP 地址规划如表 2-5 所示。

2-5-1

**表 2-5　使用安全审计加强 Windows 主机安全维护项目的 IP 地址规划**

| 设备名称 | 设备角色 | 操作系统 | IP 地址 |
|---|---|---|---|
| Server | 数据存储服务器 | Windows Server 2008 | 192.168.159.3/24 |

**步骤 2**　事件查看器。

(1) 配置自动获取 IP 地址故障。

① 在 VMware Workstation 中，打开"编辑"→"虚拟网络编辑器"，选中 NAT 模式，取消"使用本地 DHCP 服务将 IP 地址分配给虚拟机"选项，如图 2-126 所示，并单击"应用"和"确定"按钮。

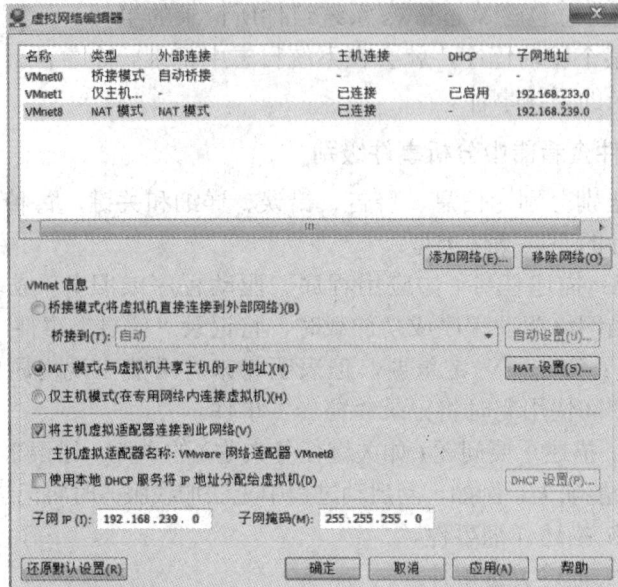

图 2-126　取消使用本地 DHCP 服务

② 在 Server 的本地连接属性界面中，设置"Internet 协议版本 4(TCP/IPv4) 属性"为"自动获得 IP 地址"，如图 2-127 所示。

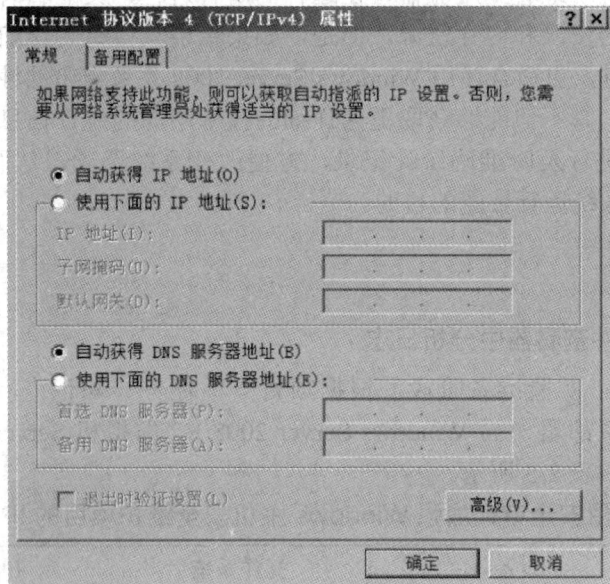

图 2-127　设置 Server 自动获得 IP 地址

（2）查看信息类型。

① 在 Server 上，选择"开始"→"管理工具"→"事件查看器"，在事件查看器窗口右侧的列表框中显示了事件查看器的概述与摘要、管理事件的摘要、最近查看的节点以及日志摘要等信息，如图 2-128 所示。

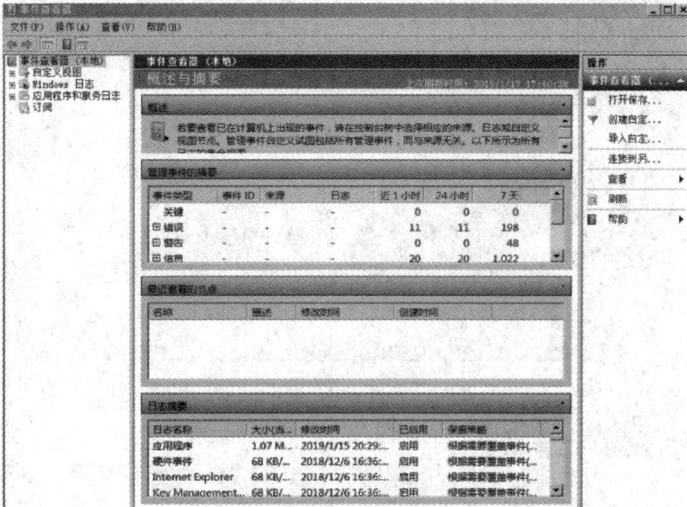

图 2-128　事件查看器窗口

必须以 Administrator 或 Administrators 组成员的用户身份登录，才能打开、使用安全日志及指定将哪些事件记录在安全日志中。

**小贴士**

② 在"事件查看器"窗口左侧的列表框中展开"Windows 日志"，可以看到有应用程序、安全、Setup、系统、转发事件选项。单击"应用程序"节点，可以看到应用程序中的所有事件的级别、日期和时间、来源、事件 ID、任务类别，如图 2-129 所示。

图 2-129　应用程序选项相关的事件

③ 右键单击"应用程序"节点，在弹出的快捷菜单中选择"筛选当前日志"命令，打开"筛选当前日志"界面，单击"筛选器"选项卡，如图2-130 所示。

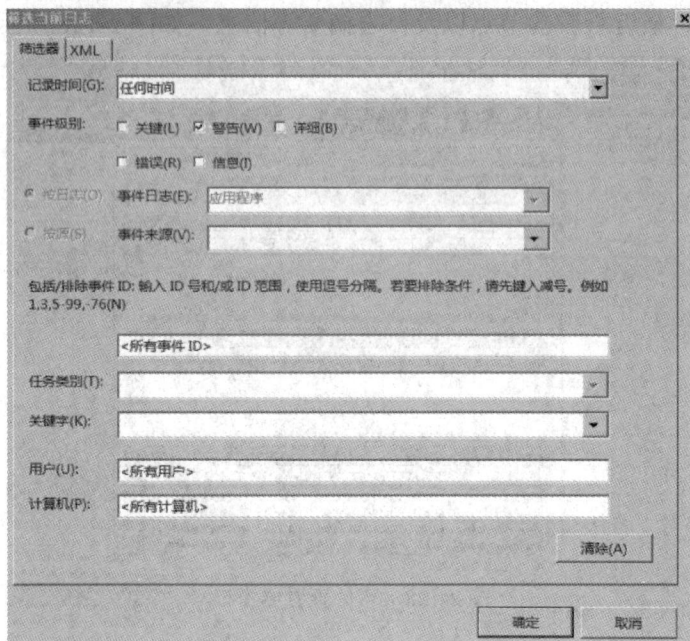

图 2-130　"筛选当前日志"界面

④ 在"筛选器"界面中，可以根据事件的级别选择显示的事件，如选择"警告"，则在应用程序事件中只显示警告事件，如图2-131 所示。

图 2-131　筛选应用程序事件

### 2. 在事件查看器中分析事件级别

(1) 在事件查看器窗口左侧的列表框中展开"Windows 日志"，单击"系统"选项，在右侧的事件列表框中可以找到类型为"错误"的事件，也可以通过右键"系统"→"筛选当前日志"的方式找到"错误"事件。双击"错误"事件，打开"事件属性"界面，如图 2-132 所示。

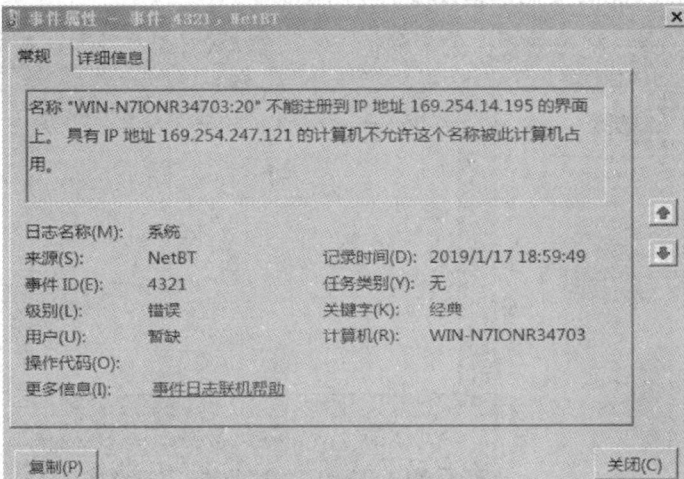

图 2-132　"事件属性"界面

(2) 该事件日志表示：在 2019 年 1 月 17 日 18 点 59 分 49 秒，发现 NetBT 服务的一个错误。事件 ID 为 4321，表示 WIN-N7IONR3403 主机在尝试将 IP 地址配置为 169.254.14.195 时，受到其他计算机的阻止。

(3) 从该事件日志中可以看出，这台主机是 DHCP 客户端，由于启动时没有找到 DHCP 服务器，即 DHCP 服务器宕机或者无法响应，该主机为了能够通信，自动分配了一个私有 IP 地址。

### 3. 设定性能监视及优化功能

(1) 添加计数器。

① 选择"开始"→"管理工具"→"性能监视器"菜单命令，打开"性能监视器"界面，如图 2-133 所示。

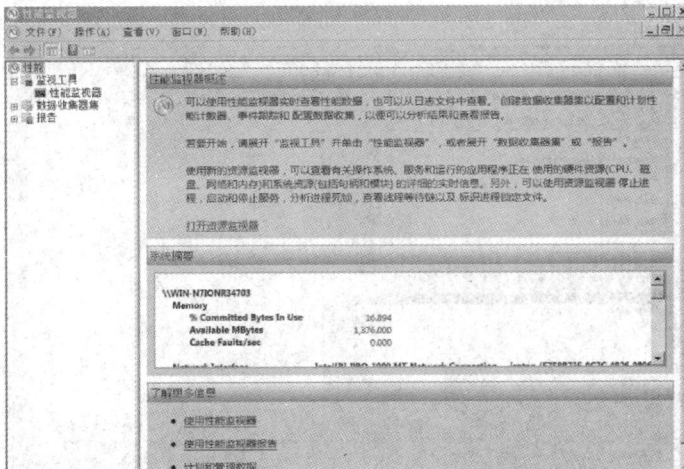

图 2-133　"性能监视器"界面

　　② 展开"监视工具"选项，可以看到"性能监视器"节点，单击一下，即可看到性能监视器窗口，在该窗口中可以直观地看到服务器系统每时每刻运行性能的变化，如图 2-134 所示。

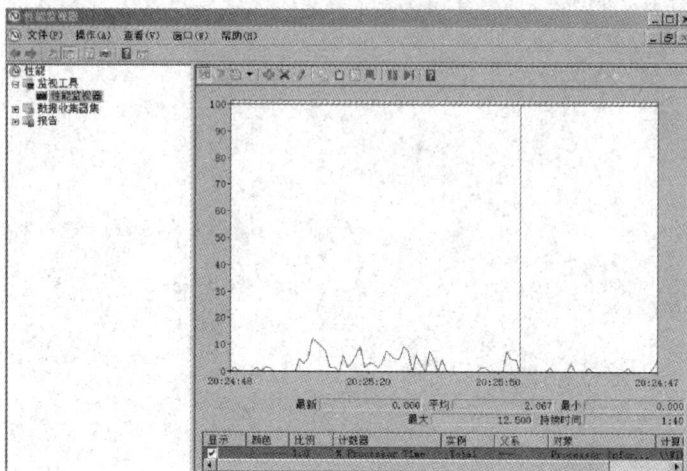

图 2-134　性能监视器窗口

**知识链接**

　　在 Windows Server 2008 之前的系统，采用的是性能检测平台，包括系统监视器、性能日志和警报，而 Windows Server 2008 中包含了一个全新的性能检测工具：Windows 性能诊断控制台，它整合了之前独立的性能日志和警报等工具。新的工具为定制数据收集及实践跟踪会话提供了一个图形化的界面，同时新的工具还包括了一个可用监视器，用于跟踪系统发生的变化，并且通过一个图形化的界面展示这些变化对系统性能稳定性带来的影响。

　　③ 在图 2-134 中，单击绿色的"+"按钮，即可进入"添加计数器"界面，如图 2-135 所示。

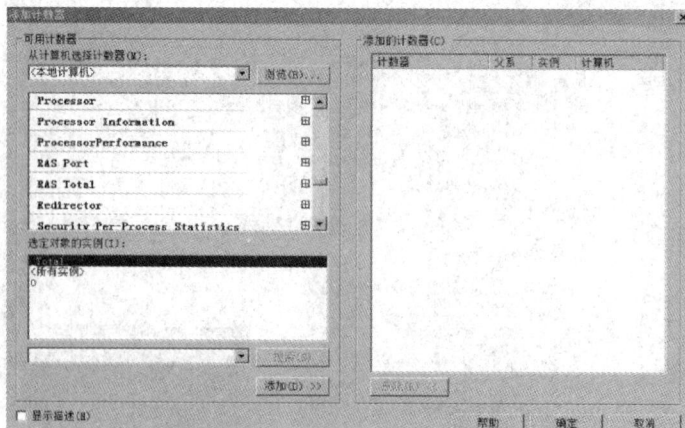

图 2-135　"添加计数器"界面

④ 在"浏览"框中选择"本地计算机"，从"可用计数器"列表框中可以看到许多计数器，同时根据类别进行了整理，此时可以根据实际需要选择某一个计数器或多个计数器，再单击"添加"按钮即可。由于服务器系统所提供的性能计数器数量较多，为了快速有效地找到想要的计数器，可以选中对应设置窗口中的"显示描述"复选项，这样每选中一个性能计数器时就能自动在对应设置窗口的底部看到它的描述信息，如单击"Processor Information"，便可在"显示描述"框中看到其相关介绍，如图 2-136 所示。

图 2-136　"显示描述"选项使用

**小贴士**

若要从运行"性能监视器"服务的计算机上监视计数器，可选中使用"本地计算机"计数器；若要监视特定计算机，而不管该服务在哪里运行，可选中"浏览"，然后指定要监视的计算机名称。

⑤ 在每个计数器后面有一个"+"符号，单击展开扩展项，可以看到每个计数器所包含的所有扩展项，并可对每个扩展项单独选择进行添加，如图 2-137 所示。

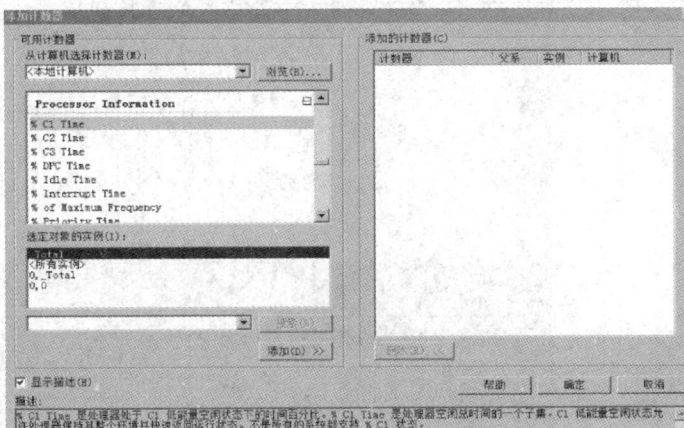

图 2-137　选择计数器扩展项

**小贴士**

在缺省状态下，服务器系统性能监视主界面中没有任何内容，此时需要手工添加性能计数器。而"性能计数器"其实是系统状态或活动情况的度量单位，它们可以包含在操作系统中或作为个别应用程序的一部分，Windows 可靠性和性能监视器以指定的时间间隔请求性能计数器的当前值。

⑥ 单击选择"Processor Information"计数器，单击"添加"按钮，添加到"添加的计数器"显示框中，如图 2-138 所示。单击"确定"按钮，完成计数器的添加。

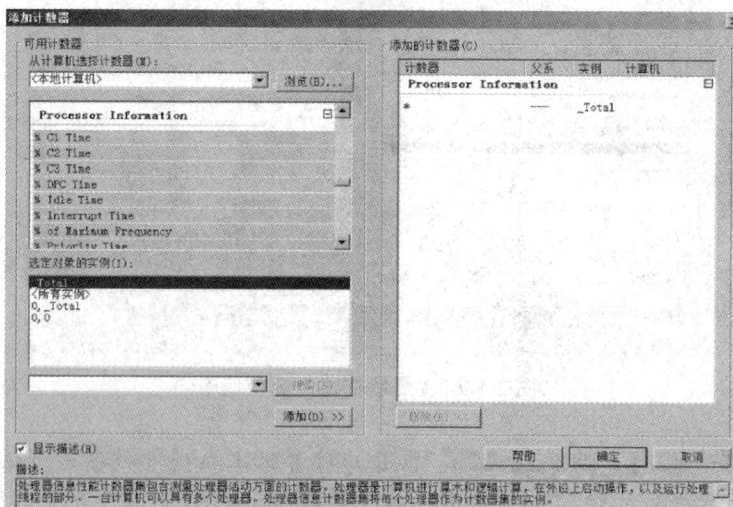

图 2-138　完成计数器的添加

⑦ 在"性能监视器"窗口中，可以看到添加的计数器，并使用不同颜色的线条显示不同的计数项，如图 2-139 所示。

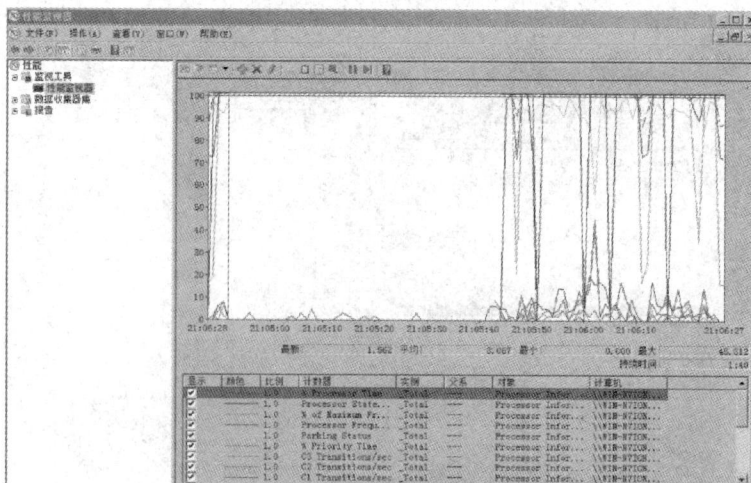

图 2-139　"性能监视器"窗口显示添加的计数器

⑧ 在图 2-139 窗口中,随机选择下面的其中一个计数项,右键单击,可以进入"性能监视器属性"界面,在界面中可对计数项的颜色、宽度、比例、样式进行修改,如图 2-140 所示。

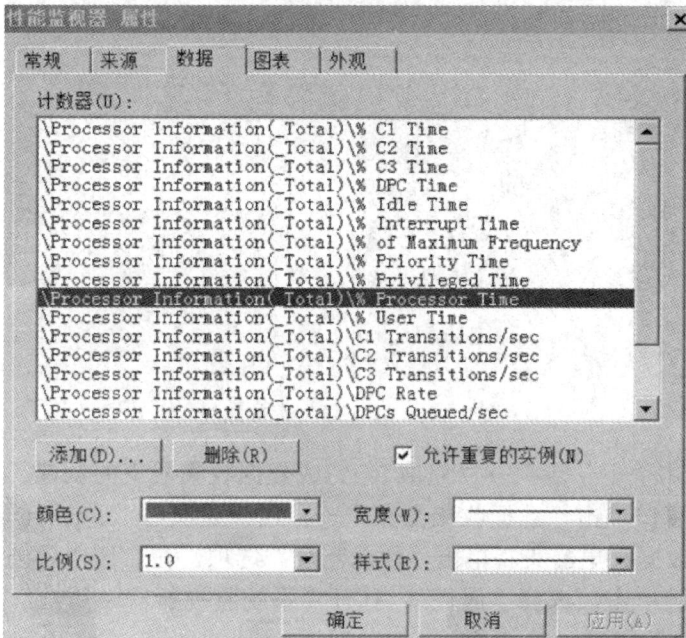

图 2-140 "性能监视器属性"界面

(2) 创建数据收集器集。

① 在性能监视器界面,右键单击"性能监视器",选择"新建"→"数据收集器集",弹出"创建新的数据收集器集"界面,在"名称"栏中输入数据收集器集的名称,如性能监视,如图 2-141 所示。

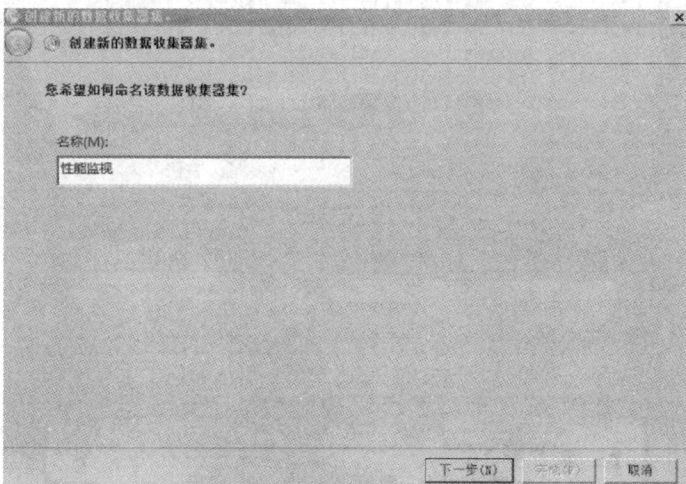

图 2-141 创建新的数据收集器集

② 单击"下一步"按钮,为数据指定存放路径,如图 2-142 所示。

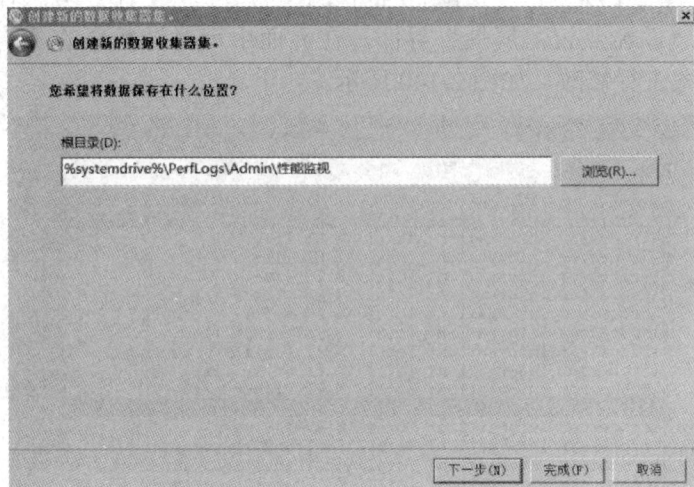

图 2-142　指定数据存放路径

③ 单击"下一步"→"完成"，完成数据收集器集的创建。在"性能监视器"窗口单击"数据收集器集"→"用户定义"，可见所创建的"性能监视"数据收集器集。单击"性能监视"选项，在右侧"系统监视器日志"上右键单击，选择"属性"，打开"系统监视器日志属性"界面，如图 2-143 所示。

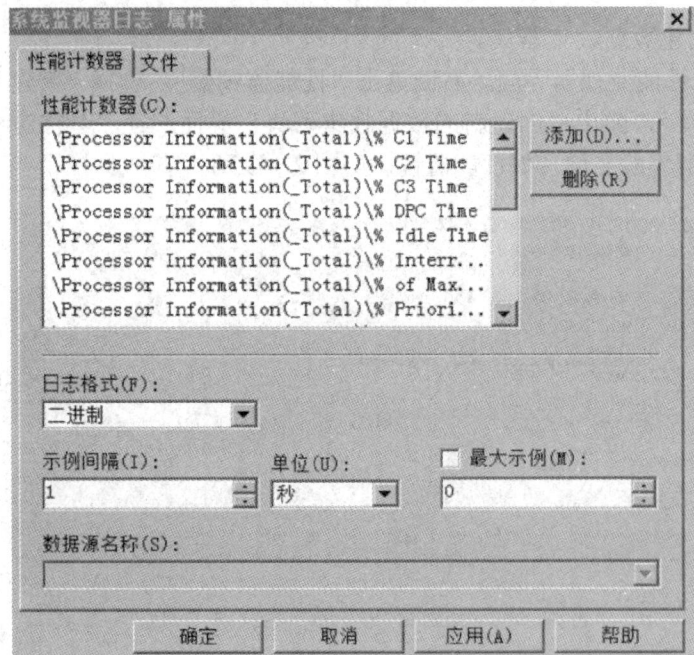

图 2-143　系统监视器日志属性

④ 在图 2-143 中，可以对日志格式、数据采集间隔时间进行设置，还可以添加或删除性能计数器，此处可以选择"添加"，在弹出的"可用计

数器"窗口中，选择"Processor Information"计数器，单击"添加"按钮即可。

⑤ 完成数据收集器集的创建和设置后，在性能监视器界面中选择"数据收集器集"→"用户定义"→"性能监视"，右键单击，选择"开始"，会在右侧窗口中显示数据的输出路径，如图 2-144 所示。

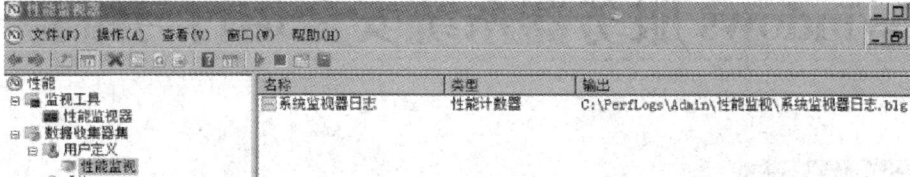

图 2-144　启动"性能监视"数据收集器集

⑥ 在图 2-144 所示的路径下可以看到"性能监视器日志"日志文件，双击打开后，即可在性能监视器中显示，如图 2-145 所示。在性能监视器窗口中，右键单击左侧"性能监视"图标，选择"停止"按钮，即可停止数据收集器。

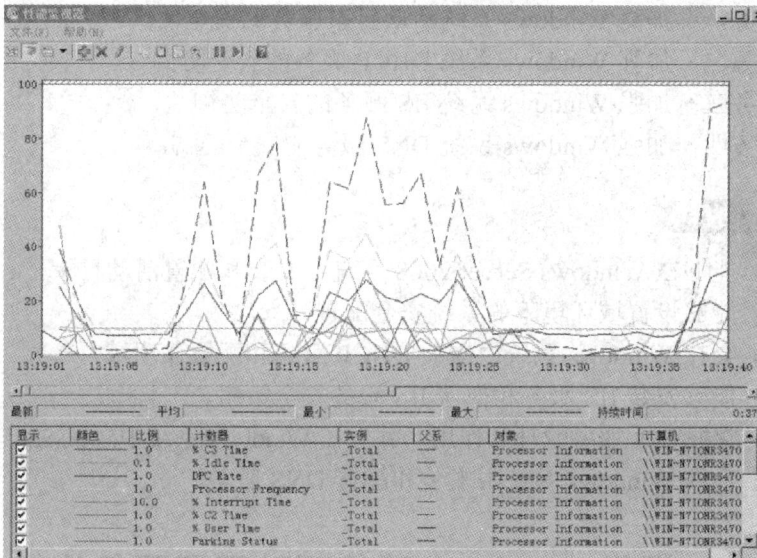

图 2-145　显示性能监视器日志

项目三

# Windows 服务器系统安全运行与维护

## 项目描述

在使用 Windows 操作系统的企业办公网络中，计算机之间互相连接，形成小型的办公网环境。为了更加便捷、安全地管理企业网中的资源，网络中的计算机共享资源时需要进行统一身份验证。为了更高效地管理网络，需要搭建活动目录平台及网络服务器。搭建的服务器资源平台需要进行安全设置，才能使它们更加安全、可靠地运行。本项目从以下四个方面讲述各环节的安全配置。

任务一　提高 Windows 系统活动目录服务的安全性。

任务二　加强 Windows 系统 DHCP 服务的安全防御。

任务三　加强 Windows 系统 IIS 服务的安全防御。

任务四　加强 Windows 系统 DNS 服务的安全防御。

## 学习目标

(1) 能够在 Windows Server 2008 系统中安装和配置活动目录。

(2) 能够设置域环境下的系统安全配置。

(3) 会在 Windows 系统中安装 DHCP 服务和配置作用域。

(4) 能够安装 IIS 服务和部署 IIS 服务安全策略。

(5) 掌握 SSL 服务原理和作用，并会在 Windows 系统中配置 SSL 服务。

(6) 会在 Windows 系统中安装和配置 DNS 服务。

## 任务一　提高 Windows 系统活动目录服务的安全性

### 任务提出

企业为了保障办公网络数据业务的安全，需要员工在访问资源时，对其进行身份验证，分配安全权限。通过安装 Windows 活动目录可以对用户进行管理，将整个网络作为一个独立的整体提高安全性，比工作组的安全性更高。为了构建安全的活动目录服务，需要实施以下安全措施达到安全管理目标：

(1) 在 Windows Server 2008 系统中安装活动目录，对于拥有大量用户的企业，可以实现对企业用户的统一管理。

(2) 企业网内部存在一定的安全风险，为了保障活动目录服务的安全运行，需要在活动目录上配置安全策略加固 Windows 活动目录平台的稳定性。

## 任务分析

### 1. 安装配置活动目录

活动目录 (Active Directory，AD) 是面向 Windows Standard Server、Windows Enterprise Server 以及 Windows Datacenter Server 的目录服务。活动目录不能运行在 Windows Web Server 上，但是可以通过它对运行 Windows Web Server 的计算机进行管理。活动目录存储了有关网络对象的信息，管理员和用户能够轻松地查找和使用这些信息。它使用了一种结构化的数据存储方式，并以此作为基础对目录信息进行合乎逻辑的分层组织面向 Windows Server 的目录服务技术。

活动目录扩展了传统的基于 Windows 的目录服务功能，并增加了一些全新的功能，具有安全、分布式、可分区和可复制的特征。活动目录保证了能在任何规模的环境中正常工作，它不仅支持只有几百个对象和 1 台服务器的小型系统，也支持拥有数百万对象和上千台服务器的庞大系统。活动目录增加的许多新功能使得管理大量信息变得更容易，为管理员和终端用户节约了时间。

通过登录验证以及对目录中对象的访问控制，将对本地计算机访问的安全性集成到活动目录中。通过一次网络登录，管理员可管理整个网络中的目录数据，而且获得授权的网络用户可访问网络中任何地方的资源。

### 2. 配置安全策略管理活动目录

在活动目录中，提供了域名系统、可传递信任关系、轻型目录访问协议、Kerberos 网络认证协议、组策略、全局编录等功能组件，可以对域成员提供安全服务，并为域成员提供权限设置。另外在活动目录中，还可以通过将系统升级为域级别、林级别、森林级别，提高系统的功能级别，为每个级别的域成员提供不同级别的服务。对于使用多域环境的企业，可以通过双向信任关系传递信任，进行资源的跨域分配。

**知识链接**

1. 目录服务

目录服务 (Directory Service) 是一种存储网络信息的层次结构。目录是用来存储有用对象的信息源，如电话目录用于存储用户的电话信息。在文件系统中，目录用于存储文件的信息。在分布式计算机系统或者 Internet 这样的公用计算机网络中，有许多有用的对象，例如打印机、传真机、应用软件、数据库和用户。用户希望寻找并使用这些对象，而管理员则希望管理这些对象，目录服务为此提供了强大的功能。

2. 域

域 (Domain) 是基于 Windows NT 计算机网络的安全边界，活动目录由一个或多个域组成。在一个独立的工作站中，域就是计算机自身。域可以跨越多个物理区域，每一个域都有自己的安全策略和与其他域的安全关系。当多个域通过信任关系连接起来，它们就组成一棵域树，多棵域树可以组成森林。

### 3. 树

树 (Tree) 是通过可传递、双向信任关系连接在一起的 Windows NT 域的集合，它们共享相同的模式、配置和全局目录。域必须组成层次式的名称空间，例如，a.com 是树根，b.a.com 是 a.com 的孩子。活动目录是一个或多个域树的组合。

### 4. 森林

森林 (Forest) 是相互信任的一个或多个活动目录树形成的小组。森林中的所有树共享一个模式、配置和全局目录，森林中的所有树没有形成连续的名称空间，森林中的所有树通过信任关系的双向传递相互彼此信任。与树不同的是，森林不需要一个可分辨的名称 (Domain Name, DN)。森林作为一组交叉引用的对象和成员树之间的信任关系而存在，森林中的树形成一个层次信任关系。

### 5. 组织单元

组织单元 (Organizational Unit, OU) 是一个容器对象，它把活动目录划分成可管理的单元。OU 可以包含用户、小组、资源和其他 OU。组织单元可以将管理权限委托给目录中的子树，组织单元的结构一般限制在一个域内。

### 6. 站点

站点 (Site) 是包含活动目录服务器的网络位置。站点定义了一个或多个连接良好的 TCP/IP 子网，"连接良好"指网络连接非常可靠和快速。定义站点为一组子网，则允许管理员快速轻松地配置活动目录和复制拓扑，以便充分利用物理网络。当用户登录上网时，活动目录客户机将以用户的身份在同一个站点找到活动目录服务器。由于网络中同一个站点的机器彼此邻近，所以它们之间的通信可靠、快速并且高效。由于用户的工作站已经知道位于哪一个 TCP/IP 子网上并且能将子网直接转变为活动目录站点，所以在登录时确定本地站点就变得很容易。

### 7. 域名系统

域名系统 (Domain Name System, DNS) 是一种层次分布式数据库，用来进行域名 /IP 地址转换。域名系统是 Internet 上使用的名称空间，可以将计算机和服务器名称转换成为 IP 地址。活动目录在它的定位服务中使用 DNS，以便客户端可以通过 DNS 查询找到域控制器，所以在配置主域控制器时，必须在主域控制器上安装 DNS 服务，然后备份域控制器、子域控制器及成员的域名必须设置为主域控制器的 IP。

### 8. 可传递信任关系

Windows 2008 域中的树、森林中的域、森林中的树、森林之间存在固有的信任关系。当一个域加入到一个已有的森林或域树时，自动地建立可传递信任 (Transitive Trust)。可传递信任一般是双向关系。域树中的父子域、森林中域树的根域这一系列信任关系允许森林中的所有域相互之间彼此信任，例如，域 A 信任域 B，域 B 信任域 C，那么域 A 可以信任域 C。

9. 轻型目录访问协议

轻型目录访问协议 (Light Directory Access Protocol, LDAP) 是用来访问目录服务的一种协议，LDAP 是活动目录的主要访问协议。目前的 Web 浏览器和电子邮件程序中都实现了 LDAP。LDAP 是目录访问协议 (Directory Access Procotol，DAP) 的一个简化版本，可以用来访问 X.500 目录。编写 LDAP 查询代码比 DAP 简单，但是 LDAP 的功能不是十分完善。例如，如果没有找到地址，DAP 可以在其他的服务器上进行初始化寻找，但是 LDAP 就不具备这个功能。

10. Kerberos

Kerberos 是一种用来给用户授权的安全系统。Kerberos 不对服务或数据库提供授权，只为用户登录提供授权，并保障用户整个会话的安全。Kerberos 协议提供了 Windows 2000 操作系统的主要授权机制。

11. 组策略

组策略 (Group Policy) 指将策略应用到活动目录容器中的计算机组和用户。所包括的策略类型不仅是出现在 Windows NT 4.0 服务器中的基于注册的策略，还可以是目录服务所允许的用来存储策略数据的多种类型，例如文件配置、应用程序配置、登录和注销脚本、启动和关机脚本、域安全、Internet 协议安全 (Internet Protocol Security, IPSec) 等，这些策略的集合称为组策略对象 (Group Policy Object, GPO)。

12. 全局编录

全局编录 (Global Catalog, GC) 是域林中所有对象的集合，是一台特殊的域控制器。在默认情况下，在活动目录中创建的第一个域控制器为全局编录服务器，其他域控制器也可以被指派为全局编录服务器，用于实现网络负载平衡和冗余。全局编录服务器负责响应网络中所有的全局编录查询，一旦出现问题，用户将无法查询和登录。建议网络安全要求较高的用户配置多台全局编录服务器，以提高系统的可用性和可靠性。在根域控制器上进行相关操作，即可将其子域控制器或备份域控制器提升为全局编录服务器。但是需要注意的是网络中 GC 之间的复制可能会增加一定的网络带宽开销。当域林中只有一个域时，则不必在登录时从全局编录获取通用组成员身份。因为活动目录可以检测到域林中没有其他域，并阻止向全局编录查询此信息。在 Windows 2008 多主机复制环境中，理论上任何域控制器都可以更改活动目录中的任何对象，但实际上并非如此，某些活动目录功能不允许在多台域控制器上完成，否则可能会造成活动目录数据库的一致性错误，这些特殊的功能称为"灵活单一主机操作"，常用 FSMO 来表示，拥有这些特殊功能执行能力的主机被称为 FSMO 角色主机。

13. 域级别

普通系统一旦升级为 Windows Server 2008，除了包含 Windows 2003

的域功能级别可用的所有功能，还有一些附加功能：① 分布式文件系统复制支持 SYSVOL，它提供 SYSVOL 内容的更可靠、更详细的复制。② 高级加密服务 (AES 128 和 256)，支持 Kerberos 协议。③ 上次交互登录信息，显示用户上次成功交互登录的时间，自上次登录起失败的登录尝试次数，以及上次失败登录的时间。④ 细化密码策略，使得为域中的用户和全局安全组指定密码和账户锁定策略成为可能。

14. 森林级别

域中的 Windows Server 2008 域控制器部署完毕后，接下来还需要选择森林的功能级别。可以选择 Windows 2000、Windows Server 2003、Windows Server 2008、Windows Server 2008 R2 等，具体选择可以根据安装中的提示进行。

15. 信任关系

在默认情况下，一个域林中的多个域拥有双向可信任的传递关系，可以进行活动目录数据的传输。除此之外，父域和子域也同样具有双向可信任关系。在多域环境下，如何进行资源的跨域分配呢？也就是说，该如何把 A 域的资源分配给 B 域的用户呢？一般来说有两种选择。一种是使用镜像账户，如果在 A 域和 B 域内各自创建一个用户名和口令都完全相同的用户账户，然后在 B 域把资源分配给该账户后，A 域内的镜像账户就可以访问 B 域内的资源。另一种是创建域信任关系，在两个域之间创建了信任关系后，资源的跨域分配就非常容易了。域信任关系是有方向性的，如果 A 域信任 B 域，那么 A 域的资源可以分配给 B 域的用户，但 B 域的资源并不能分配给 A 域的用户，如果想达到这个目的，需要让 B 域信任 A 域。

**任务实施**

1. 安装和配置活动目录

步骤 1　实验准备阶段，根据项目一中任务一知识点，在 VMware Workstation 中部署三台 Windows Server 2008 R2 虚拟机 Server1、Server2、Server3，并将三台虚拟机实现网络连通，将 Server1 的 IP 地址设为 Server1、Server2、Server3 的默认网关和 DNS 服务器 IP。三台虚拟机的 IP 地址规划如表 3-1 所示。

3-1-1

表 3-1　活动目录服务安全访问项目的 IP 地址规划

| 设备名称 | 设备角色 | 设备简称 | 操作系统 | IP 地址 | DNS |
|---|---|---|---|---|---|
| Server1 | abc.com 域服务器 | PDC | Windows Server 2008 | 192.168.159.3/24 | 192.168.159.3 |
| Server2 | abc.com 备份域服务器 | BDC | Windows Server 2008 | 192.168.159.4/24 | 192.168.159.3 |
| Server3 | sub.abc.com 子域服务器 | SubDC | Windows Server 2008 | 192.168.159.5/24 | 192.168.159.3 |

安装活动目录并作为域服务器的计算机必须具备以下条件：① 安装服务器操作系统，不能使用 Windows XP 等非 Windows Server 操作系统，非 Server 操作系统的计算机只能作为域中的成员，而不能是域控制器。② 安装活动目录时，必须使用管理员或管理员组用户登录，并且设置管理密码。使用活动目录就是为了提高系统安全性，所以必须在确保安全的环境下才能使用。③ 本地磁盘至少有一个是 NTFS 文件系统。④ 由于所有的活动目录都是基于名字的访问，如果服务器 IP 地址不稳定，会导致访问者无法访问，所以计算机上需要配置有静态 IP 地址、子网掩码等 TCP/IP 设置，不能使用动态 IP 地址。⑤ 计算机有相应的 DNS 服务器支持。⑥ 计算机有足够的可用空间。

**小贴士**

**步骤 2** 将 Server1、Server2、Server3 的计算机名称分别修改为 PDC、BDC、SubDC。

(1) 在 Server1 上，右键单击桌面上"计算机"图标，选择"属性"选项，在"系统"窗口中单击"更改设置"选项，打开"系统属性"界面，如图 3-1 所示。

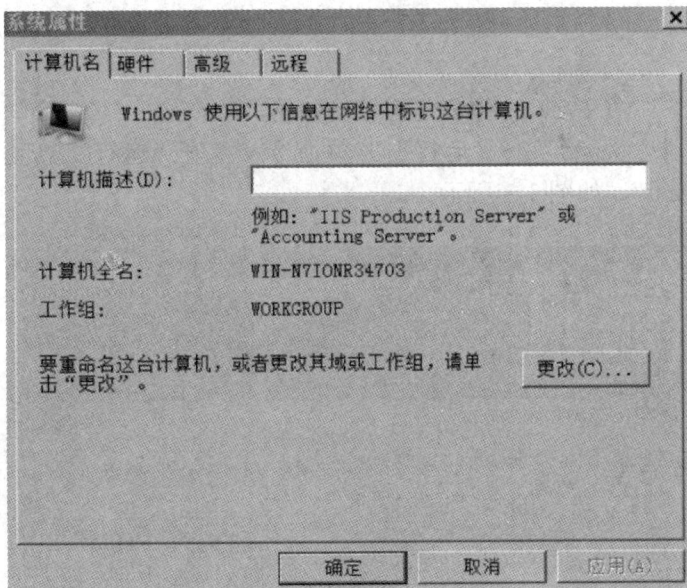

图 3-1 "系统属性"界面

(2) 在"系统属性"界面中单击"更改"按钮，打开"计算机名/域更改"界面，在"计算机名"一栏中输入"PDC"，单击"确定"按钮，完成修改，如图 3-2 所示。

(3) 重新启动计算机，使计算机名更改生效。

(4) 按照步骤 (1) ～ (3)，分别将 Server2、Server3 的计算机名称修改为 BDC、SubDC。

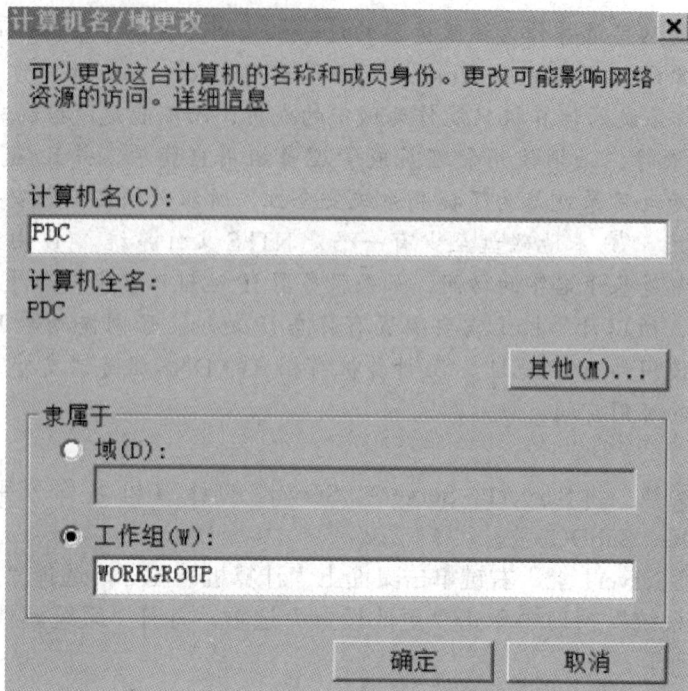

图 3-2  修改计算机名

**步骤 3**  在 Server1 上创建主域控制器。

(1) 选择"开始"→"运行"菜单命令，打开"运行"界面，输入命令"dcpromo"，如图 3-3 所示。

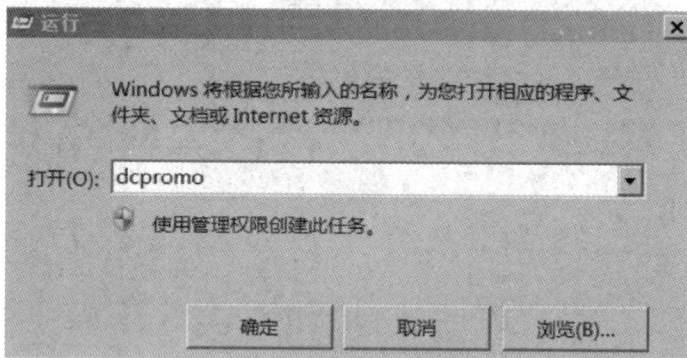

图 3-3  输入安装活动目录命令

(2) 单击"确定"按钮，等待相应文件加载完毕后，即可打开"Active Directory 域服务安装向导"界面，如图 3-4 所示。

(3) 单击"下一步"按钮，选中"在新林中新建域"单选项，如图 3-5 所示。

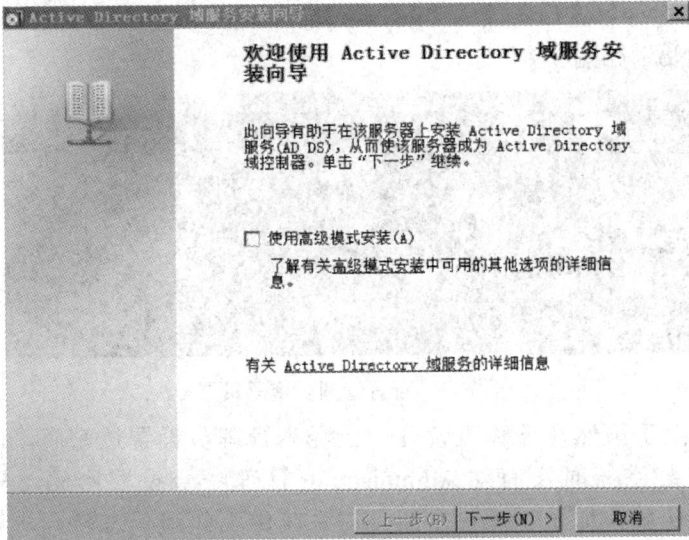

图 3-4　活动目录安装向导

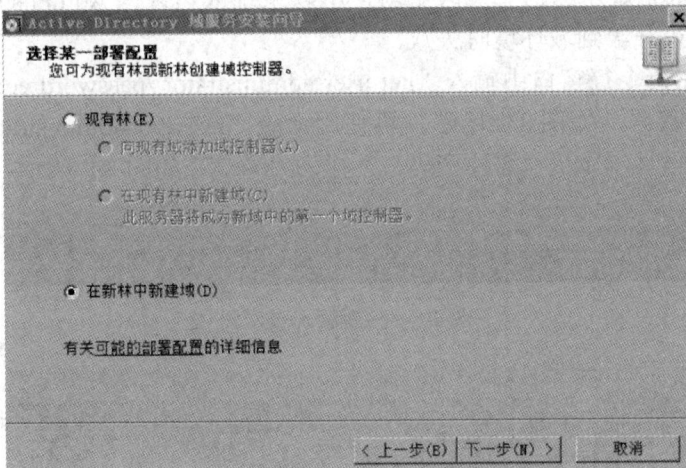

图 3-5　选择域的类型

(4) 有时在单击"下一步"按钮时，弹出 Administrator 账户密码不符合要求的警告提示，如图 3-6 所示。

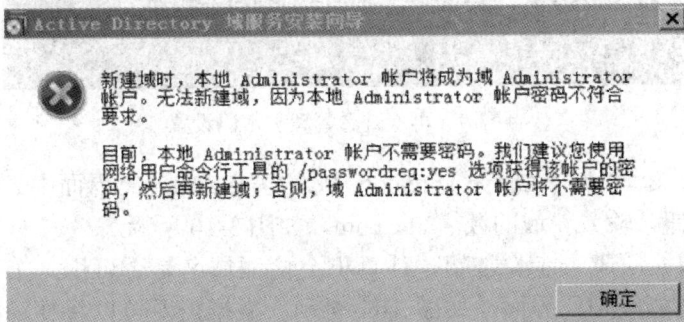

图 3-6　Administrator 账户密码不符合要求的警告

(5) 在命令行窗口中输入"net user administrator"，"需要密码"一栏中设置为"No"如图 3-7 所示。

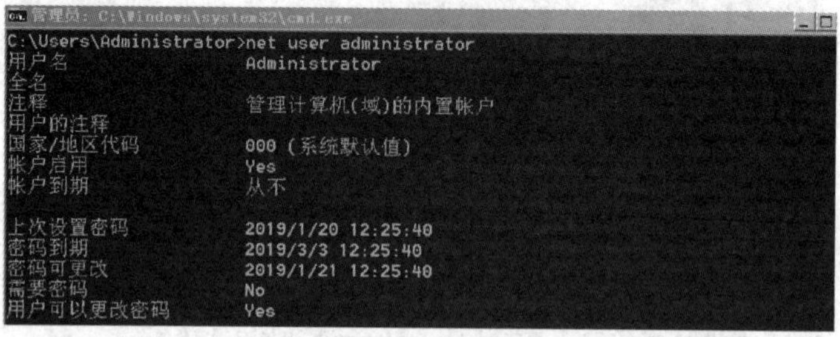

图 3-7　查看管理员密码设置

这是由于虽然在计算机管理中已经为管理员设置过密码，但是由于原来在安装系统时没有对 Administrator 管理账号设置密码，只是在系统安装成功后添加了管理员密码，在系统由工作组状态转向域状态的时候，系统需要将本地的 Administrator 转为域管理账号，而此时系统并未对 Administrator 账户的信息及时更新，所以系统依然认为 Administrator 是空密码，导致升级到域环境时失败。

(6) 在命令行窗口中输入"net user administrator /passwordreq:yes"，更新管理员密码，如图 3-8 所示。再使用命令"net user administrator"查看管理员密码时，显示"需要密码"一栏为"Yes"，如图 3-9 所示。

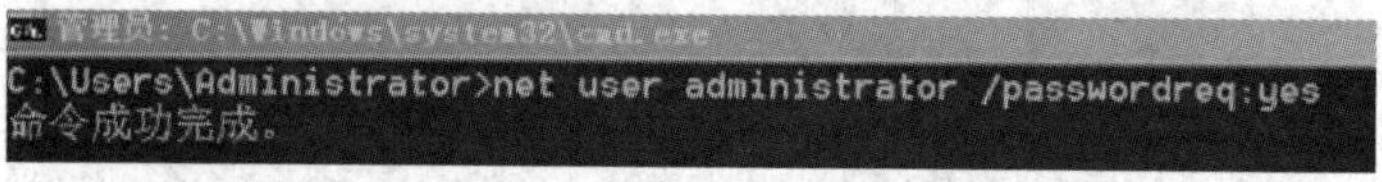

图 3-8　更新管理员密码

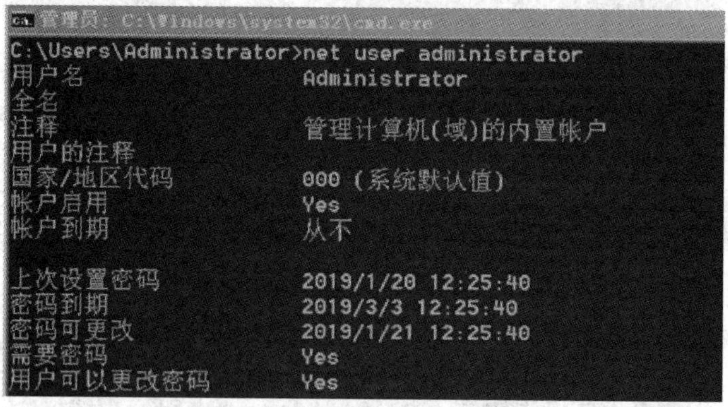

图 3-9　再次查看管理员密码设置

(7) 在第 (3) 步"Active Directory 域服务安装向导"界面中，单击"下一步"按钮，输入新域的域名 abc.com，如图 3-10 所示。

(8) 单击"下一步"按钮，计算机会检测域名是否可用，接下来弹出"设置林功能级别"界面，如图 3-11 所示。根据需要可以将林功能级别设置为"Windows Server 2003"或其他可选级别，这里可以选择"Windows

Server 2003"级别，在后面操作中方便对功能级别进行提升。

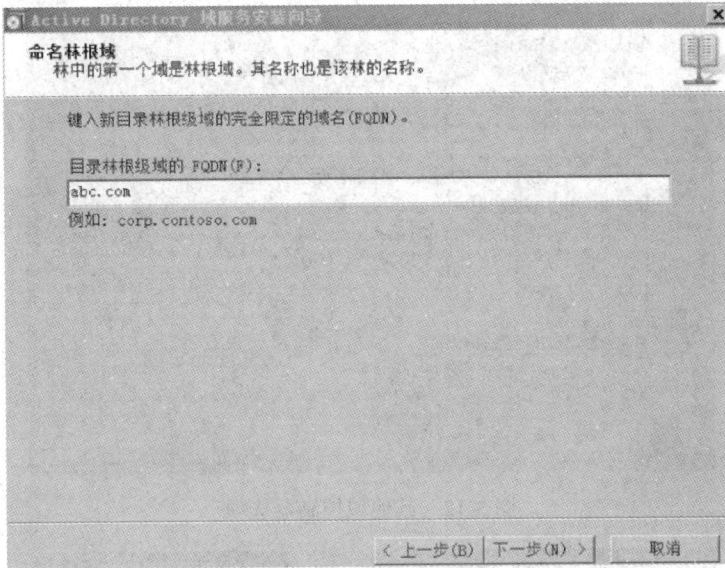

图 3-10　命名林根域的域名

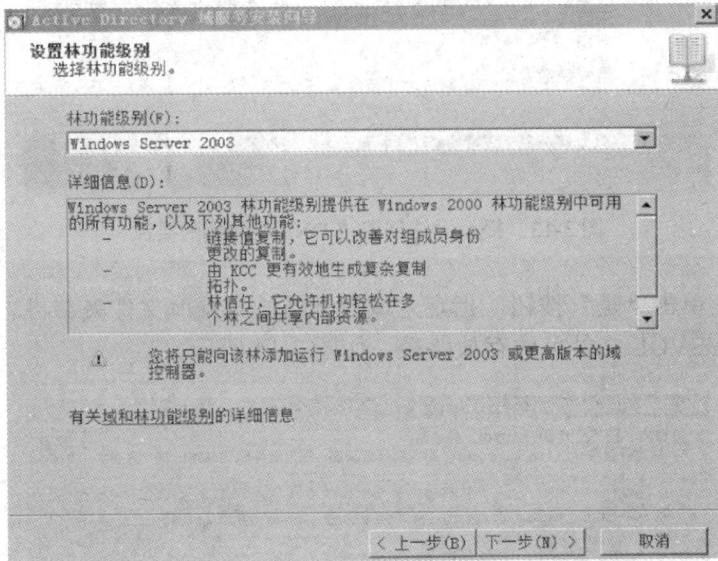

图 3-11　设置林功能级别

(9) 单击"下一步"按钮，设置域功能级别为"Windows Server 2003"。单击"下一步"按钮，进入"其他域控制器选项"界面，默认的其他选项为"DNS 服务器"，如图 3-12 所示。

(10) 单击"下一步"按钮，系统将检测计算机上的 DNS 服务器，由于计算机上没有安装配置 DNS 服务器，将提示无法创建该 DNS 服务器的委派，如图 3-13 所示。

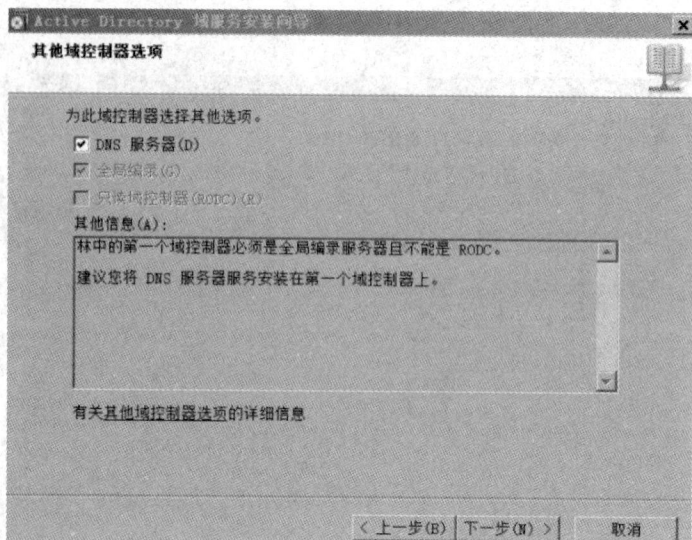

图 3-12　其他域控制器选项

图 3-13　提示无法创建该 DNS 服务器的委派

　　(11) 单击"是"按钮,指定主域控制器的数据库文件夹、日志文件文件夹、SYSVOL 文件夹的存放路径,如图 3-14 所示。

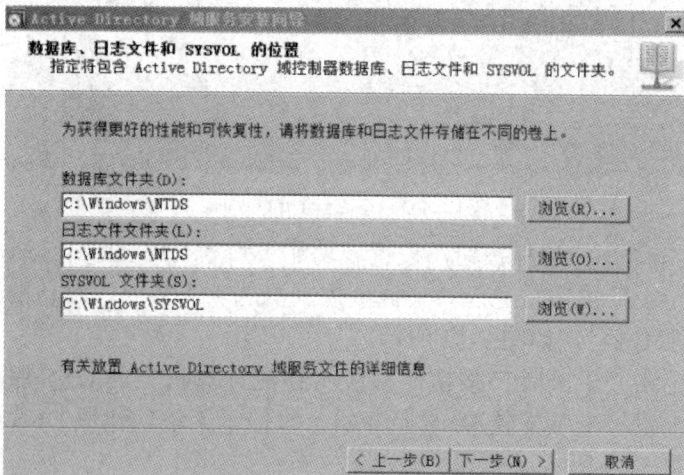

图 3-14　数据库和日志文件存放路径设置

SYSVOL 是指存储域公共文件服务器副本的共享文件夹，它们在域中所有的域控制器之间复制。SYSVOL 文件夹是安装活动目录时创建的，用来存放 GPO、Script 等信息。同时，存放在 SYSVOL 文件夹中的信息，会复制到域中所有域控制器上。

知识链接

(12) 单击"下一步"按钮，输入活动目录还原密码，如图 3-15 所示。

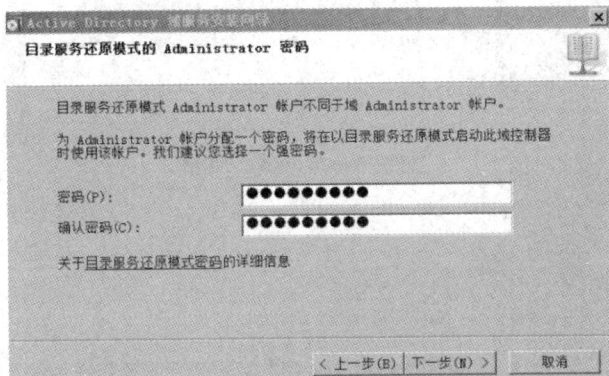

图 3-15　输入活动目录还原密码

活动目录的安装是按照主域控制器到备份域控制器，再到子域控制器、域成员的顺序进行的，而卸载的时候需要将顺序倒置过来，依次卸载域成员、子域控制器、备份域控制器、主域控制器。在卸载时，为防止卸载错误，需要输入还原密码，还原密码与其他所有密码都不相关，必须遵守密码策略规定。

小贴士

(13) 单击"下一步"按钮，生成域控制器的摘要信息，如图 3-16 所示。

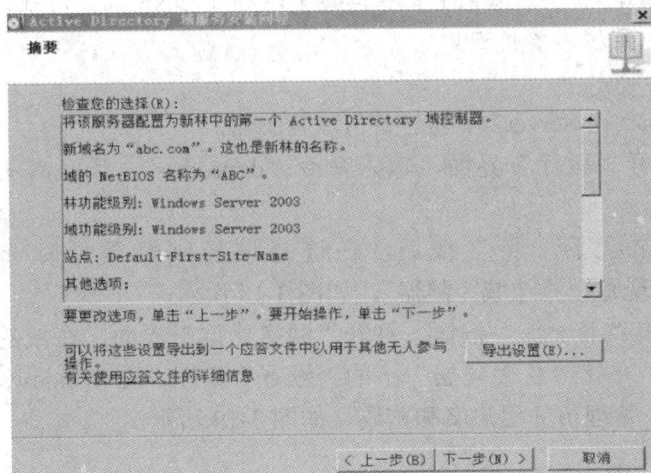

图 3-16　域控制器摘要信息

（14）单击"下一步"按钮，系统开始安装 DNS 服务器，并完成活动目录的配置，如图 3-17 所示。

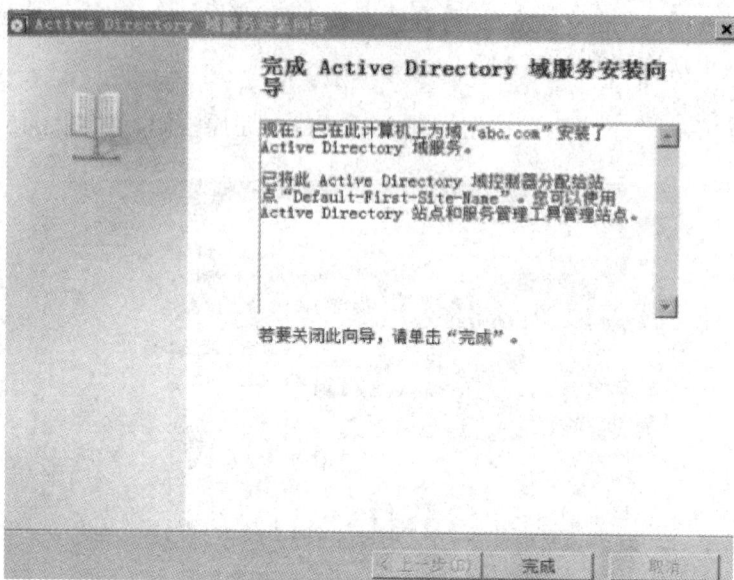

图 3-17　完成活动目录配置

（15）单击"完成"按钮，并重新启动计算机，使活动目录配置生效。

**小贴士**

安装活动目录后，计算机系统会发生一系列变化：(1) 计算机启动后，会在 Administrator 名称前加上域名称"ABC"，表示该计算机所属的域；(2) 在"开始"→"管理工具"栏中增加了 Active Directory 管理中心、Active Directory 用户和计算机、Active Directory 域和信任关系、Active Directory 站点和服务项；(3) 管理工具中增加了 DNS 服务器项，并且已经将 PDC 加入到域名解析中。

**步骤4**　在 Server2 上创建备份域控制器。

（1）打开"运行"界面，输入命令"dcpromo"，开启活动目录安装向导。

（2）单击"下一步"按钮，在选择域控制器类型时选择"现有林"→"向现有域添加域控制器"，如图 3-18 所示。

（3）单击"下一步"按钮，打开"网络凭据"界面，在域的名称中输入 abc.com，单击"备用凭据"下的"设置"按钮，在 Windows 安全界面中输入 PDC 管理员的用户名和密码，如图 3-19 所示。

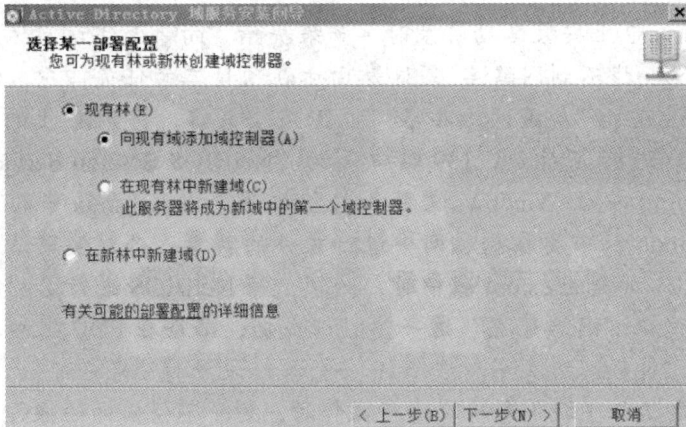

图 3-18　选择域控制器类型

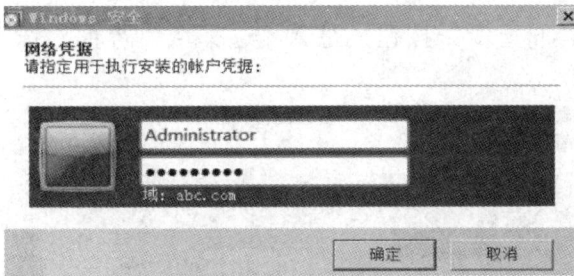

图 3-19　输入网络凭据用户名和密码

小贴士

　　添加备份域控制器和子域控制器之前，必须在 Server2 和 Server3 上将 DNS 设为 Server1 的 IP，并且保证在 Server2 和 Server3 上配置活动目录时，Server1 保持开机状态，否则在检测网络凭据和域时，无法连接 abc.com 域。

（4）单击"确定"按钮，完成网络凭据设置，如图 3-20 所示。

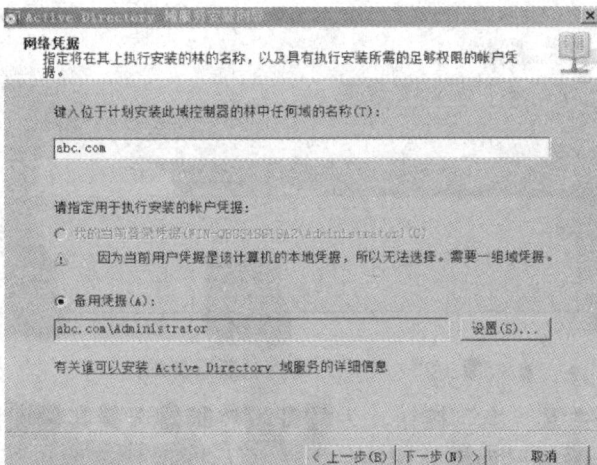

图 3-20　完成网络凭据设置

在 Server2 上安装活动目录时，如果提示"向导无法访问林中的域列表。错误为：找不到网络名"。这是由于在项目二的任务四中，使用本地安全策略设置了"屏蔽网络共享"的 IP 安全策略，将 PDC 上的 139 端口和 445 端口进行了屏蔽，139 端口是为"NetBIOS Session Service"提供的，主要用于提供 Windows 文件和打印机共享以及 Linux 中的 Samba 服务。在 Windows 中要在局域网中进行文件的共享，必须使用该服务。在将 Server2 添加到 abc.com 域中时，必须使用 NetBIOS 进行名称解析，因此，为了保证"网络凭据"这一步验证成功，必须在 PDC 上的本地安全策略中将"屏蔽网络共享"这个 IP 安全策略设置为"未分配"，即不启用状态。这也验证了我们每次在进行操作时，为了不使前面的操作影响后面的任务，最好每次都将虚拟机进行恢复快照至最初状态。

(5) 单击"下一步"按钮，进入"选择域"界面，选中 abc.com 域，如图 3-21 所示。

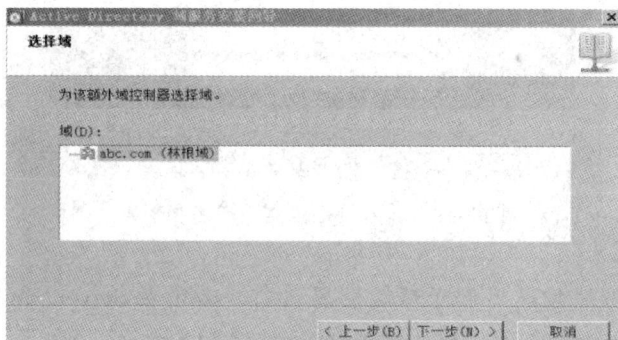

图 3-21　为额外域控制器选择域

(6) 单击"下一步"按钮，为额外域控制器选择一个站点，如图 3-22 所示。

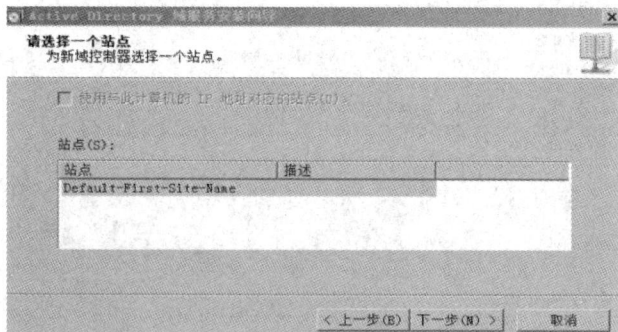

图 3-22　为额外域控制器选择站点

(7) 单击"下一步"按钮，为额外域控制器选择其他域控制器选项，默认情况下，系统已为额外域控制器选择了 DNS 服务器和全局编录选项，如图 3-23 所示。

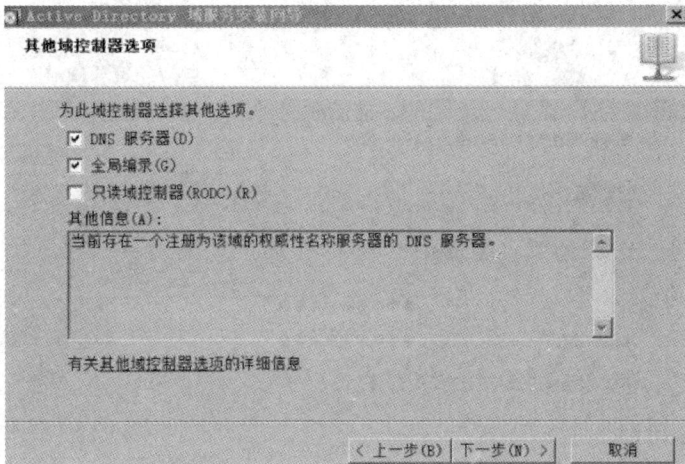

图 3-23　为额外域控制器选择其他域控制器选项

(8) 单击"下一步"按钮，为额外域控制器检测 DNS 服务，由于该计算机上未安装 DNS 服务器，会提示"无法创建该 DNS 服务器的委派"，如图 3-24 所示。

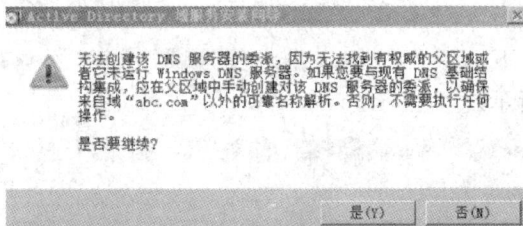

图 3-24　提示无法创建该 DNS 服务器的委派

(9) 单击"是"按钮，为该域控制器的数据库文件夹、日志文件文件夹、SYSVOL 文件夹指定存放路径，如图 3-25 所示。

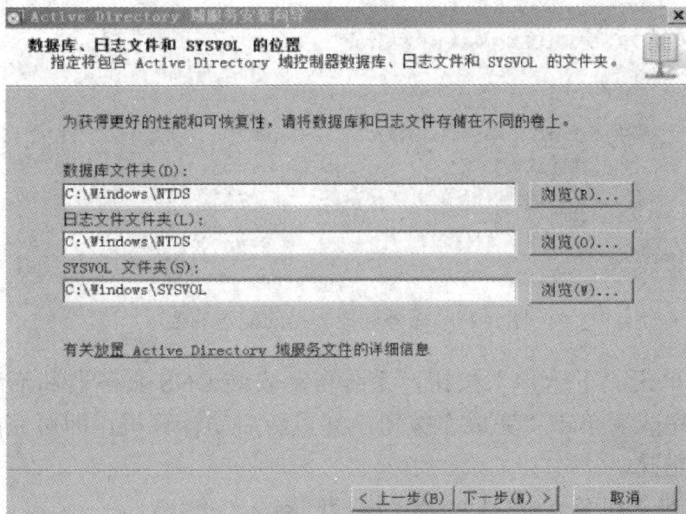

图 3-25　指定相关文件夹存放路径

(10) 单击"下一步"按钮，输入目录服务还原模式的管理员密码，如图 3-26 所示。

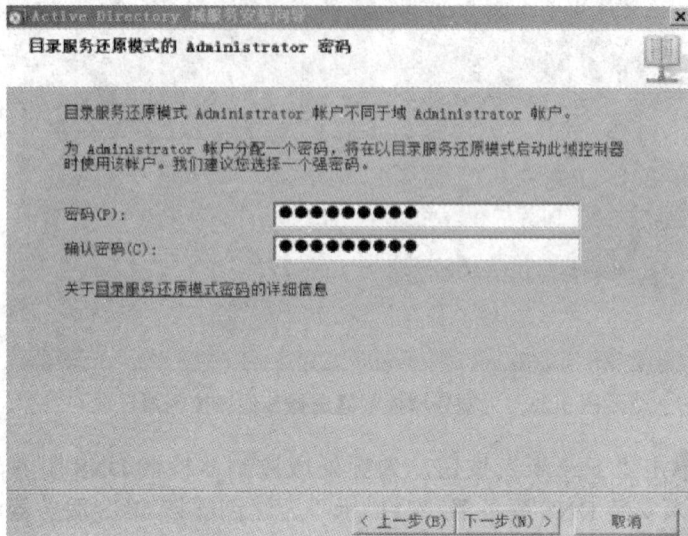

图 3-26　输入还原模式管理员密码

(11) 单击"下一步"按钮，生成额外域控制器的所有配置的摘要信息，如图 3-27 所示。

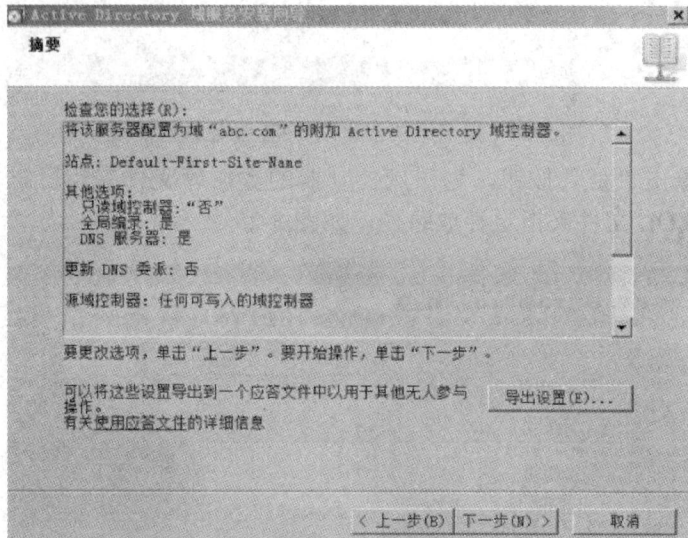

图 3-27　额外域控制器的配置摘要

(12) 单击"下一步"按钮，系统自动安装 DNS 服务器和活动目录相关信息，完成后单击"完成"按钮，并重新启动计算机，即可完成额外域控制器的配置。

步骤 5　在 Server3 上创建子域控制器。

(1) 打开"运行"界面，输入命令"dcpromo"，开启活动目录安装向导。

(2) 单击"下一步"按钮，在选择域控制器类型时选择"现有林"→"在现有林中新建域"，如图 3-28 所示。

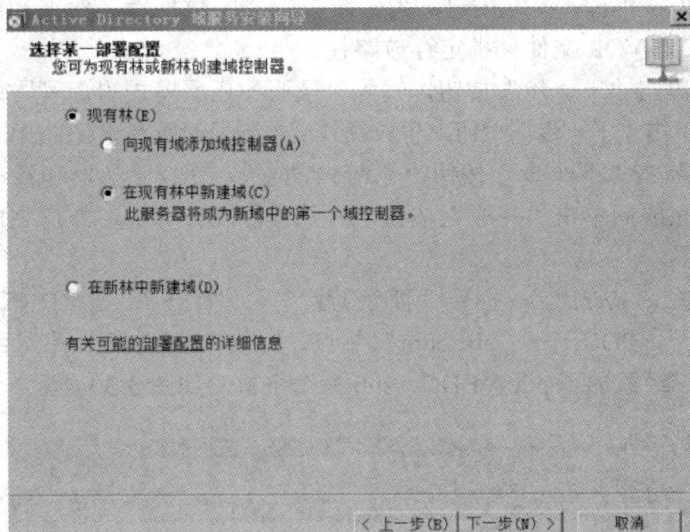

图 3-28　选择安装域控制器的类型

(3) 单击"下一步"按钮时，弹出 Administrator 账户密码不符合要求的警告提示。在命令行窗口中输入"net user administrator /passwordreq: yes"，更新管理员密码。

(4) 单击"下一步"按钮，输入安装子域控制器的网络凭据。

(5) 单击"下一步"按钮，进入"命名新域"界面，输入父域的域名和子域的域名，如图 3-29 所示。

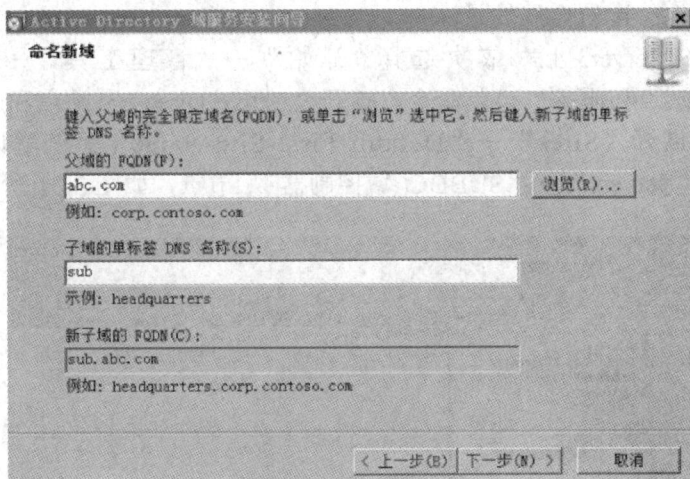

图 3-29　命名子域域名

(6) 单击"下一步"按钮，经过验证之后，设置"域功能级别"为 Windows Server 2003，便于后续提升域功能级别。

(7) 单击"下一步"按钮，为子域控制器选择站点。

(8) 单击"下一步"按钮，进入"其他域控制器选项"，与安装 PDC 和 BDC 时不同的是默认只选择了 DNS 服务器，未勾选全局编录复选框。

(9) 单击"下一步"按钮，为子域控制器的数据库文件夹、日志文件文件夹、SYSVOL 文件夹指定存放路径。

(10) 单击"下一步"按钮，输入目录服务还原模式的管理员密码。

(11) 单击"下一步"按钮，生成额外域控制器的所有配置的摘要信息。

(12) 单击"下一步"按钮，系统自动安装 DNS 服务器和活动目录相关信息，完成后单击"完成"按钮，并重新启动计算机，即可完成子域控制器的配置。

(13) 在 Server1 上，打开"管理工具"→"DNS"，在"DNS 管理器"界面，展开"PDC"→"abc.com"节点，可在右侧列表中看到目前 DNS 服务器中已经添加了 pdc、BDC、sub 三个主机，如图 3-30 所示。

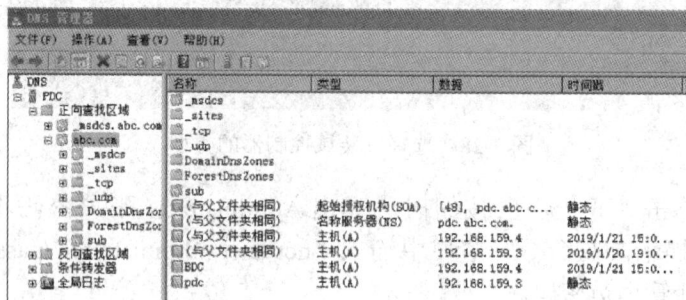

图 3-30　查看 Server1 的 DNS 管理器

### 2. 配置安全策略管理活动目录

步骤 1　配置全局编录。

(1) 在 Server3 上，依次选择"开始"→"管理工具"→"Active Directory 站点和服务"菜单命令，打开"Active Directory 站点和服务"窗口，依次展开"Sites"→"Default-First-Site-Name（系统默认站点名称）"→"Servers"→"SUBDC(域控制器)"节点，如图 3-31 所示。

3-1-2

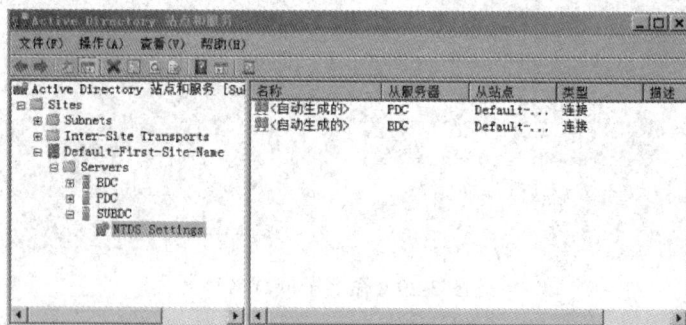

图 3-31　Active Directory 站点和服务窗口

　　(2) 右键单击"NTDS Settings"节点，在弹出的快捷菜单中选择"属性"命令，打开"NTDS Settings 属性"界面，选中"全局编录"复选框，如图 3-32 所示。单击"应用"→"确定"，完成在 Server3 上配置全局编录。

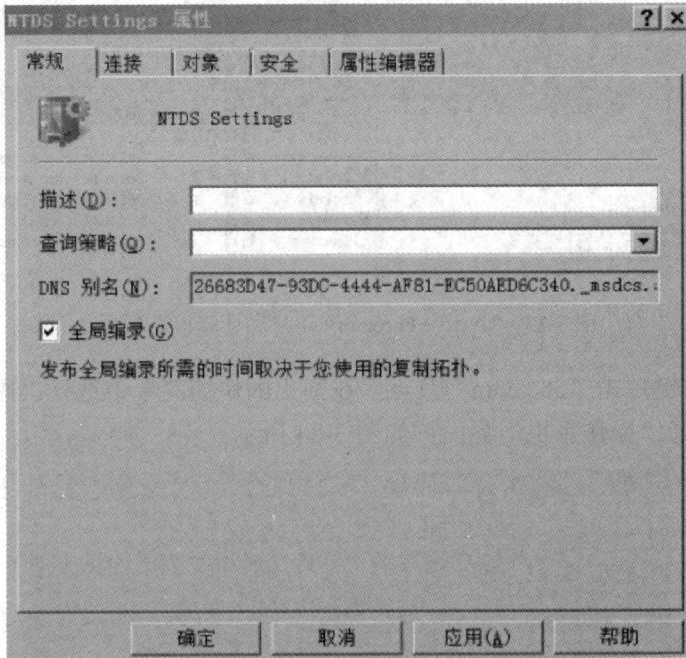

图 3-32　设置 NTDS Settings 属性

步骤2　配置操作主机。

知识链接

　　操作主机 (Operations Masters，OM)，是 Active Directory 数据库中的特殊对象，具备此类对象的域控制器肩负着 Active Directory 的核心功能。域中有 5 种类型的操作主机，分别是架构主机、域命名主机、PDC 仿真机、RID(Relative ID) 主机、基础架构主机，其中架构主机、域命名主机这些角色在林中必须是唯一的，在整个林中，只能有一个架构主机和一个域命名主机；而 PDC 仿真机、RID 主机、基础架构主机这些角色在每个域中都必须是唯一的，即林中的每个域都只能有一个 RID 主机、PDC 主机，以及基础架构主机。当这些操作主机出现故障时，会造成一些软件无法安装、域和对象的添加或删除故障等。所以在 Active Directory 环境中，如果具备操作主机角色的域控制器出现故障，在域控制器可用的情况下，可以使用"转移角色"的方式完成操作主机角色的转移，在域控制器不可用的情况下，可以使用"占用角色"的方式完成操作主机角色的转移。

以域级别中的 RID 主机角色为例，配置操作主机的过程如下：

(1) 在 Server2 上，依次选择"开始"→"管理工具"→"Active Directory 用户和计算机"菜单命令，打开"Active Directory 用户和计算机"界面，如图 3-33 所示。

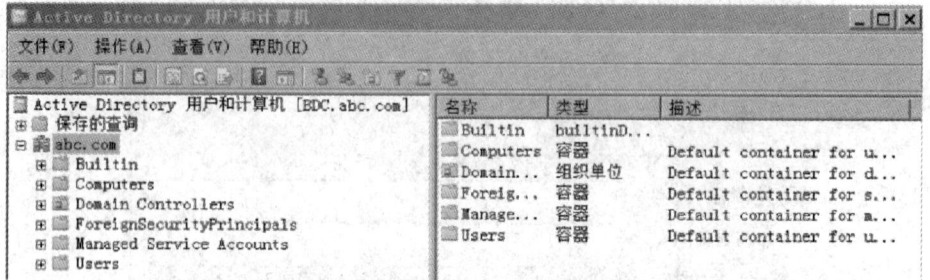

图 3-33 "Active Directory 用户和计算机"界面

(2) 右键单击"abc.com"节点，在弹出的快捷菜单中选择"操作主机"选项，打开"操作主机"界面，如图 3-34 所示。

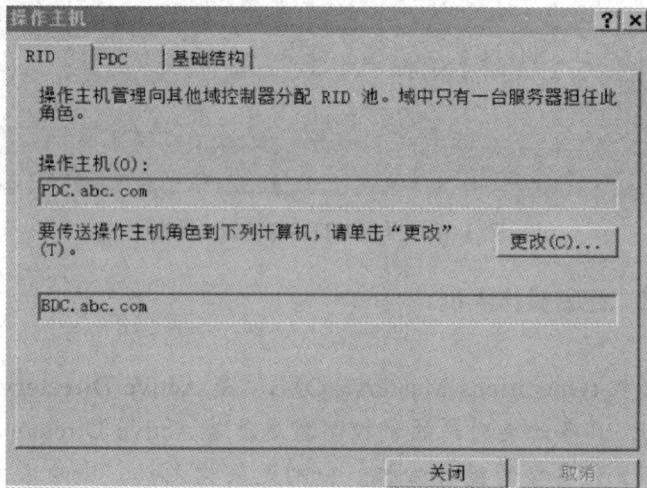

图 3-34 "操作主机"界面

(3) 在"操作主机"界面中，单击"更改"按钮，弹出询问对话框，如图 3-35 所示，单击"是"按钮，就可以成功传送操作主机角色，如图 3-36 所示。

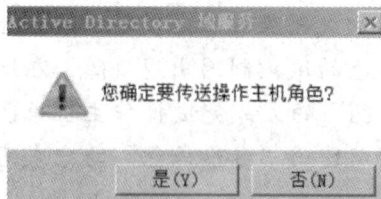

图 3-35 更改操作主机询问框      图 3-36 成功传送操作主机角色

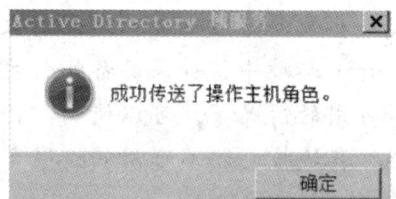

步骤 3　提升域功能级别。

在活动目录的安装过程中，已经将域控制器的林功能级别设置为 Windows Server 2003，不同的域功能级别支持的域控制器和域中可以启用的功能不同。域功能提供了一种可以在网络环境中启用全域性功能的方法，如果域中所有控制器运行的都是 Windows Server 2008 R2 系统，则所有全域性功能都可用。

Windows Server 2008 域功能级别所包含的域功能有：① 所有默认的 Active Directory 功能；② 所有来自 Windows Server 2003 域功能级别的功能；③ SYSVOL 的分布式文件系统复制支持，可提供 SYSVOL 内容的更稳健更详细的复制；④ Kerberos 身份验证协议的高级加密服务。

以 Server3 为例，将域功能级别提升至 Windows Server 2008 的操作过程为：

(1) 在 Server3 上，在"Active Directory 用户和计算机"窗口，右键单击"Active Directory 用户和计算机"选项，在弹出的快捷菜单中选择"所有任务"→"提升域功能级别"命令，打开"提升域功能级别"界面，在列表框中选择"Windows Server 2008"选项，如图 3-37 所示。

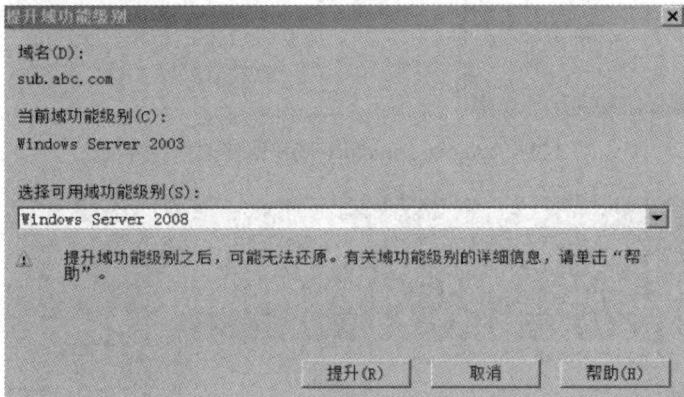

图 3-37　"提升域功能级别"界面

(2) 单击"提升"按钮，在打开的界面中单击"确定"按钮，完成域功能级别的提升，如图 3-38 所示。

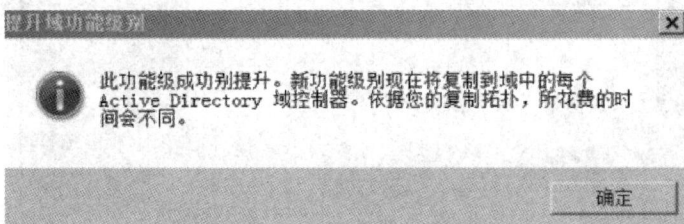

图 3-38　成功提升域功能级别

小贴士　提升域功能级别会影响整个域环境，并且提升域功能级别后无法回滚或降低域功能级别。但有一种情况例外：当域功能级别提升到 Windows Server 2008 R2，且林功能级别为 Windows Server 2008 或更低时，可以选择将域功能级别回滚到 Windows Server 2008。只能将域功能级别从 Windows Server 2008 R2 降到 Windows Server 2008。例如，如果将域功能级别设置为 Windows Server 2008 R2，则无法将其回滚到 Windows Server 2003。

步骤 4　配置信任关系。

(1) 在 Server3 上，打开"Active Directory 域和信任关系"界面，如图 3-39 所示。右键单击"abc.com"节点，在弹出的快捷菜单中选择"属性"命令，打开其属性界面，单击"信任"选项卡，如图 3-40 所示。

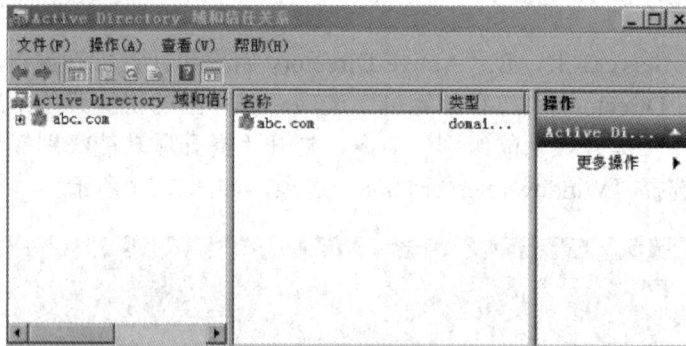

图 3-39　"Active Directory 域和信任关系"界面

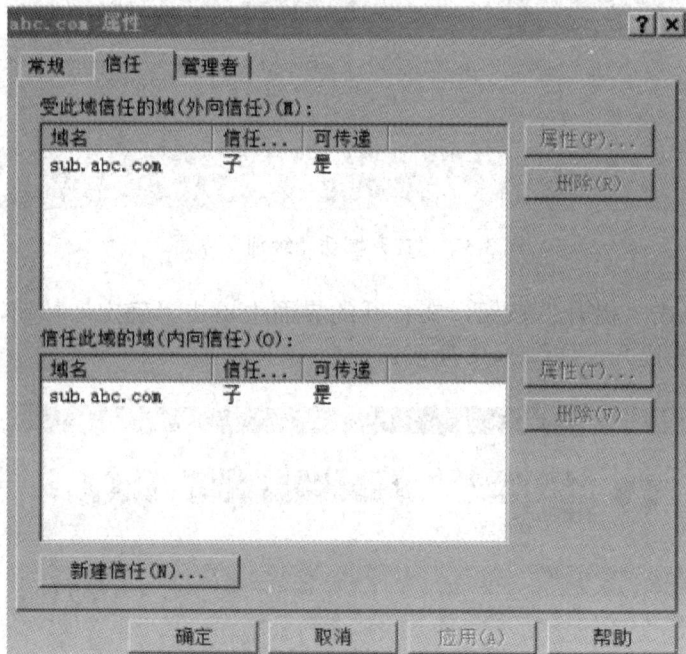

图 3-40　"abc.com 属性"界面

(2) 单击"新建信任"按钮，进入"新建信任向导"界面，如图 3-41 所示。

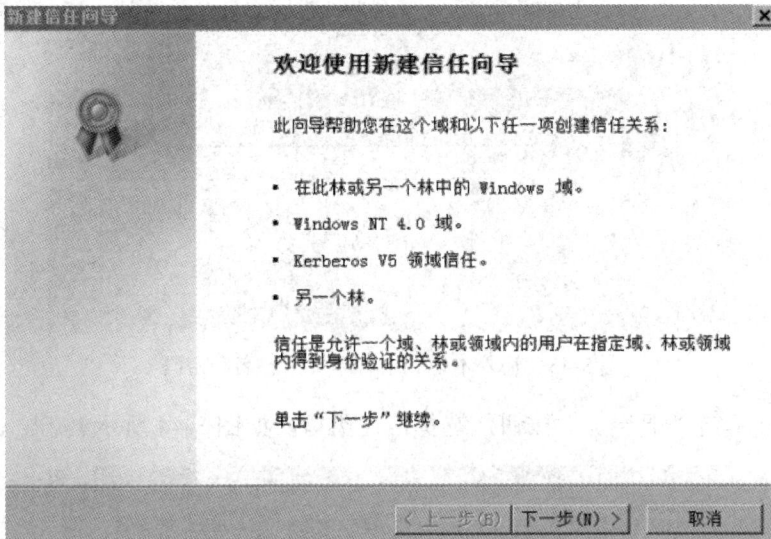

图 3-41　新建信任向导

(3) 单击"下一步"按钮，输入建立信任关系的域名，如图 3-42 所示。

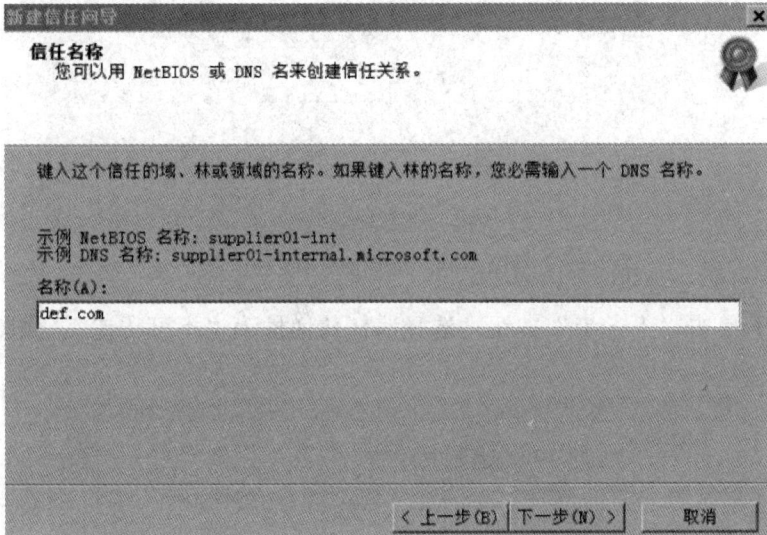

图 3-42　输入建立信任关系的域名

信任关系是域与其他域直接的信任，新建信任关系的域名称不能与域 **小贴士** 的名称重名，否则无法建立信任。

(4) 单击"下一步"按钮，输入本地域中管理员用户名和密码，如图 3-43 所示。

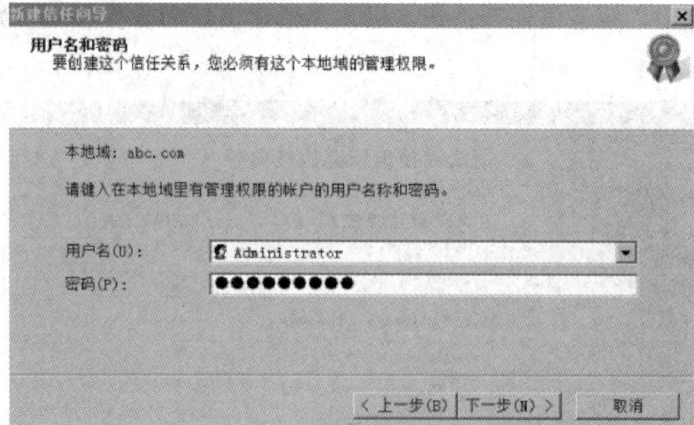

图 3-43　输入本地域中管理员用户名和密码

(5) 单击"下一步"按钮，选择信任类型，如图 3-44 所示。

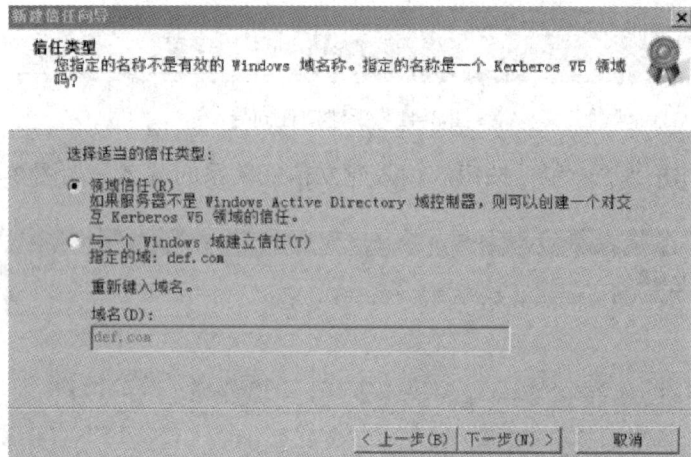

图 3-44　选择信任类型

(6) 单击"下一步"按钮，选择信任传递性为"不可传递"，如图 3-45
所示。

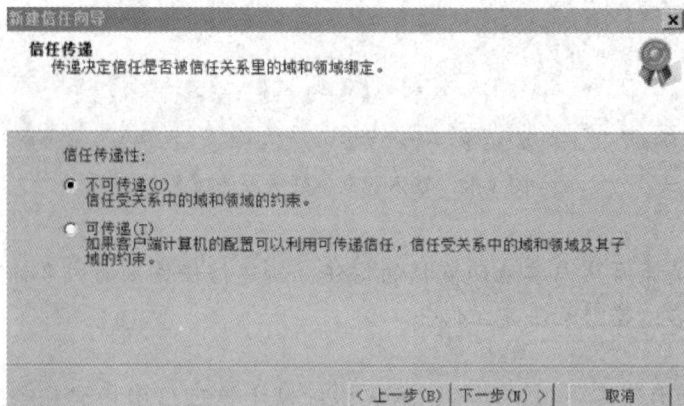

图 3-45　选择信任传递性

(7) 单击"下一步"按钮，选择信任方向为"单向：外传"，如图 3-46 所示。

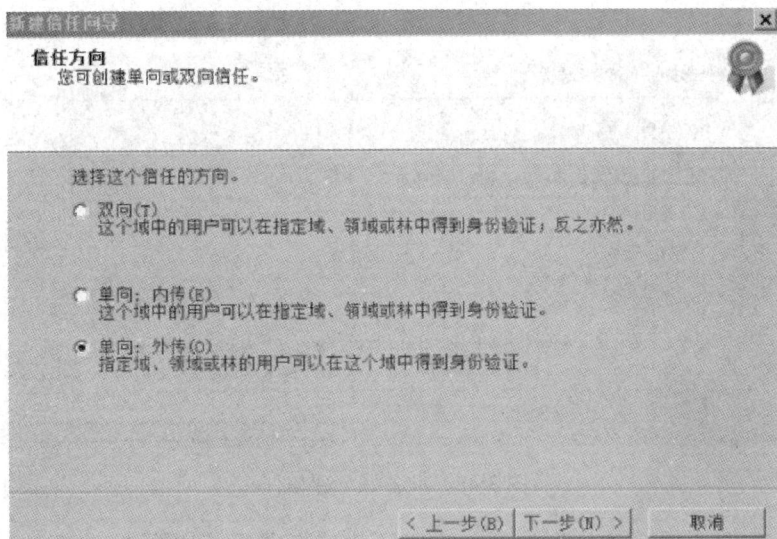

图 3-46　选择信任方向

(8) 单击"下一步"按钮，输入信任关系的信任密码，如图 3-47 所示。

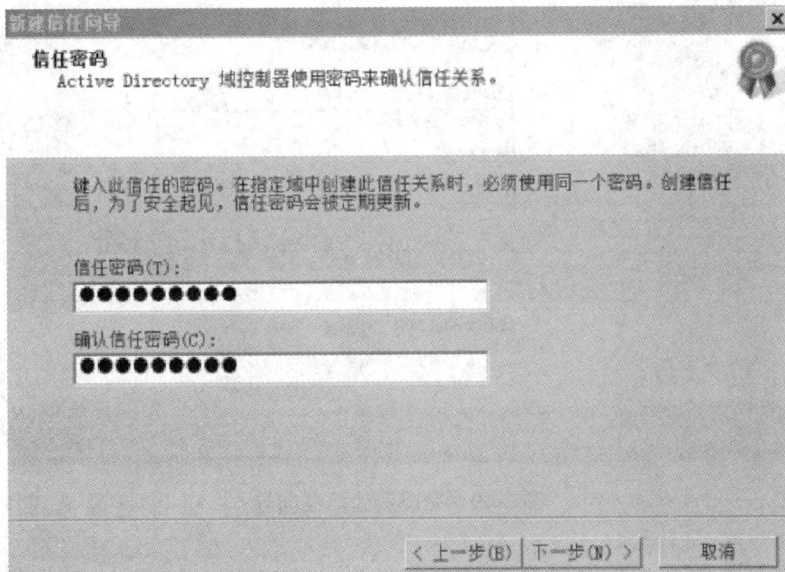

图 3-47　输入信任关系的信任密码

(9) 单击"下一步"按钮，已经准备好创建信任关系，如图 3-48 所示。

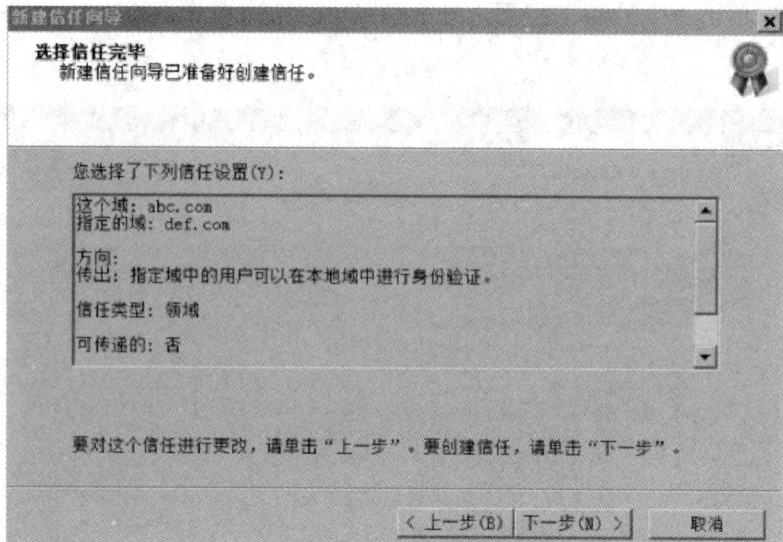

图 3-48　准备好创建信任

　　(10) 单击"下一步"按钮，完成新建信任向导，如图 3-49 所示。单击"完成"按钮，完成信任关系配置。

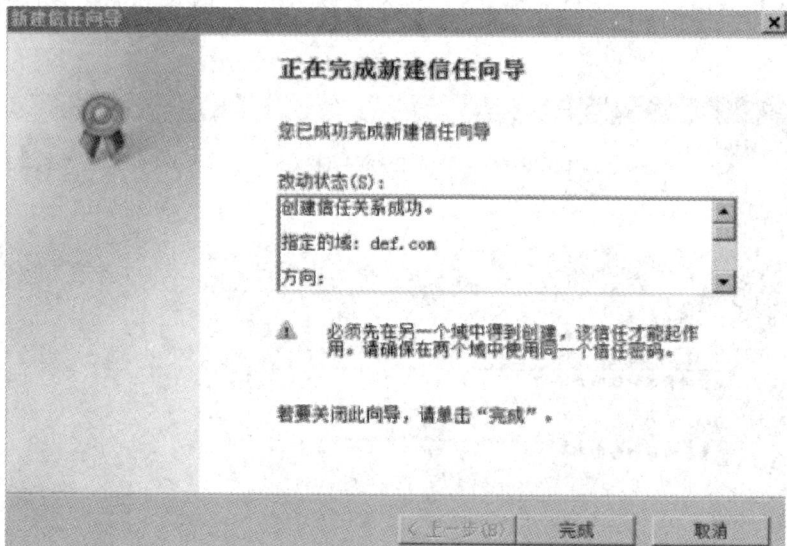

图 3-49　完成新建信任向导

　　(11) 当需要查看建立的域信任关系时，打开"Active Directory 域和信任关系"界面，右键单击"abc.com"选项，在弹出的快捷菜单中选择"属性"命令，打开其属性界面，单击"信任"选项卡即可查看建立信任关系的域，如图 3-50 所示。

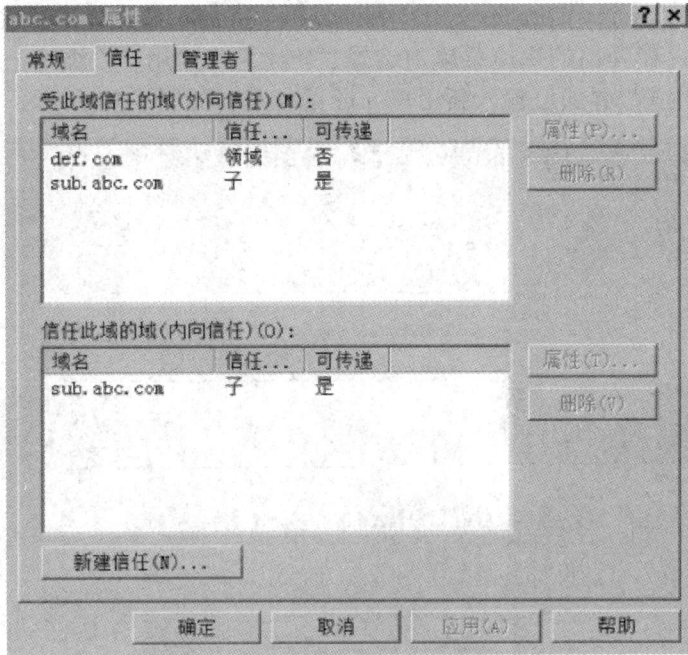

图 3-50　查看建立信任关系的域

步骤 5　配置权限委派。

"权限委派"就是在 Active Directory 中将控制一组用户或计算机的能力赋予另一个用户或组的过程，可使域中不同的管理员管理不同的事务，提高域环境工作效率和安全性。

(1) 在 Server1 上，打开"Active Directory 用户和计算机"界面，右键单击"abc.com"域，在弹出的快捷菜单中选择"新建"→"组织单位"命令，打开"新建对象–组织单位"界面，输入组织单元名称，如图 3-51 所示。

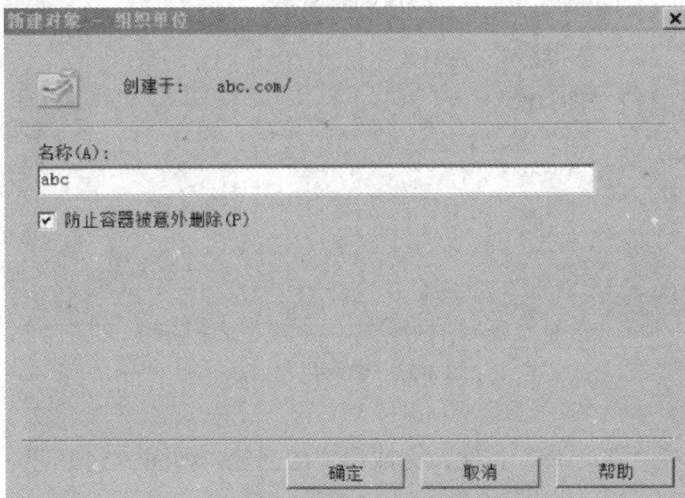

图 3-51　"新建对象–组织单位"界面

(2) 在"Active Directory 用户和计算机"界面，右键单击新建的"abc"组织单位，在弹出的快捷菜单中选择"新建"→"用户"命令，打开"新建对象 - 用户"界面，输入新用户 user 的信息，如图 3-52 所示。

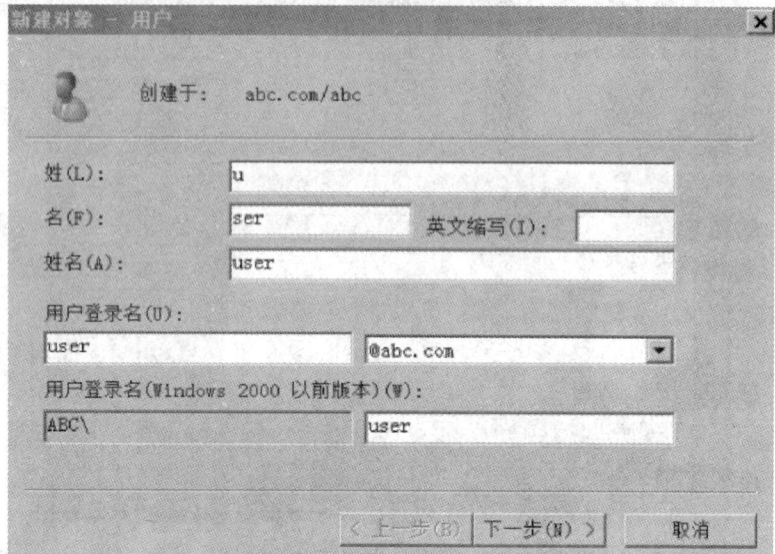

图 3-52　新建用户

(3) 单击"下一步"按钮，打开"新建对象 - 用户"界面，输入用户信息，如图 3-53 所示。

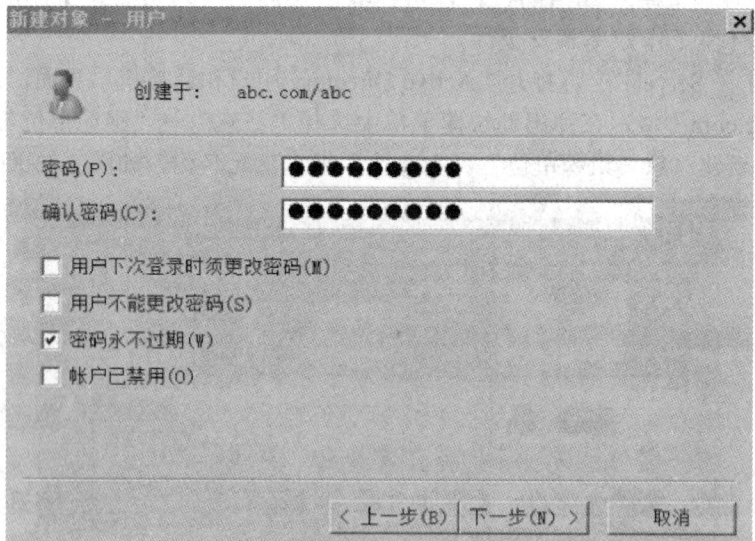

图 3-53　输入用户信息

(4) 单击"下一步"按钮，完成用户的创建，如图 3-54 所示。

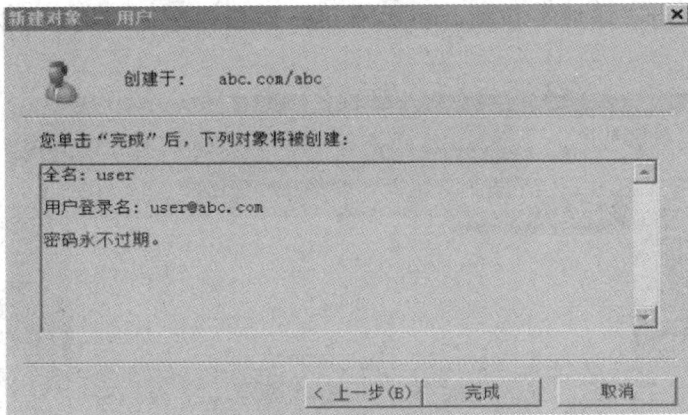

图 3-54    完成用户的创建

(5) 打开"Active Directory 用户和计算机"界面，右键单击"abc"组
织单位，在弹出的快捷菜单中选择"委派控制"命令，打开"控制委派向
导"界面，如图 3-55 所示。

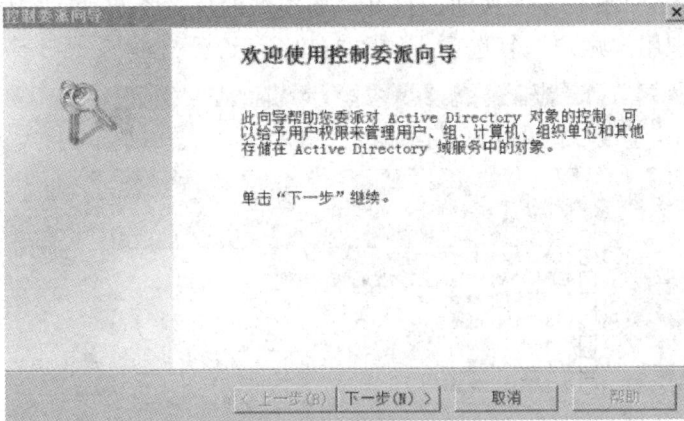

图 3-55    控制委派向导

(6) 单击"下一步"按钮，进入选择"用户或组"界面，如图 3-56 所示。

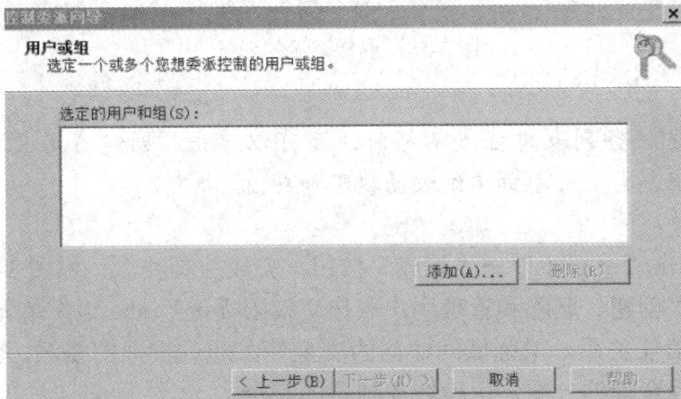

图 3-56    选择用户或组

(7) 点击"添加"按钮，将用户 user 添加为选定的用户，如图 3-57
所示。

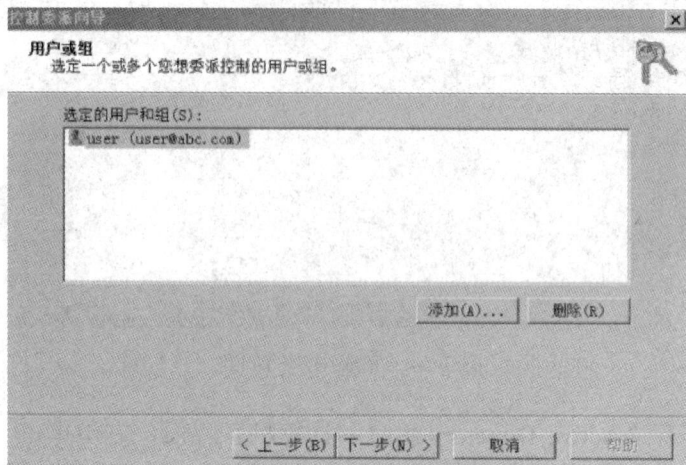

图 3-57　添加用户

(8) 单击"下一步"按钮，打开"要委派的任务"界面，选中"创建、
删除和管理用户账户"复选项，如图 3-58 所示。

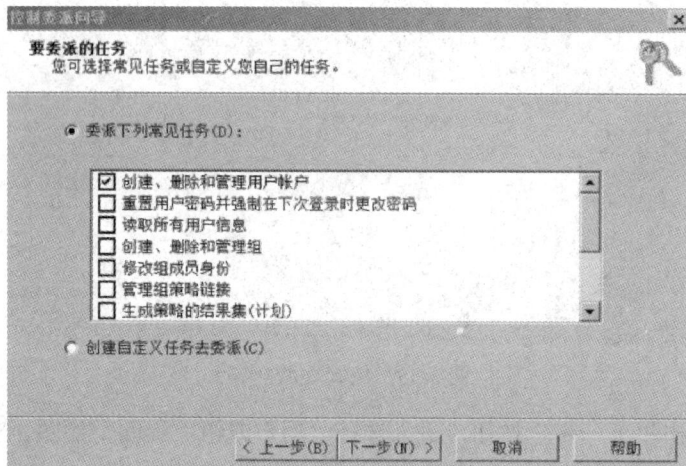

图 3-58　选择委派的任务

**小贴士**　　　　当常见任务列表中任务不够时，还可以单击"创建自定义任务去委
派"单选框，自定义添加更细致的权限和功能。

(9) 单击"下一步"→"完成"按钮，完成控制委派，如图 3-59 所示。
这样就将"创建、删除和管理用户账户"权限委派给 abc 组织单元的用户。
通过配置信任关系，增强域间访问的安全性，通过权限的委派，将域管理
的权限进行合理的分配，保障域控制器的安全。

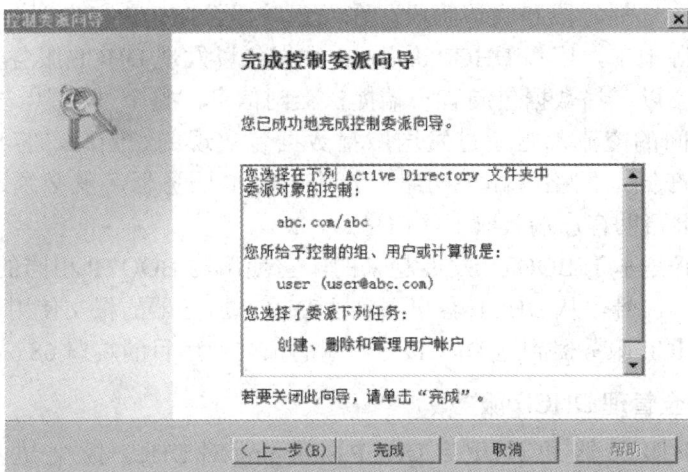

图 3-59　完成控制委派

# 任务二　加强 Windows 系统 DHCP 服务的安全防御

## 任务提出

在小型网络中，可以对网络中的计算机静态配置 IP 地址使得计算机能够上网。但是随着网络规模的扩大，如果还采用静态 IP 地址分配的方法，将增加网络管理的难度，而且会经常遇到 IP 地址冲突的情况。通过上一个项目的实施，我们已经将网络环境提升到域环境下，在域环境下网络的规模一般都是比较庞大的，因此，必须解决大量计算机同时上网的问题。DHCP(Dynamic Host Configuration Protocol，动态主机配置协议 ) 可以集中的管理、分配 IP 地址，使网络环境中的主机动态地获得 IP 地址、网关地址、DNS 服务器地址等信息，并能够提升地址的使用率。这就解决了网络中 IP 地址自动分配问题。为避免安装在网络中 DHCP 服务器遭到攻击，网络中需要保障 DHCP 服务器的安全。

本任务主要实施以下两个模块：

(1) 在 Windows Server 2008 系统中安装 DHCP 服务，对于拥有大型网络的企业，可以对企业中计算机 IP 地址统一管理。

(2) 在 DHCP 服务器上实施安全管理策略，保护 DHCP 服务的安全，避免遭受网络攻击。

## 任务分析

### 1. 安装和配置 DHCP 服务

DHCP 通过本地网络上的 DHCP 服务器中的 IP 地址数据库，为客户端动态指派 IP 地址。DHCP 工作流程共分为 4 个阶段，分别是发现阶段、提供阶段、选择阶段和确认阶段。在发现阶段，DHCP 客户端会以四个 0 为自己的源地址，广播 DHCP discover 数据包以发现 DHCP 服务器，之后服务器又会以广播数据包向客户端提供上网信息，整个过程中，客户端和服务器之间的交流都是通过发送广播数据包实现的。因此，客户端和服务器必须在同一网络，如果网络中没有 DHCP 服务器，就必须通过使用 DHCP 中继帮助客户端获取上网信息。

DHCP 是基于 BOOTP 发展起来的，它使用与 BOOTP 相同的 UDP 传输协议和端口号。从 DHCP 客户端到达 DHCP 服务器的报文使用目的端口 67，从 DHCP 服务器到达 DHCP 客户端的报文使用目的端口 68。

### 2. 安全管理 DHCP 服务

DHCP 服务器通过开启 DHCP Snooping 对 DHCP 报文进行侦听。DHCP Snooping(DHCP 监听) 是交换机的一种安全特性，它提供了以下几种措施保护 DHCP 过程的安全可靠。

(1) 通过过滤网络中接入的伪 DHCP ( 非法的、不可信的 ) 服务器发送的 DHCP 报文来增强网络的安全性。

(2) 检查 DHCP 客户端发送的 DHCP 报文的合法性，防止 DHCP DoS 攻击。

(3) 通过建立和维护 DHCP Snooping 绑定表，实现对可信任 DHCP 信息的过滤。DHCP Snooping 绑定表包含不信任区域的用户 MAC 地址、IP 地址、租用期、VLAN-ID 接口等信息。

(4) 当 DHCP 服务器开启了 DHCP Snooping 后，会对 DHCP 报文进行侦听，从接收到的 DHCP Request 或 DHCP Ack 报文中提取并记录 IP 地址和 MAC 地址信息。

(5) DHCP Snooping 允许将某个物理端口设置为信任端口或不信任端口。信任端口可以正常接收并转发 DHCP Offer 报文，而不信任端口会将接收到的 DHCP Offer 报文丢弃。这样，可以完成交换机对假冒 DHCP 服务器的屏蔽作用，确保客户端从合法的 DHCP 服务器获取 IP 地址。

除了 DHCP 协议自身的安全防范措施，本任务还将通过启用 DHCP 服务审核、为 DHCP 服务指定专门的管理用户等方法保障 DHCP 服务的安全。

### 任务实施

#### 1. 安装和配置 DHCP 服务

步骤 1　实验准备阶段，根据项目一中任务一知识点，在 VMware Workstation 中部署两台 Windows Server 2008 R2 虚拟机 Server 和 PC，并将两台虚拟机实现网络连通。Server 和 PC 的 IP 地址规划如表 3-2 所示。

3-2-1

表 3-2　DHCP 服务安全防御项目的 IP 地址规划

| 设备名称 | 设备角色 | 操作系统 | IP 地址 |
|---|---|---|---|
| Server | DHCP 服务器 | Windows Server 2008 | 192.168.159.3/24 |
| PC | DHCP 客户端 | Windows Server 2008 | 自动获取 IP |

步骤 2　在 Server 上安装 DHCP 服务。

(1) 依次选择"开始"→"管理工具"→"服务器管理器",打开"服务器管理器"窗口,如图 3-60 所示。

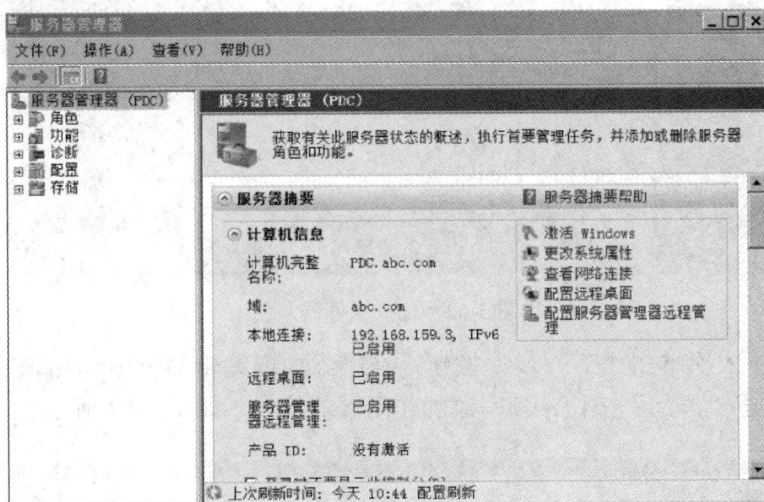

图 3-60　"服务器管理器"窗口

(2) 在"服务器管理器"窗口,选择"角色"→"添加角色"命令,进入"添加角色向导"界面,如图 3-61 所示。

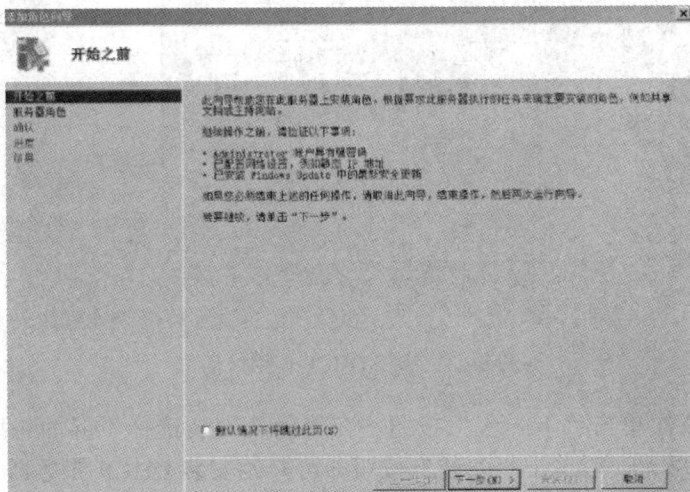

图 3-61　添加角色向导

(3) 单击"下一步"按钮，在服务器角色选项中选择"DHCP 服务器"，如图 3-62 所示。

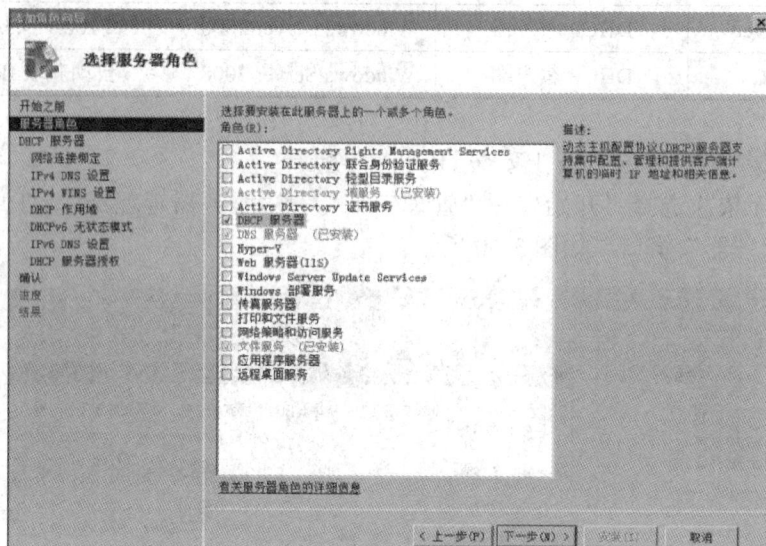

图 3-62    选择服务器角色

(4) 依次单击"下一步"按钮，在"添加或编辑 DHCP 作用域"界面中，单击"添加"按钮，填写添加作用域的信息，如图 3-63 所示。

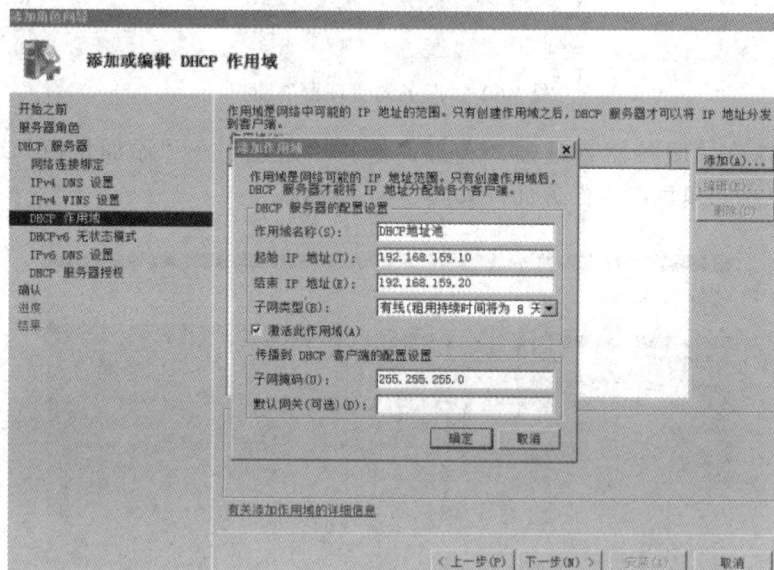

图 3-63    添加 DHCP 作用域信息

(5) 依次单击"下一步"按钮，在"确认安装选择"界面中确认安装信息，信息无误后单击"安装"按钮即可开始安装 DHCP 服务器程序，如图 3-64 所示。

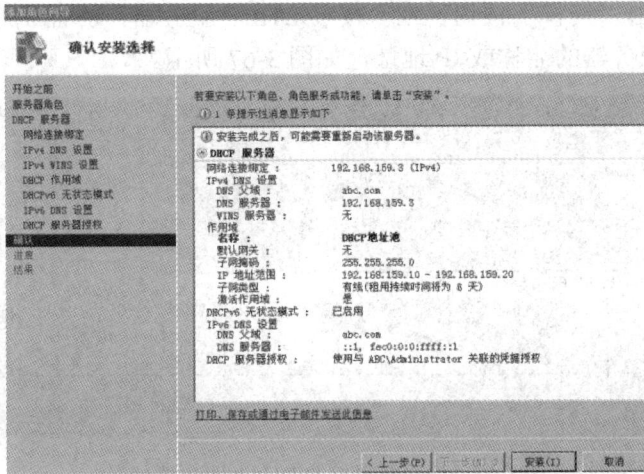

图 3-64　确认安装信息

步骤3　授权 DHCP 服务。

(1) 选择"管理工具"→"DHCP"节点，打开"DHCP"窗口，如图 3-65 所示。

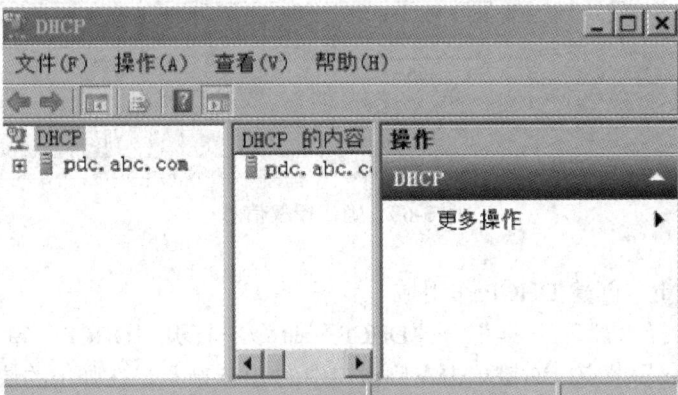

图 3-65　"DHCP"窗口

(2) 右键单击"DHCP"节点，在快捷菜单中选择"管理授权的服务器"选项，如图 3-66 所示。

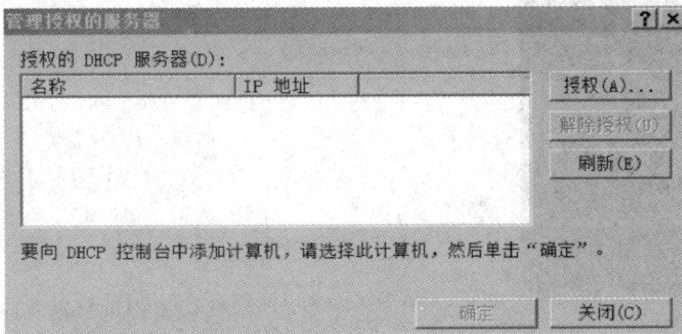

图 3-66　管理授权的服务器

(3) 单击"授权"按钮，在"授权 DHCP 服务器"界面中填写要授权的 DHCP 服务器的名称或 IP 地址，如图 3-67 所示。

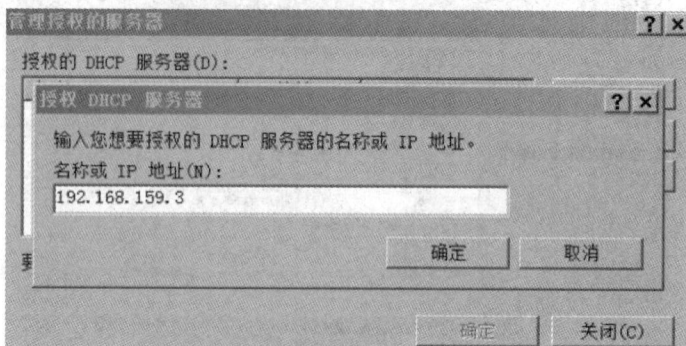

图 3-67　填写要授权的 DHCP 服务器信息

(4) 单击"确定"按钮，确认授权信息，如图 3-68 所示。

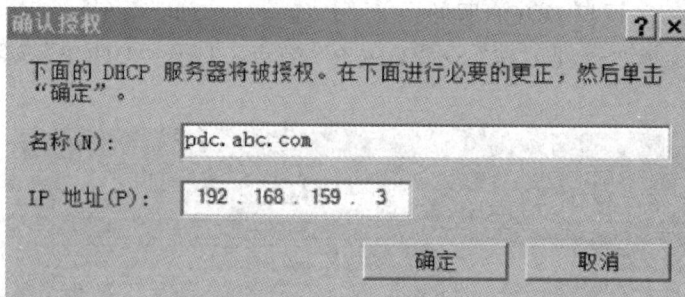

图 3-68　确认授权信息

步骤 4　创建 DHCP 作用域。

(1) 选择"管理工具"→"DHCP"命令，打开"DHCP"窗口，展开"pdc.abc.com"节点，右键单击左侧窗口中的 IPv4 节点，在弹出的快捷菜单中选择"新建作用域"命令，打开"新建作用域向导"界面，如图 3-69 所示。

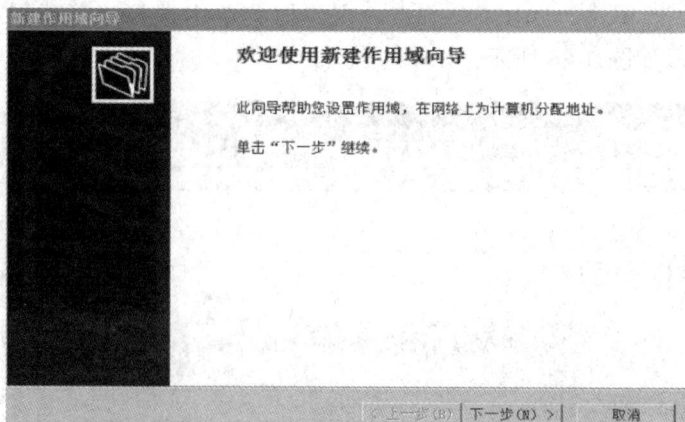

图 3-69　新建作用域向导

(2) 单击"下一步"按钮，打开"作用域名称"界面，输入作用域名称，如图 3-70 所示。

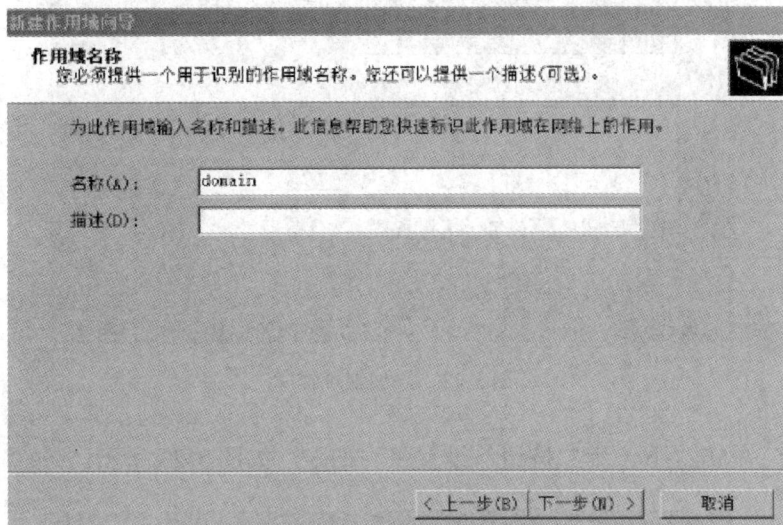

图 3-70 输入作用域名称

(3) 单击"下一步"按钮，输入 IP 地址范围，如图 3-71 所示。

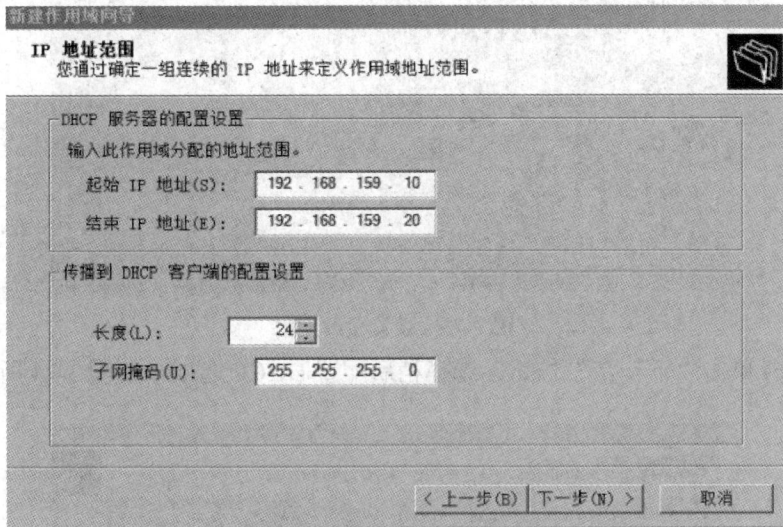

图 3-71 输入 IP 地址范围

在添加 IP 地址范围时，注意规划好网络地址，设置子网掩码前缀长度。

小贴士

(4) 单击"下一步"按钮，进入"添加排除和延迟"界面，如果有需要排除的 IP 地址，可以在此处进行添加，如图 3-72 所示。

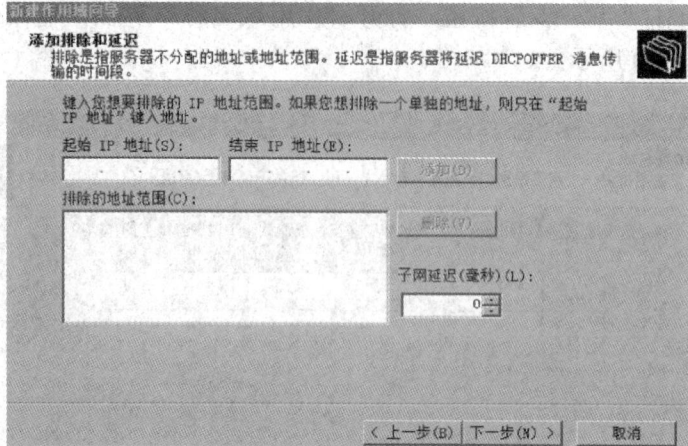

图 3-72　添加地址排除

(5) 单击"下一步"按钮，设置租约期限，如图 3-73 所示。

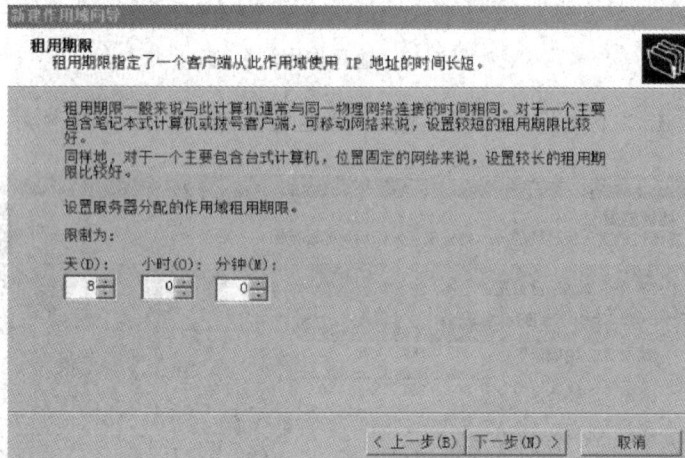

图 3-73　设置租约期限

(6) 单击"下一步"按钮，选择稍后配置 DHCP 选项，如图 3-74 所示。

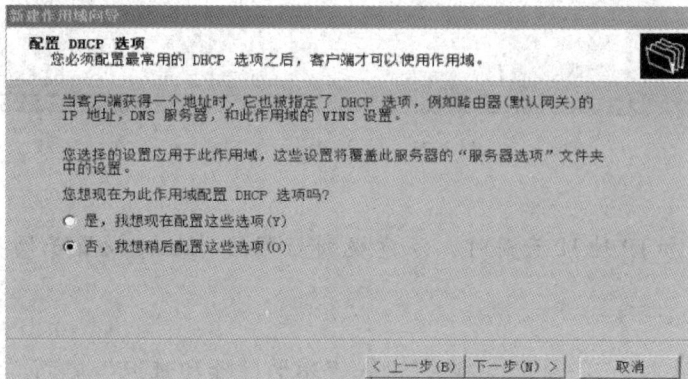

图 3-74　配置 DHCP 选项

(7) 单击"下一步"→"完成"按钮，完成 DHCP 作用域的创建。

步骤 5　配置 DHCP 作用域。

(1) 在"DHCP"窗口中右键单击刚刚创建的作用域，在弹出的快捷菜单中选择"激活"命令，激活该作用域，如图 3-75 所示。

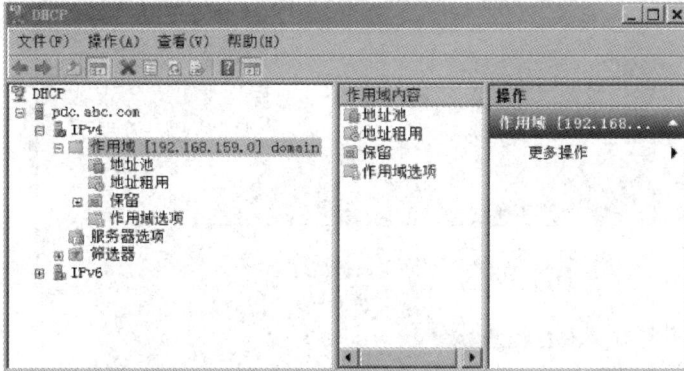

图 3-75　激活作用域

小贴士

IPv4 和 IPv6 中未创建作用域时，在图标上有一个向下的红色箭头；当创建完作用域时，向下的红色箭头转变为绿色的对号；当作用域未激活时，作用域的图标文件夹上有一个向下的红色箭头；当作用域激活后，向下的红色箭头消失。我们以此可以判断作用域是否已经激活。

(2) 在"DHCP"窗口，右键单击"作用域选项"节点，在弹出的快捷菜单中选择"配置选项"命令，打开"作用域选项"界面，选中"003 路由器"复选框，配置路由器作用域选项，输入网关的 IP 地址，单击"添加"按钮，如图 3-76 所示。

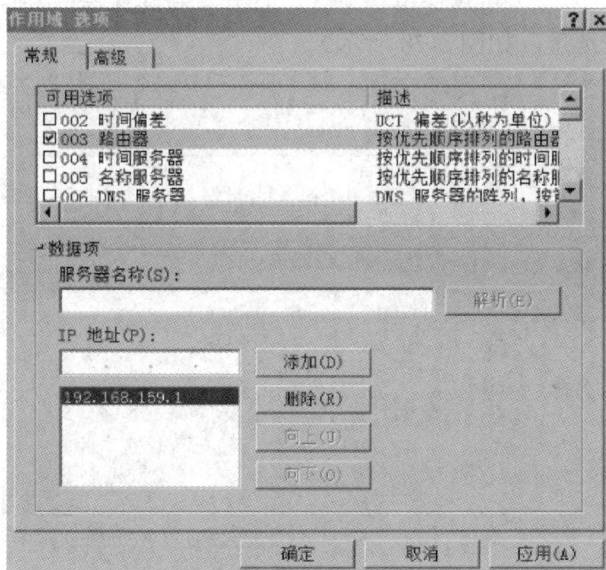

图 3-76　配置网关 IP

(3) 选中"006 DNS 服务器"复选框，配置 DNS 服务器地址，如图 3-77 所示。单击"应用"→"确定"按钮，完成网关地址和 DNS 地址的设置。

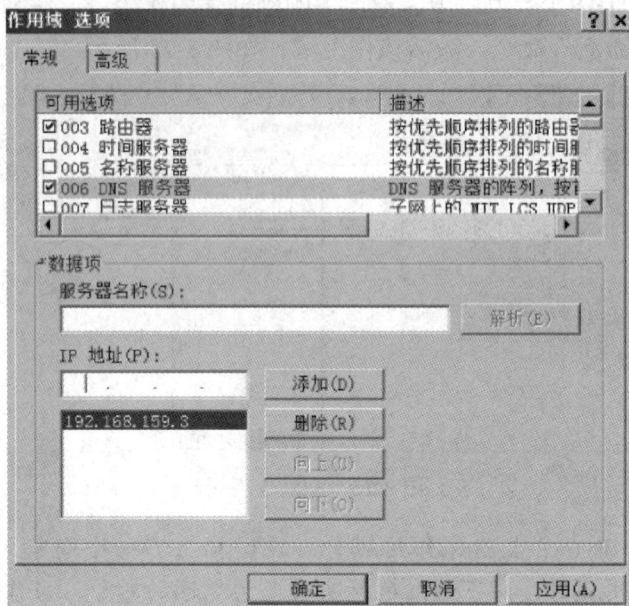

图 3-77　配置 DNS 地址

**小贴士**　　在添加 DNS 地址时，系统会检测所添加的 DNS 地址是否是有效的，因此所设置的地址应该是 DNS 服务器所在的计算机的 IP 地址。在本项目中，DNS 的地址为 Server1 的 IP 地址。

(4) 在 DHCP 窗口中，右键单击左侧窗口中的"保留"选项，在弹出的快捷菜单中选择"新建保留"命令，打开"新建保留"界面，输入保留地址和 MAC 地址，如图 3-78 所示。

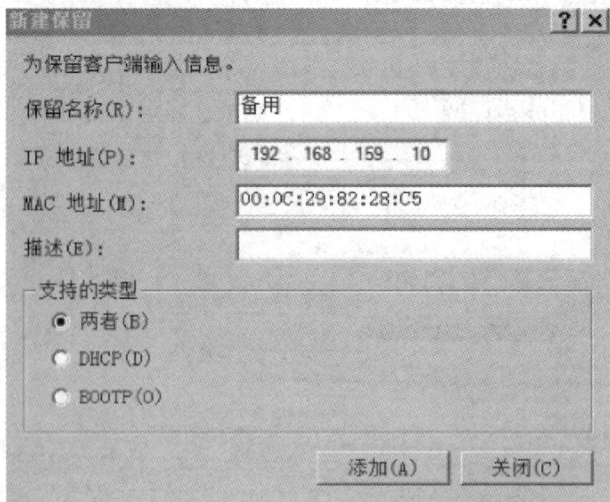

图 3-78　设置保留地址

保留地址是将地址池中的某一个地址固定分配给某一个固定的机
器，以避免计算机续约或每次连接 DHCP 服务器时，得到的 IP 地址发
生变化。

**步骤6** 在客户端上验证地址。

(1) 在 PC 中将 IPv4 属性设置为"自动获得 IP 地址"，如图 3-79
所示。

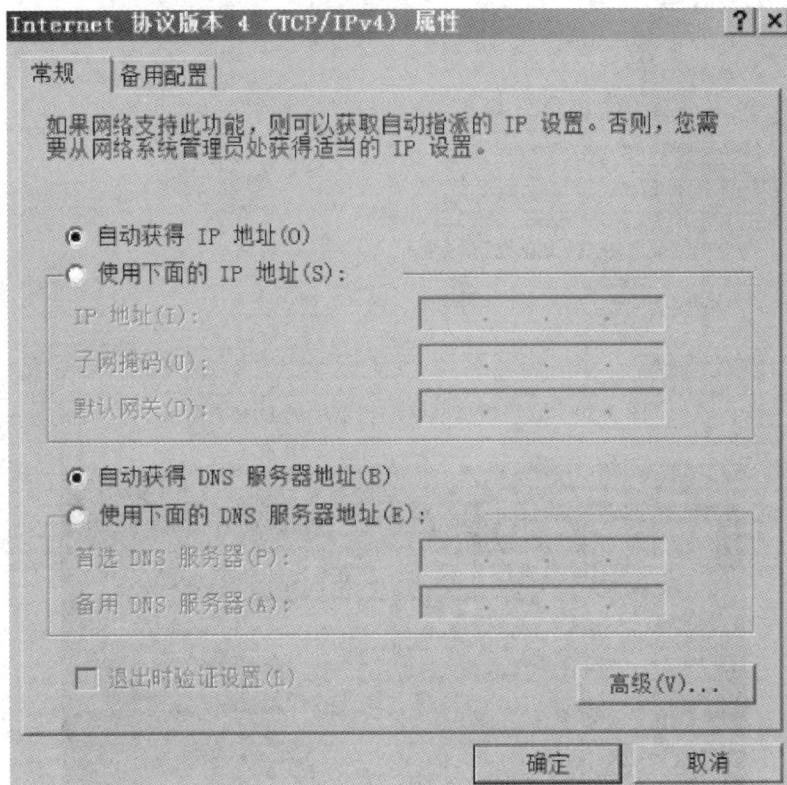

图 3-79 配置 PC 自动获得 IP

(2) 为避免 PC 接受 VMware Workstation 分配的 IP 地址，需在 VMware
Workstation 工具栏中，单击"编辑"→"虚拟网络编辑器"，取消"使用
本地 DHCP 服务将 IP 地址分配给虚拟机"选项，如图 3-80 所示。依次单
击"应用"和"确定"按钮进行应用和确定。

(3) 在 PC 的命令提示符中输入 ipconfig /all，可以看到 PC 已经获取到
了 DHCP 服务器上作用域中的第一个 IP 地址，并且配置了子网掩码、默
认网关、DNS 等信息，如图 3-81 所示。

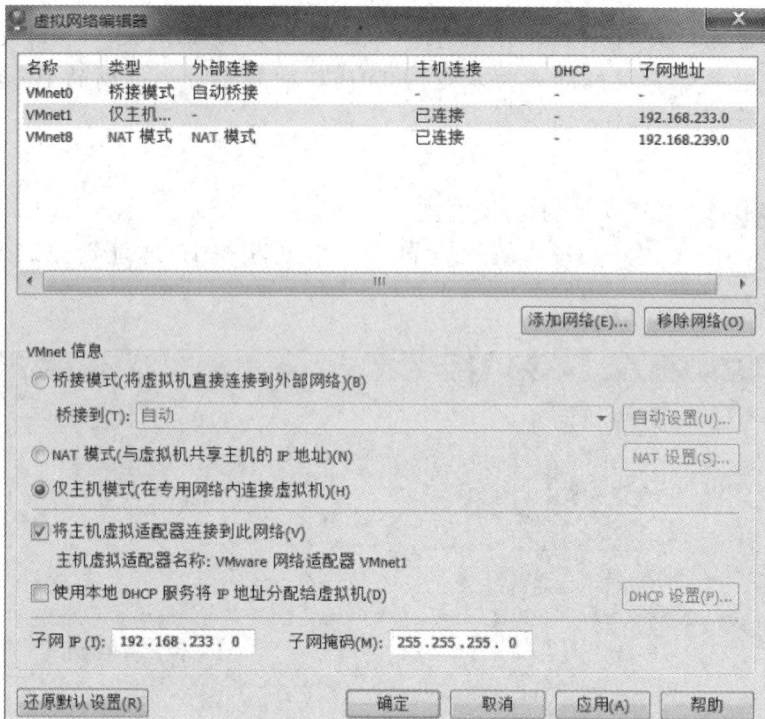

图 3-80　取消虚拟网络编辑器中的 DHCP 服务

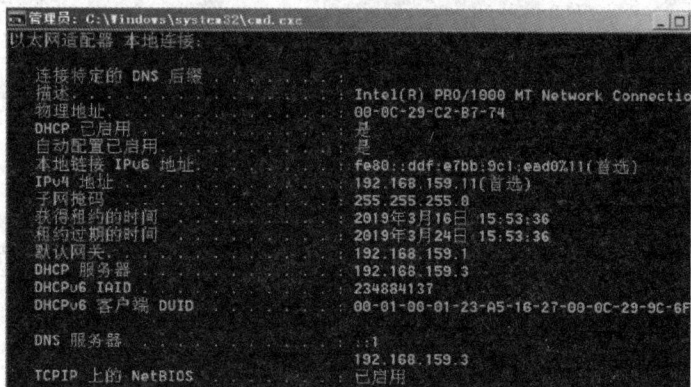

图 3-81　PC 机获得 DHCP 服务器分配的 IP 地址

### 2. 安全管理 DHCP 服务

步骤1　在 Server 上添加 DHCP 管理用户。

为了加强对 DHCP 服务的管理，网络管理员要指定一个或若干个用户对 DHCP 服务进行管理。下面在操作系统中创建一个 aaa 用户，由 aaa 用户专门管理 DHCP 服务。

① 在 Server 上打开"Active Directory 用户和计算机"窗口，右键单击"users"节点，在弹出的快捷菜单中选择"新建"→"用户"，输入用户信息和密码等，完成用户创建，如图 3-82 所示。

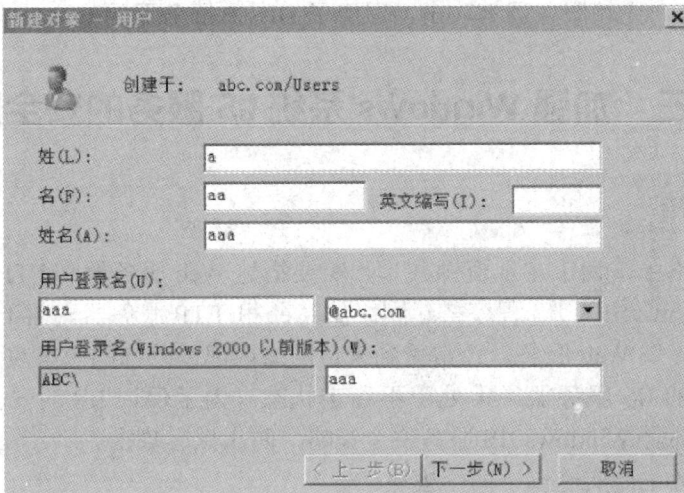

图 3-82　创建用户 aaa

② 在 users 列表中，右键单击 aaa 用户，在快捷菜单中选择"添加到组"命令，将 aaa 用户加入 DHCP Administrators 管理组中，如图 3-83 所示，用户 aaa 便具有了管理 DHCP 服务的权限。

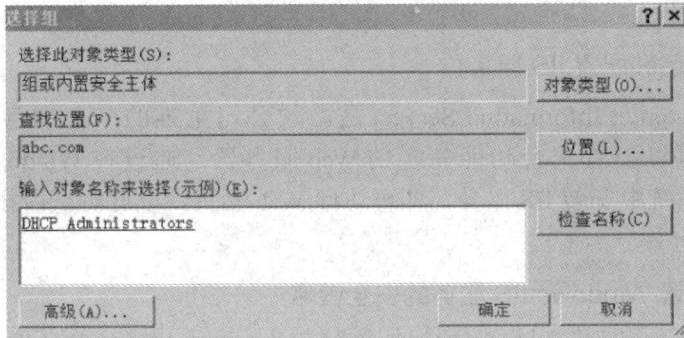

图 3-83　添加 DHCP 管理用户

步骤 2　在交换机上配置 DHCP Snooping 功能。

在实际的网络连接中，可以登录到交换机上，使用命令行来配置 DHCP Snooping，对交换机进行如下配置：

```
switch#configure terminal
switch(config)#ip dhcp snooping
switch(config)#interface fastethernet 0/2
switch(config-if)#ip dhcp snooping trust
switch(config-if)#exit
switch(config)#ip dhcp snooping verify mac-address
```

通过上述配置，为 DHCP 管理员分配了权限，保障了服务器管理员用户的安全；通过在交换机上进行 DHCP Snooping 的配置，阻止了 DHCP

DoS、DHCP 无赖服务器等攻击，保障了 DHCP 服务器的安全。

# 任务三　加强 Windows 系统 IIS 服务的安全防御

## 任务提出

在网络中，为了实现资源共享，需要搭建 Web 服务器和 FTP 服务器。通过 Windows 中的 IIS 程序搭建网络的 Web 和 FTP 服务器。由于 IIS 服务程序对外提供 Web 服务，经常受到来自网络内部或外部的黑客攻击，造成网络内部的 IIS 服务器经常处于不稳定状态。为了保证 IIS 的安全，需要在网络中部署 Windows IIS 服务安全策略，防止黑客攻击。

本任务主要实施以下两个模块：

(1) 在 Windows Server 2008 R2 系统中安装 IIS 服务，创建网站，使得 PC 端能够访问网站。

(2) 在 IIS 服务器上，限制端口访问，设置包过滤，配置 SSL 服务，从整体上提高 IIS 服务安全性。

## 任务分析

### 1. 安装和配置 IIS 服务器

IIS (Internet Information Server) 是微软公司主推的 Web 服务器程序，通过 IIS 可以配置一台功能完备的 Web 服务器。通过在 Windows Server 2008 R2 系统中安装 IIS 服务，即可访问 Web 网页，以此测试所搭建的 IIS 服务是否有效。

### 2. 部署 Windows IIS 服务的安全策略

限制端口访问可以修改 Web 服务使用的 HTTP 协议的默认端口号，用户在访问网页时必须在 URL 后加上修改后的端口号，才可以访问相关网页，这样可以防止黑客对 IIS 服务的攻击。

在包过滤安全设置中，设置服务器接收信息的端口号，筛选流向服务器的信息，只有允许的端口号才可以接收数据流，未被允许的端口号不能接收数据流。

SSL (Secure Socket Layer，安全套接层) 是数字证书的一种，SSL 证书用于在客户端浏览器和 Web 服务器之间建立一条安全通道。SSL 安全协议是由 Netscape Communication 公司开发的，该安全协议主要用来提供对用户和服务器的认证，对传送的数据进行加密，确保数据在传送中不被改变，现已成为安全领域的全球化标准。由于 SSL 技术已应用到所有知名浏览器和 Web 服务器程序中，所以只需安装服务器证书就可以激活该功能，即通过它可以激活 SSL 协议，实现数据信息在客户端和服务器之间的加密传输，防止数据信息被泄露，保证通信双方安全传递信息。

(1) SSL 证书安全认证的原理。

SSL 技术通过加密信息来保护网站安全。一份 SSL 证书包括一个公共密钥和一个私有密钥，公共密钥用于加密信息，私有密钥用于解密信息。用户和 IIS 服务器建立连接后，服务器会把数字证书与公共密钥发送给用户，用户端生成会话密钥，并用公共密钥对会话密钥进行加密，然后传递给服务器，服务器再用私有密钥进行解密，这样客户端和服务器之间就建立了一条安全通道，只有 SSL 允许的用户才能与 IIS 服务器进行通信。

(2) SSL 证书的功能。

① 鉴别网站的真实性：用户登录网站进行在线购物或电子交易时，由于 Internet 的广泛性和开放性，使得 Internet 上存在着许多假冒的钓鱼网站。用户可以利用 SSL 证书来鉴别网站的身份，判断网站的真实性。

② 保证信息传输的机密性：用户登录网站进行在线购物或电子交易时，需要多次向服务器端传送信息，而这些信息很多是用户的隐私信息，直接涉及经济利益或私密，利用 SSL 证书建立一条安全的信息传输加密通道，可以确保信息的安全。

默认情况下，Web 连接采用 HTTP 协议，HTTP 协议是以明文形式来传输数据，没有采取任何加密措施，用户的重要数据很容易被窃取。SSL 证书连接采用 HTTPS 协议，SSL 证书连接的 URL (Uniform Resource Locator，统一资源定位器 ) 格式为 "https:// 网站域名"。

## 任务实施

### 1. 安装和配置 IIS 服务器

步骤 1　实验准备阶段，根据项目一中任务一知识点，在 VMware Workstation 中部署两台 Windows Server 2008 R2 虚拟机 Server 和 PC，并将两台虚拟机实现网络连通。Server 和 PC 的 IP 地址规划如表 3-3 所示。

3-3-1

表 3-3　IIS 服务安全防御项目的 IP 地址规划

| 设备名称 | 设备角色 | 操作系统 | IP 地址 |
| --- | --- | --- | --- |
| Server | IIS 服务器 | Windows Server 2008 | 192.168.159.3/24 |
| PC | IIS 客户端 | Windows Server 2008 | 192.168.159.4/24 |

步骤 2　在 Server 上安装 IIS 服务。

(1) 在 Server 上安装 IIS 服务。

① 依次选择 "开始" → "管理工具" → "服务器管理器" → "角色" → "添加角色" 菜单命令，进入添加角色向导，单击 "下一步" 按钮，在服务器角色选项中选择 "Web 服务器 (IIS)"，如图 3-84 所示。

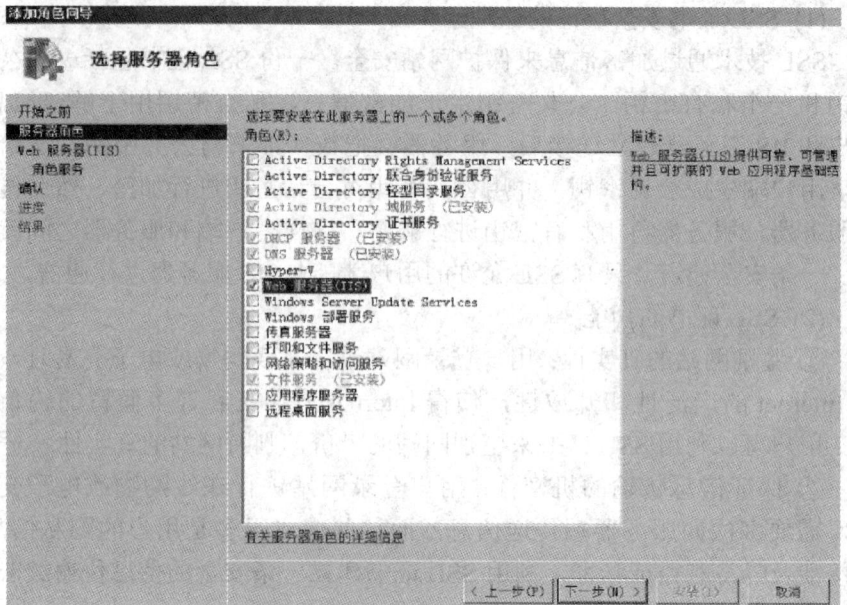

图 3-84　安装 IIS 服务

② 依次单击"下一步"按钮，完成安装 IIS 服务。

(2) 在 Server 上创建 Web 站点。

① 在 C 盘上创建文本文档 index.txt，输入内容为"Welcome !"，然后将文本文档扩展名修改为 html，如图 3-85 所示。

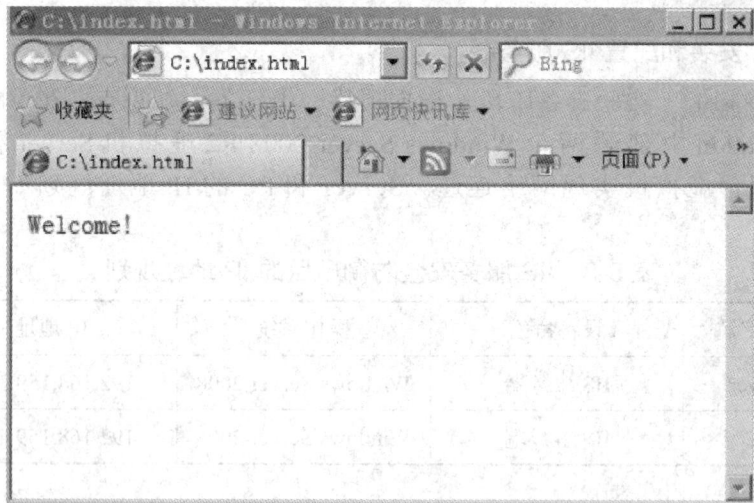

图 3-85　创建 html 文档

② 选择"开始"→"管理工具"→"Internet 信息服务 (IIS) 管理器"菜单命令，打开"Internet 信息服务 (IIS) 管理器"界面，如图 3-86 所示。

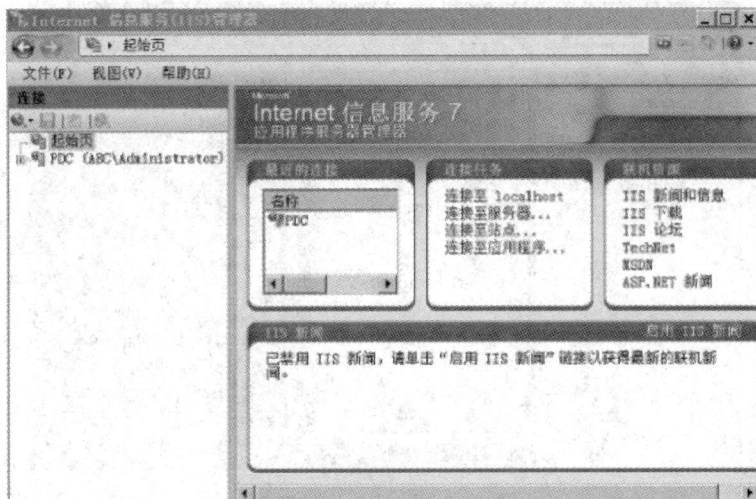

图 3-86　IIS 管理器界面

③ 展开 PDC 节点，在"网站"节点上右键单击，在弹出的快捷菜单中选择"添加网站"命令，打开"添加网站"界面，输入要创建的网站名称、物理路径、绑定协议、IP 地址以及端口等信息，如图 3-87所示。

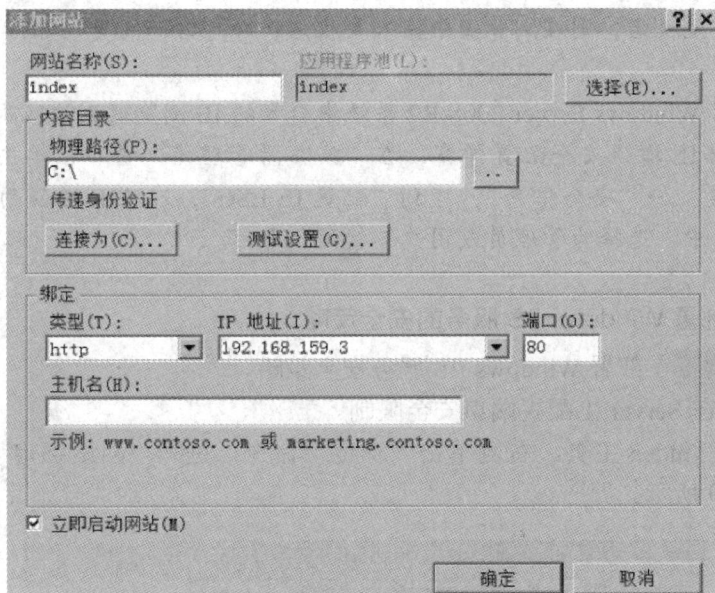

图 3-87　添加网站信息

④ 单击"index"节点，如图 3-88 所示。在右侧操作栏中单击"浏览192.168.159.3:80(http)"选项，查看网页是否能够运行，若网站创建成功，会弹出如图 3-85 一样的网页。

图 3-88 网站的操作窗口

(3) 在 PC 上测试 Web 站点。

打开 IE 浏览器，输入网址"http://192.168.159.3"，显示结果如图 3-85 所示。

**小贴士1** 在添加网站信息时，如果将网站的端口号指定为非 80 端口，则在 PC 端进行测试时，需要在 URL 后添加指定的端口号，否则会无法找到网页。若设置有主机名，则在浏览器中输入主机名，即可访问网页。

**小贴士2** 使用 Windows Server 2008 R2 系统中自带的 IE 浏览器测试网页时，时常会弹出 IE 增强安全配置弹窗，在"服务器管理器"窗口，单击"服务器管理器"→"安全信息"，找到"配置 IE ESC"，在"IE 增强的安全配置"窗口中，选择为管理员或用户"禁用"即可。

### 2. 部署 Windows IIS 服务的安全策略

步骤1 部署 Windows IIS 服务安全策略。

(1) 在 Server 上配置端口安全限制。

① 在 index 主页，右侧单击"绑定"命令，进入"网站绑定"界面，如图 3-89 所示。

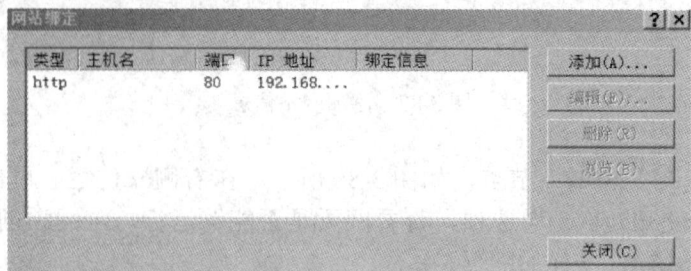

图 3-89 网站绑定

② 在"网站绑定"界面中，选中已有网站条目，在右侧选项中单击"编辑"按钮，进入"添加网站绑定"界面，将端口号设置为 8080，主机名设为 www.index.com，如图 3-90 所示。

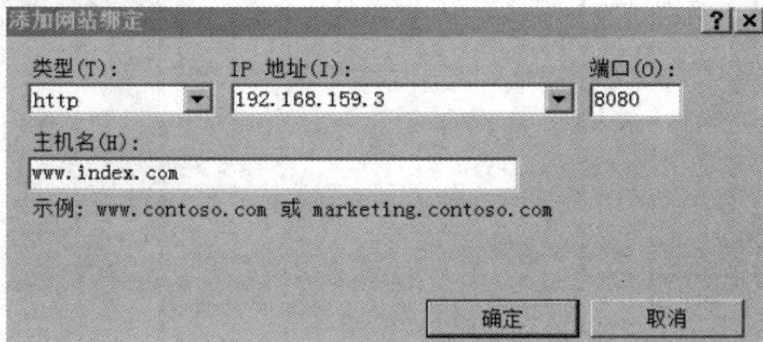

图 3-90　添加网站绑定信息

③ 重新在 Server 上打开 IE 浏览器，输入网址"http://192.168.159.3:8080"，如图 3-91 所示。

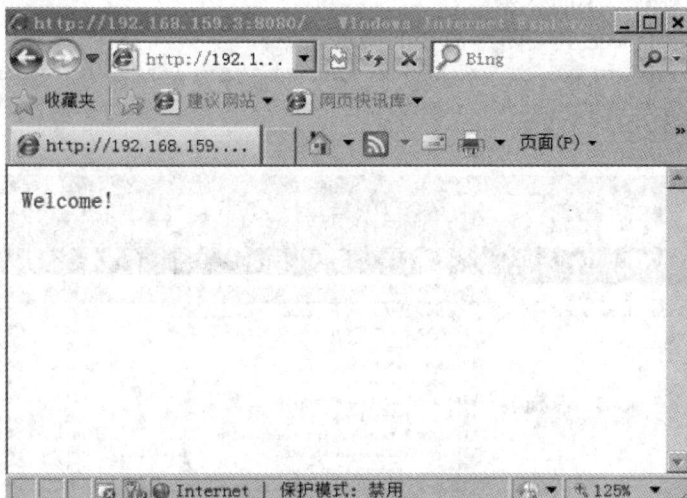

图 3-91　重新测试网站链接

小贴士

在学习完本项目任务四之后，还可以通过在 DNS 中添加域名，在 Server 和 PC 的 IE 浏览器中输入域名＋端口号的方式访问网站，这样用户只有知道 Web 服务器设置的端口和域名才能对 Web 站点进行访问，增强了 Web 服务器的访问安全。

(2) 在 Server 上设置访问权限。

① 在 index 主页界面中，右键单击"目录浏览"选项，选择"打开功能"节点，进入"目录浏览"界面，如图 3-92 所示。

图 3-92 "目录浏览"界面

② 在界面右侧列表中，单击"启用"选项，开启目录浏览功能，使访问者具有浏览信息的权限。

(3) 在 Server 上关闭不需要的服务。

① 选择"开始"→"管理工具"→"服务"菜单命令，打开"服务"窗口，如图 3-93 所示。

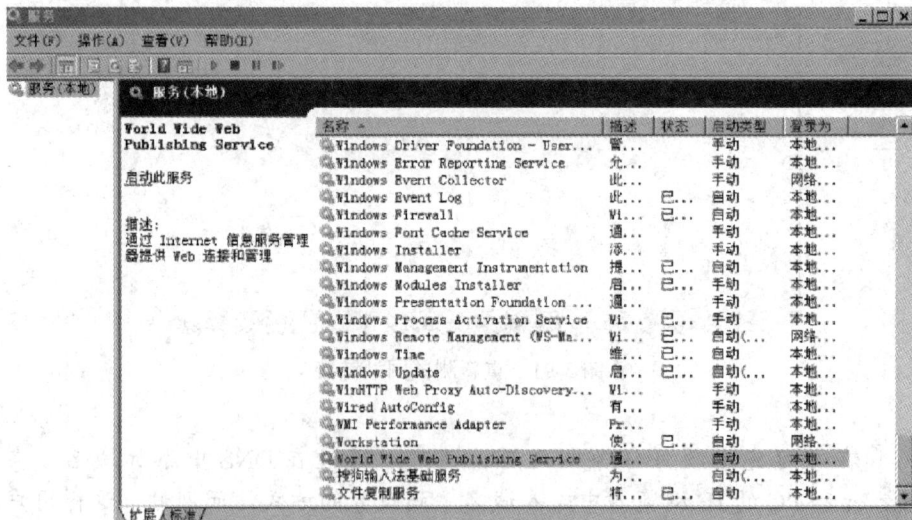

图 3-93 "服务"窗口

② 右键单击"World Wide Web Publishing Service"服务，打开其属性界面，在"启动类型"中选择"禁用"选项，单击"停止"按钮停止该服务，如图 3-94 所示。

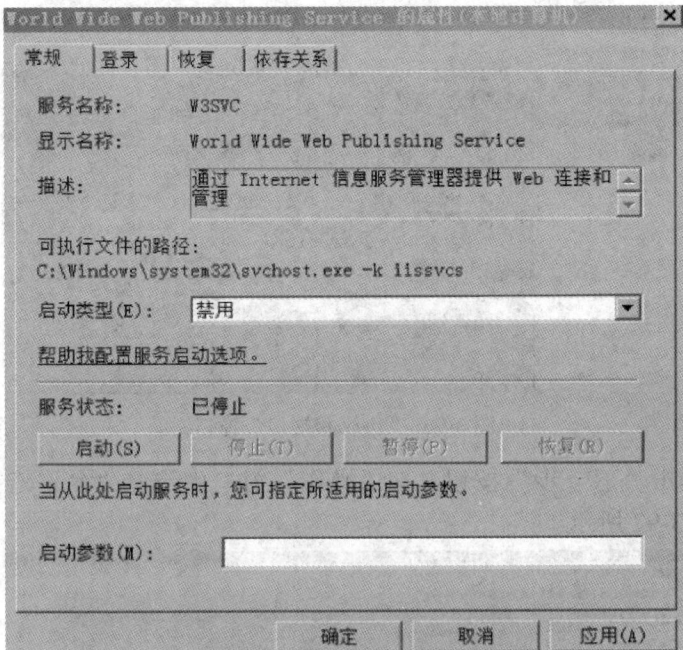

图 3-94　停止 WWW 服务

（4）在 Server 上设置包过滤。

① 单击"控制面板"→"系统和安全"→"Windows 防火墙"→"高级设置"→"入站规则"菜单命令，在右侧窗口中选择"新建规则"节点，打开"新建入站规则向导"窗口，如图 3-95 所示。

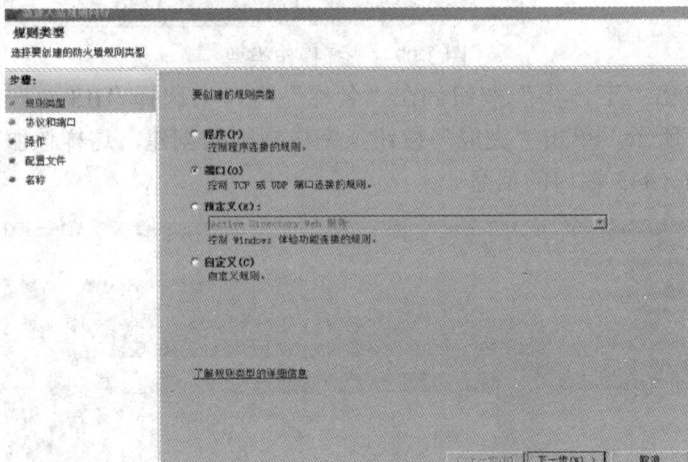

图 3-95　"新建入站规则向导"窗口

② 在"新建入站规则向导"窗口，选择要创建的规则类型为"端口"，单击"下一步"按钮，在"协议和端口"窗口中选择"TCP"，"特定本地端口"栏中输入 80 和 443 端口号，如图 3-96 所示。

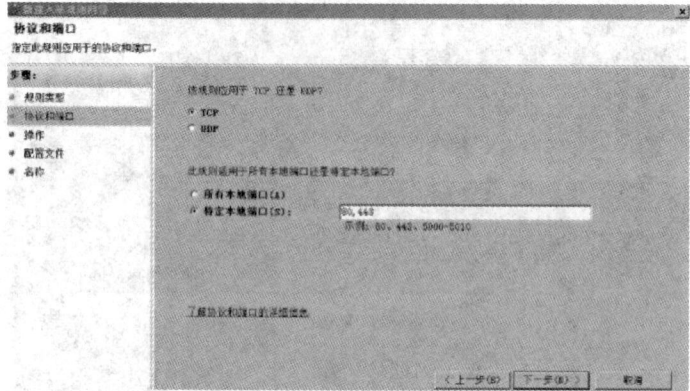

图 3-96 "协议和端口"窗口

③ 单击"下一步"按钮，在"操作"窗口中选择"允许连接"单选项，如图 3-97 所示。

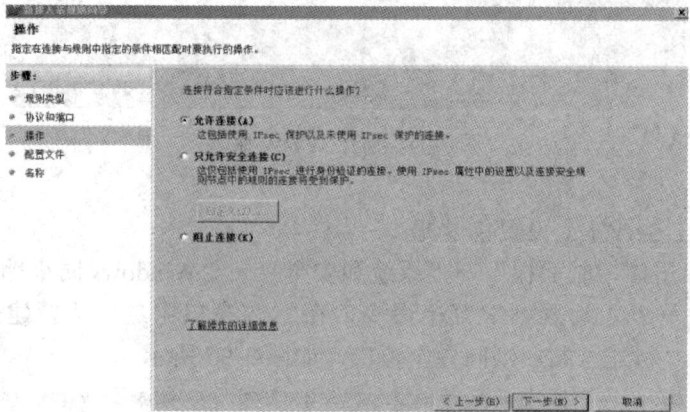

图 3-97 选择操作类型

④ 单击"下一步"按钮，在"名称"窗口中选择"IIS 允许的端口"，如图 3-98 所示。单击"完成"按钮，完成规则的创建，这样该服务器只接收来自 80、443 端口的信息。

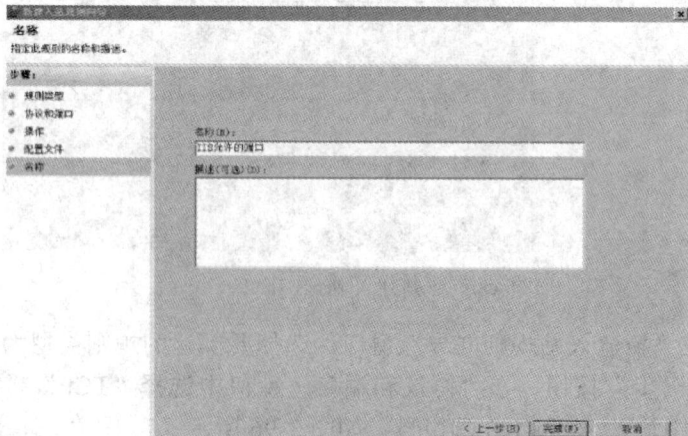

图 3-98 输入规则名称

步骤2　配置 SSL 服务。

(1) 在 PC 上安装证书服务。

要想使用 SSL 安全机制，首先必须为 Windows Server 2008 系统安装 Active Directory 证书服务，本任务中将 IIS 服务和 Active Directory 证书服务分开，分别安装在 Server 和 PC 上，以避免在申请证书时出现 Server 既是证书申请方又是证书颁发方，IIS 服务和 Active Directory 证书服务混淆的情况。

① 依次选择"开始"→"管理工具"→"服务器管理器"→"角色"→"添加角色"菜单命令，进入添加角色向导，单击"下一步"按钮，在选择服务器角色时，选择"Active Directory 证书服务"选项，如图 3-99 所示。

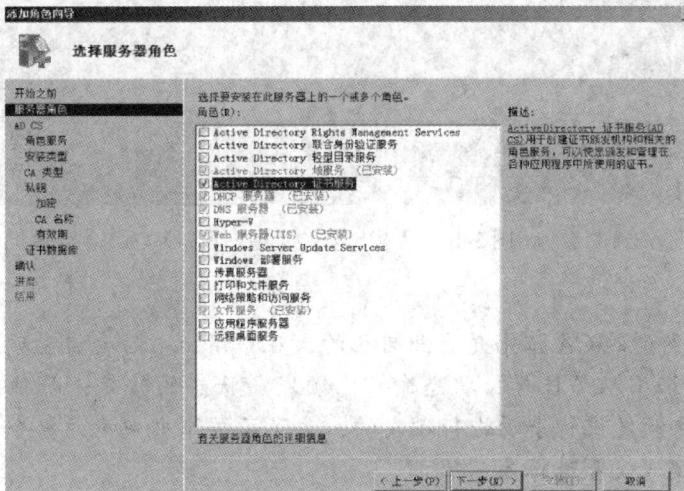

图 3-99　添加 Active Directory 证书服务

② 单击"下一步"按钮，在"选择角色服务"窗口勾选"证书颁发机构 Web 注册"复选框，如图 3-100 所示。

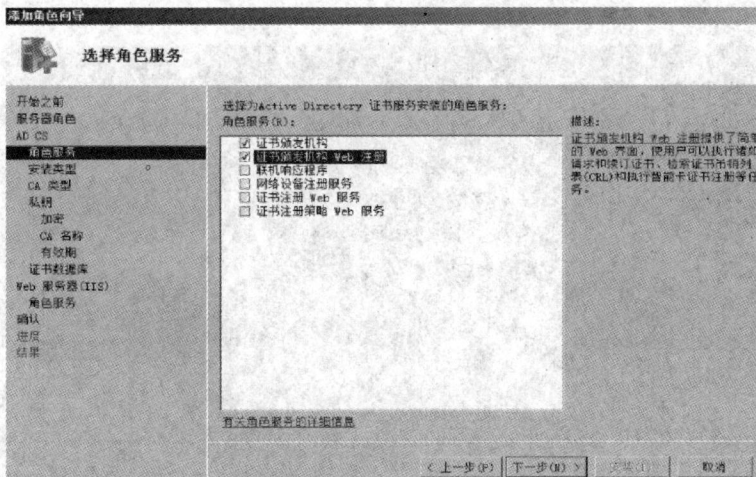

图 3-100　选择角色服务窗口

③ 单击"下一步"按钮，在"指定安装类型"窗口选择"独立"选项，如图 3-101 所示。

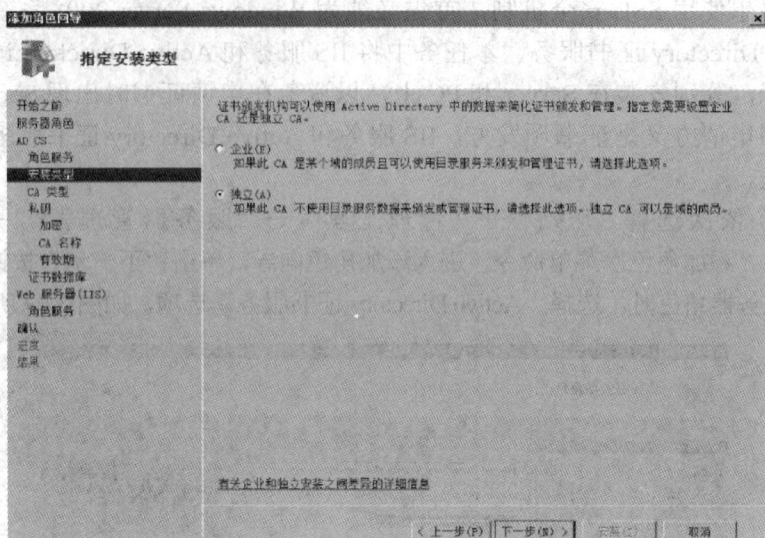

图 3-101 "指定安装类型"窗口

**知识链接**

企业类型的 CA 证书是企业自己的，在申请证书后会自动颁发，我们就看不到证书从"挂起"状态向"已颁发"状态的转变；而独立类型的 CA 是需要颁发机构手动进行颁发的，为了了解证书申请的整个过程，这里我们将 CA 类型选择为"独立"。

④ 单击"下一步"按钮，在"指定 CA 类型"窗口选择"根 CA"选项，如图 3-102 所示。

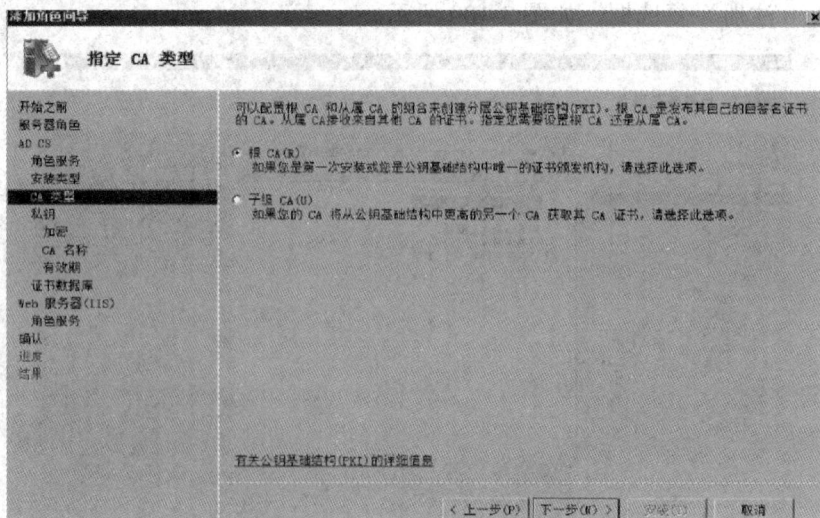

图 3-102 "指定 CA 类型"窗口

此处需要选择 CA 类型为"根 CA",如果选择"子级 CA",会出现无 **注 意**
法访问 SSL 网页链接的情况。

⑤ 单击"下一步"按钮,在"设置私钥"窗口选择"新建私钥"选
项,如图 3-103 所示。

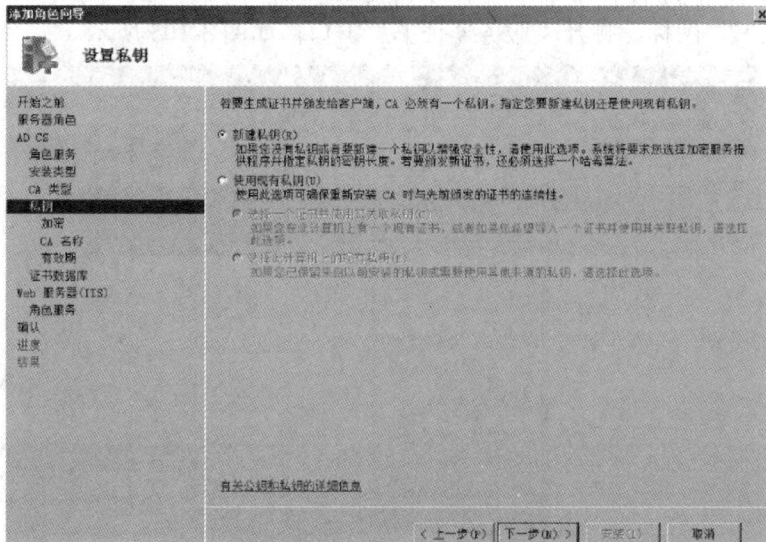

图 3-103  设置私钥窗口

⑥ 单击"下一步"按钮,在"为 CA 配置加密"窗口选择此 CA 颁发
的签名证书的哈希算法为"SHA1",如图 3-104 所示。

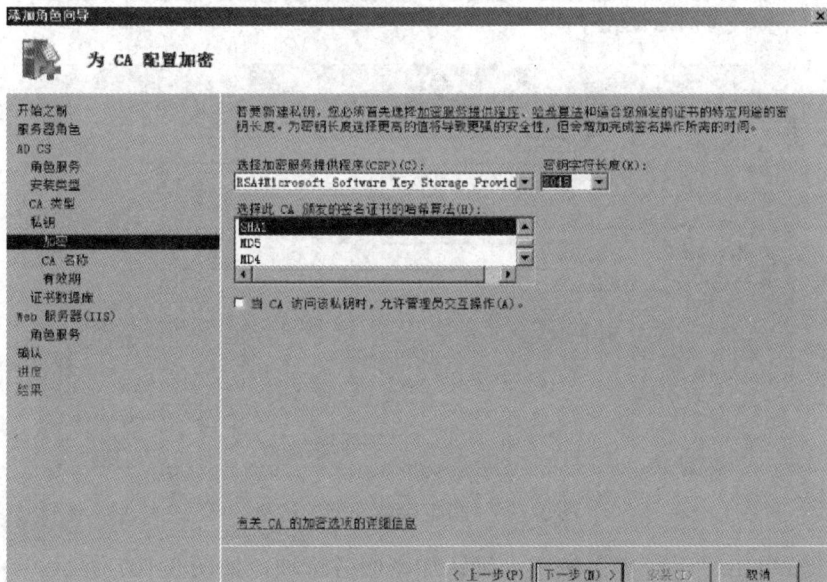

图 3-104  "为 CA 配置加密"窗口

⑦ 依次单击"下一步"按钮，完成证书服务安装，安装成功后，在管理工具中会添加"证书颁发机构"一项。

(2) 在 Server 上生成证书申请文件。

通过第 (1) 步操作，已经在 Server 上安装了 CA 服务器，接下来对 index 站点应用 SSL 安全机制，为 index 站点创建请求证书文件。

① 在 (IIS) 管理器窗口，单击主机名 PDC，在 PDC 主页栏中双击"服务器证书"图标，打开"服务器证书"窗口，如图 3-105 所示。

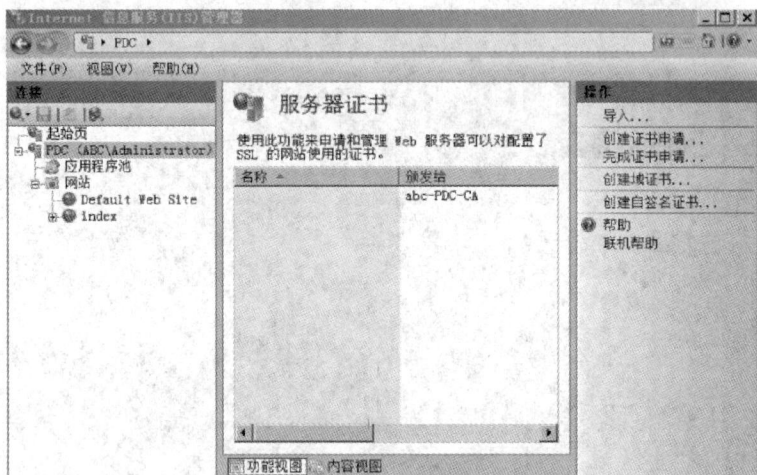

图 3-105 "服务器证书"窗口

② 在服务器证书窗口右侧栏中，选择"创建证书申请"，进入"申请证书"界面，并填写相应的申请信息，如图 3-106 所示。

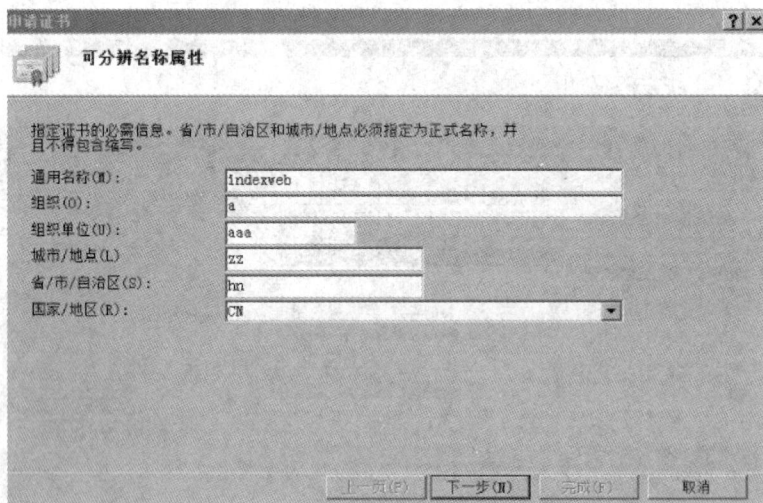

图 3-106 指定申请证书的信息

③ 单击"下一步"按钮，确认加密服务选项，如图 3-107 所示。

④ 单击"下一步"按钮，在为证书申请指定文件时输入文件路径及文件名 C:\CAzhengshu.txt，如图 3-108 所示。

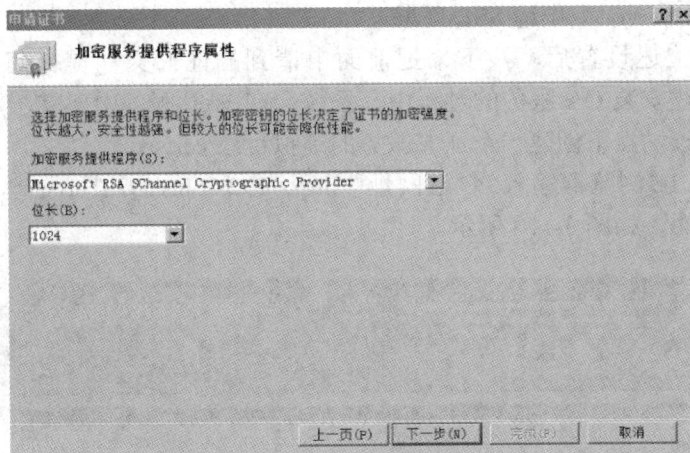

图 3-107　确认加密服务选项

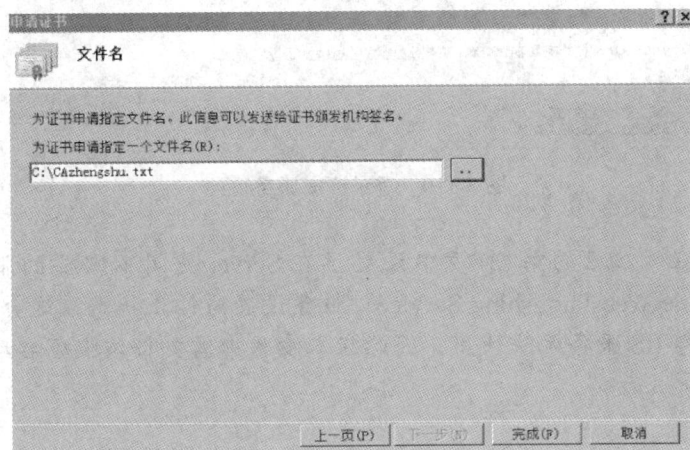

图 3-108　为证书申请指定文件

⑤ 单击"完成"按钮，即可完成证书申请。打开 C:\CAzhengshu.txt，可以查看到证书文件，如图 3-109 所示。

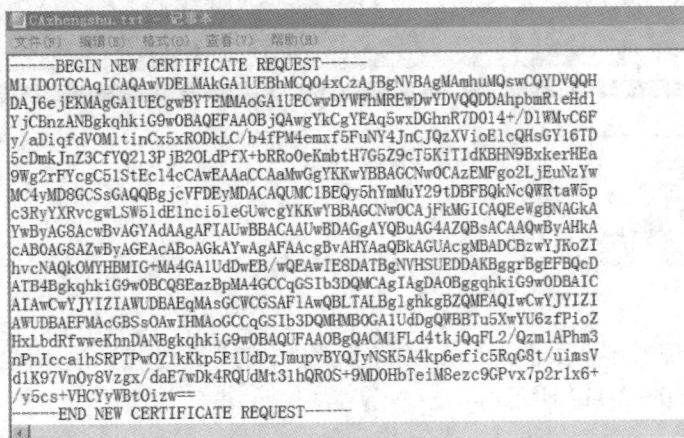

图 3-109　证书申请文件

(3) 在 Server 上申请 SSL 证书。

完成上述设置后，接下来把前面申请到的证书文件提交到 CA 服务器。在上述安装 CA 服务的过程中，系统会在 Web 服务中建立一个默认站点，并在该站点下创建一个证书服务的虚拟目录 certsrv。

① 在 IE 浏览器输入 PC 端网址"http://192.168.159.4/certsrv"，进入证书服务页面，如图 3-110 所示。

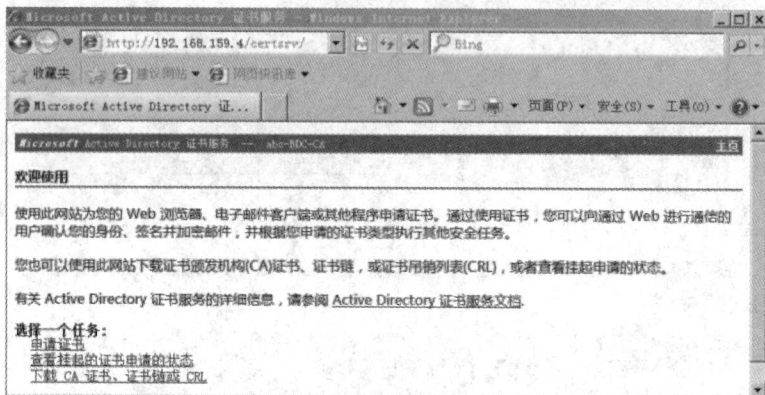

图 3-110    登录证书服务页面

**小贴士**    由于在步骤 2 的第 (3) 步中设置了在 Server 关闭不需要的服务，将"World Wide Web Publishing Service"服务设置为停止状态，这会影响 IIS 服务，使得 IIS 服务无法使用，因此在本步骤中需要将该服务启动才可登录证书申请页面。

② 在证书服务页面，单击"申请证书"任务，进入证书申请页面，如图 3-111 所示。

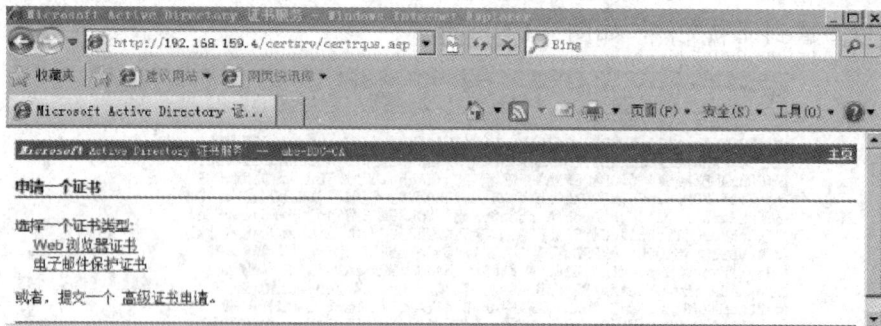

图 3-111    证书申请页面

③ 在证书申请页面，单击"高级证书申请"超链接，进入高级证书申请页面，如图 3-112 所示。

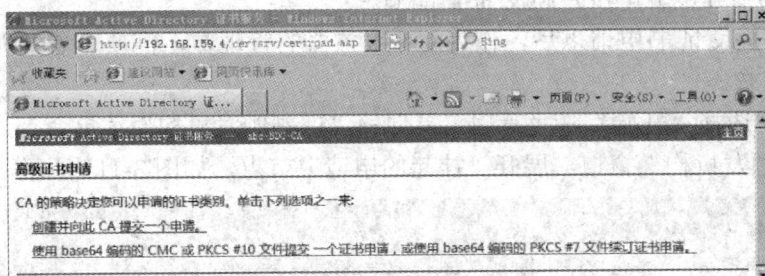

图 3-112　高级证书申请页面

④ 在高级证书申请页面，单击"使用 base64 编码的 CMC 或 PKCS#10 文件提交一个证书申请，或使用 base64 编码的 PKCS#7 文件续订证书申请。"超链接，进入"提交一个证书申请或续订申请"界面，复制证书申请文件"C:\certzhengshu.txt"的内容，粘贴到"保存的申请"文本框，如图 3-113 所示。

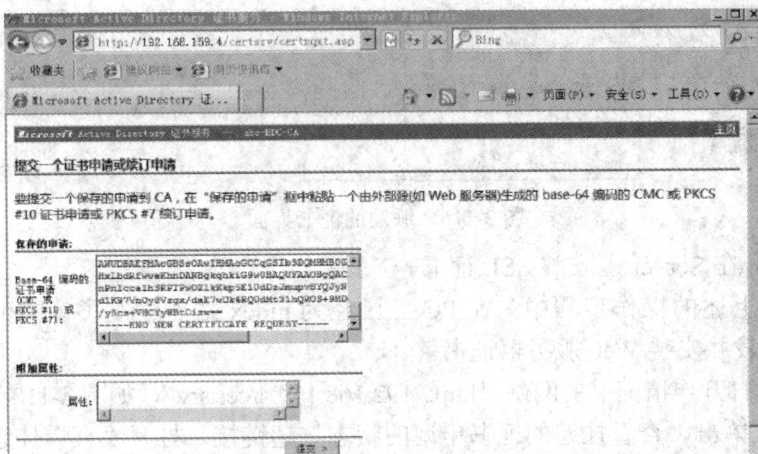

图 3-113　提交证书申请

⑤ 单击"提交"按钮，打开"证书正在挂起"页面，提示证书申请已经收到，必须等待管理员颁发所申请的证书，证书 ID 号为 2，如图 3-114 所示，证书申请完成。

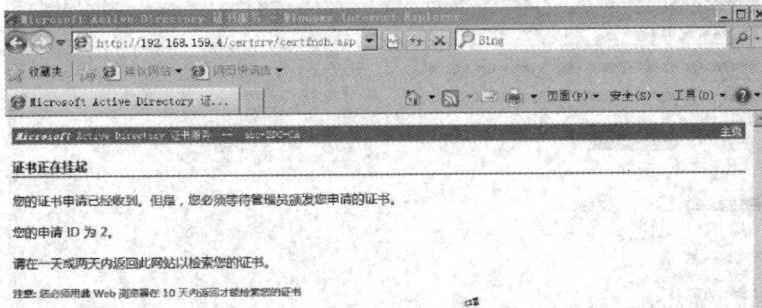

图 3-114　完成证书申请操作

（4）在 PC 上审核并颁发 SSL 证书。

在提交证书申请以后，作为 CA 服务器的管理员，需要查看并颁发服务器证书。

① 选择"开始"→"管理工具"→"证书颁发机构"菜单命令，打开"证书颁发机构"窗口，展开"挂起的申请"节点，如图 3-115 所示。

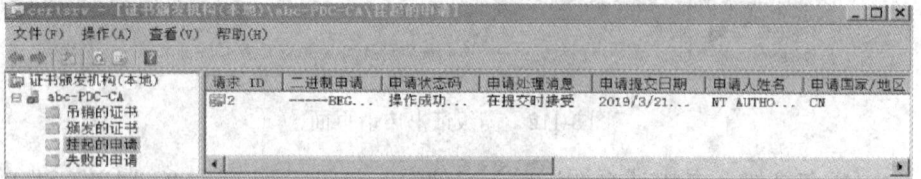

图 3-115 "证书颁发机构"窗口

② 在"证书颁发机构"窗口，右键单击证书申请，在弹出的快捷菜单中选择"所有任务"→"颁发"命令，颁发该证书。展开"颁发的证书"节点，显示该证书已颁发，如图 3-116 所示。

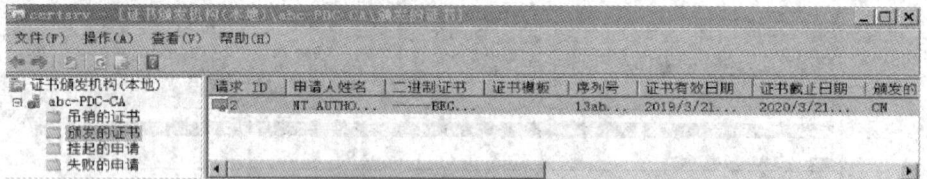

图 3-116 颁发的证书界面

（5）在 Server 上安装 SSL 证书。

在上述的操作步骤中，在 PC 上已经为 index 站点颁发了证书，现在需要下载并安装 Web 服务器证书。

① 打开申请证书的网站"http://192.168.159.4/certsrv"，如图 3-110 所示。

② 单击"查看挂起的证书申请的状态"超链接，打开"查看挂起的证书申请的状态"页面，单击"保存的申请证书"超链接，进入"证书已颁发"界面，如图 3-117 所示。

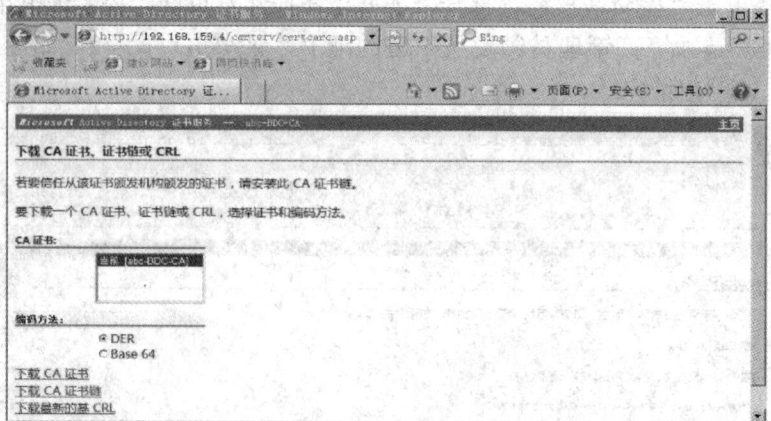

图 3-117 证书已颁发界面

③ 单击"下载 CA 证书"超链接，打开"文件下载"界面，单击"保存"按钮，将证书文件下载并保存为文件 C:\certnew.cer，如图 3-118 所示。

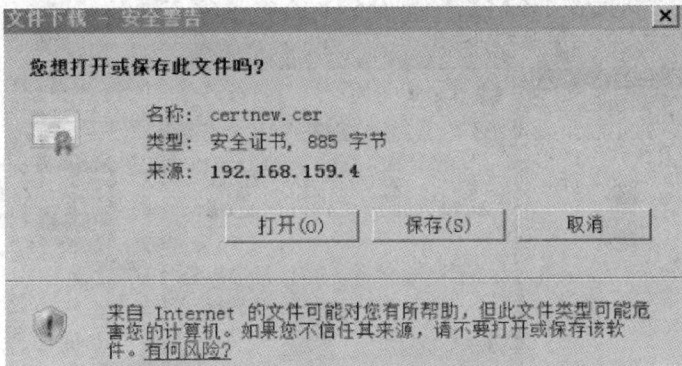

图 3-118　"文件下载"界面

④ 在 IIS 管理器窗口，单击根节点 PDC，在 PDC 主页中右键单击"服务器证书"图标，打开服务器证书窗口，在右侧"操作"栏中单击"创建自签名证书"命令，打开"创建自签名证书"窗口，为证书指定一个好记的名称，如图 3-119 所示。

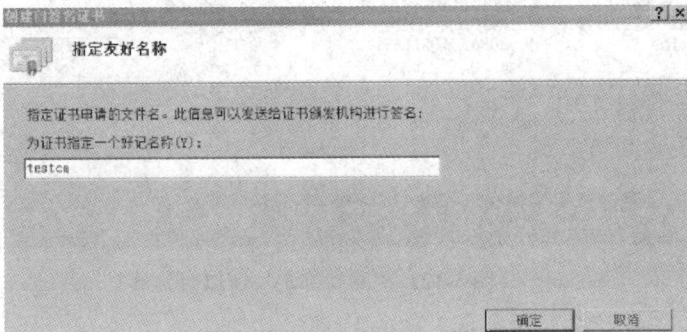

图 3-119　"创建自签名证书"窗口

⑤ 自签名证书创建完成后，就在服务器证书窗口中添加了该证书，如图 3-120 所示。

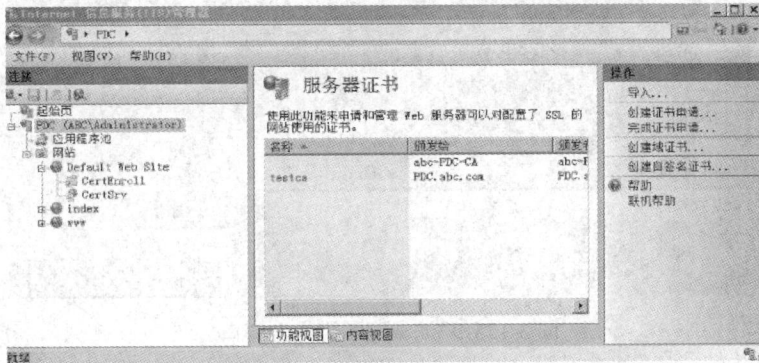

图 3-120　完成添加自签名证书

⑥ 在 IIS 管理器界面，单击 index 站点，进入 index 主页，如图 3-121 所示。

图 3-121　index 主页

⑦ 单击右侧"绑定"链接，进入"网站绑定"窗口，如图 3-122 所示。

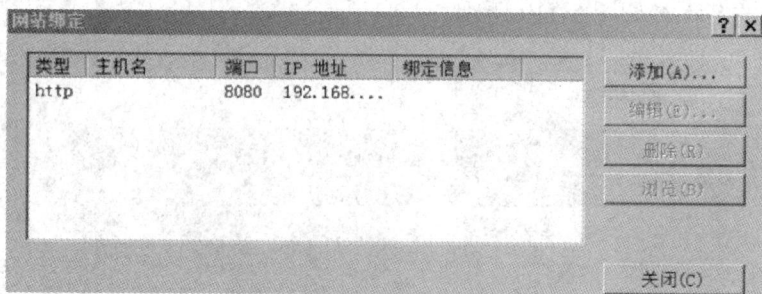

图 3-122　"网站绑定"窗口

⑧ 在"网站绑定"窗口中，单击右侧"添加"按钮，进入"编辑网站绑定"窗口，将协议类型选择为"https"，IP 地址设为本主机地址"192.168.159.3"，端口为"443"，SSL 证书为"testca"，如图 3-123 所示。

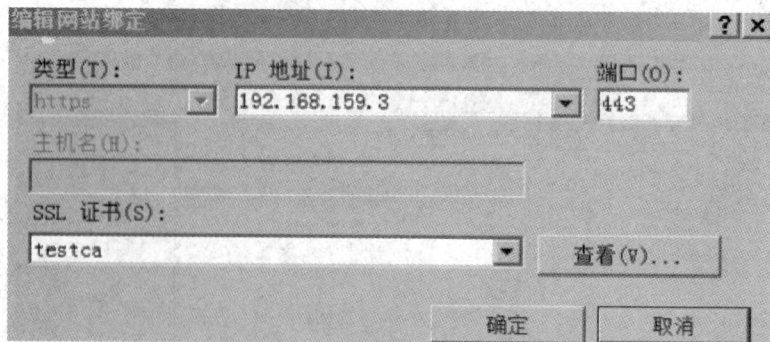

图 3-123　"编辑网站绑定"窗口

(6) 在 Server 上编辑安全通信。

① 在 index 主页面中，双击"SSL 设置"图标，进入"SSL 设置"窗口，如图 3-124 所示。

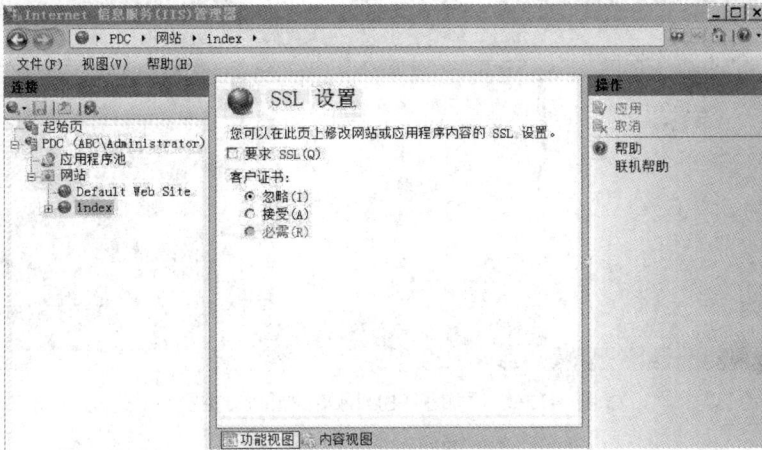

图 3-124  "SSL 设置"窗口

② 在 SSL 设置界面，勾选"要求 SSL"复选框，客户证书选项中选择"接受"，如图 3-125 所示。设置完成后，注意在右侧"操作"栏中点击"应用"，使得配置生效。

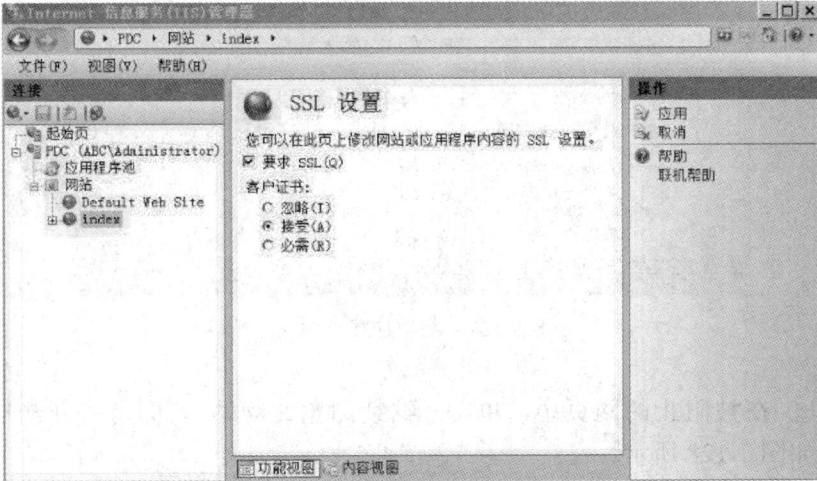

图 3-125  设置 SSL 信息

(7) 测试 SSL。

① 经过上一步的 SSL 设置后，在 index 主页的浏览网站栏目中会添加 SSL 网站超链接，如图 3-126 所示。

② 单击"浏览 192.168.159.3:443(https)"选项，在本机测试 SSL。由于本任务为测试使用，在浏览器中会因为证书错误而被阻止加载，如图 3-127 所示。

图 3-126　添加了 SSL 网站的 index 主页

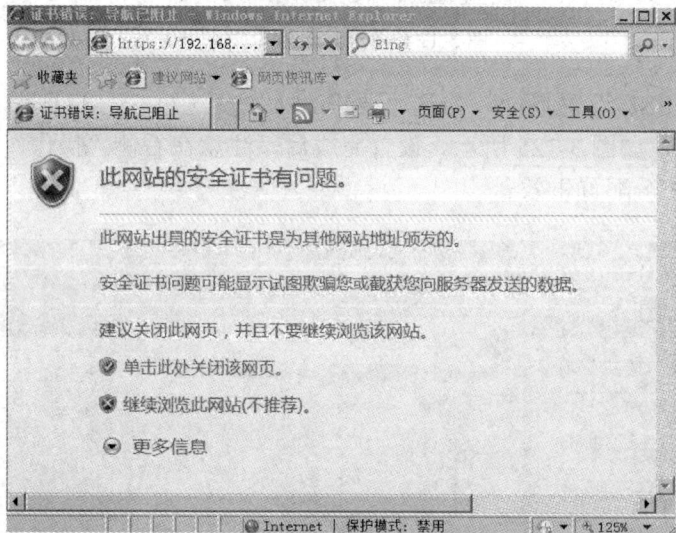

图 3-127　网站加载被阻止

③ 在被阻止的网页中，单击"继续浏览此网站"，即可打开测试网页，如图 3-128 所示。

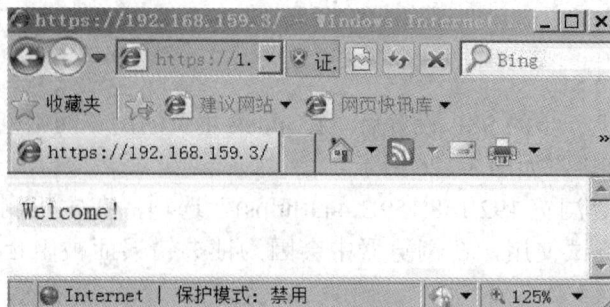

图 3-128　测试 SSL 网页

④ 在 PC 的 IE 中输入 https:// 192.168.159.3，按照在 Server 上的操作方法，同样可以打开如图 3-128 所示页面。

如果只有一台机器进行设置，也可以将 Active Directory 证书服务和 IIS 服务安装在同一台机器上，同样可以实现测试结果。

通过本任务的实施，加固了 IIS 服务器的访问安全，通过修改端口号减小访问用户数量，通过修改访问权限来限制 Web 站点页面的访问，从而减小攻击可能性；采用启动 / 关闭服务来控制 IIS 服务的启动和关闭；运用 SSL 加密技术提升了客户端与服务器的安全，这些都是为了保证企业的 IIS 服务安全、平稳地运行而采取的措施。通过本任务的实施，解决了 IIS 服务的安全防护问题。

# 任务四 加强 Windows 系统 DNS 服务的安全防御

## 任务提出

目前，用户访问网络是必须经过 DNS 服务的。DNS 服务器为 Web 站点的访问提供域名解析，DNS 服务器作为对外的域名解析中心，关系到用户的安全性和所解析域名的可靠性，对于用户访问网络至关重要。而黑客却会对 DNS 服务器进行攻击，对用户进行 DNS 欺骗和信息劫持等，导致 DNS 服务器无法正常解析、用户遭受损失、网络访问安全性遭受破坏，因此必须保障 DNS 服务器的安全。

本任务中主要实施以下两个模块：

(1) 在 Windows Server 2008 R2 系统中安装 DNS 服务，配置解析区域，使得 DNS 服务器能够提供域名解析服务。

(2) 通过在 DNS 服务器上配置辅助 DNS 服务、进行区域复制和子域委派措施，对 DNS 服务器进行安全管理，对 DNS 服务器进行安全加固，从而可以平稳高效地运行。

## 任务分析

### 1. 安装和配置 DNS 服务器

DNS (Domain Name System，域名系统 ) 是一种按域层次结构进行组织的计算机及网络服务命名系统。DNS 应用于 TCP/IP 网络中，通过易记忆和识别的名称来定位计算机的网络服务。当用户在应用程序中输入域名名称时，DNS 服务可以将该名称解析为对应的信息 ( 如 IP 地址 )。

在 DNS 系统中，常见的资源记录类型有：

(1) 主机记录 (A 记录 )：用于名称解析的重要记录，它将特定的主机名映射到对应主机的 IP 地址上。

(2) 别名记录 (CNAME 记录 )：用于将某个别名指向到某个 A 记录上，这样就不需要再为某个新名字另外创建一条新的 A 记录。

(3) IPv6 主机记录 (AAAA 记录 )：与 A 记录对应，用于将特定的主机名映射到一个主机的 IPv6 地址。

(4) MX 记录：邮件交换记录。

(5) 服务位置记录 (SRV 记录 )：用于定义提供特定服务的服务器的位置，如主机名、端口等。

(6) NAPTR 记录：提供了用正则表达式方式去映射一个域名的方法。NAPTR 记录非常著名的一个应用是用于 ENUM 查询。

DNS 协议采用分层系统创建数据库以提供名称解析，按照层次将域名服务器分为根 DNS 服务器、顶级域服务器、本地 DNS 服务器。在进行解析查询时，采用两种方式：递归和迭代。DNS 客户端设置使用的 DNS 服务器一般都是递归服务器，它负责全权处理客户端的 DNS 查询请求，直到返回最终结果。而 DNS 服务器之间一般采用迭代查询方式。

通过在 Windows Server 2008 R2 系统中安装 DNS 服务，配置正向和反向解析区域，使得 DNS 服务器能够对 IP 地址和域名直接提供解析服务。

### 2. 安全管理 DNS 服务器

客户端会向 DNS 服务器查询指定的 DNS 域名，而当 DNS 服务器遭受攻击和破坏，对客户端进行 DNS 欺骗等非法解析时，客户端所获得的解析后的 IP 地址和域名就会存在错误，使得所发送的消息传送给不法分子，自身信息遭到泄露。而 DNS 服务器也随时会有瘫痪、无法提供解析服务的可能。

要让 DNS 服务器安全、稳定地运行，必须针对 DNS 服务器进行安全策略配置。DNS 的安全策略主要包括区域复制和转发器的配置等。

## 任务实施

### 1. 安装和配置 DNS 服务器

步骤 1　实验准备阶段，根据项目一中任务一知识点，在 VMware Workstation 中部署三台 Windows Server 2008 R2 虚拟机 Server1、Server2、Server3，并将三台虚拟机实现网络连通。Server1、Server2、Server3 的 IP 地址规划如表 3-4 所示。

3-4-1

表 3-4　DNS 服务安全防御项目的 IP 地址规划

| 设备名称 | 设备角色 | 操作系统 | IP 地址 |
|---|---|---|---|
| Server1 | 主 DNS 服务器 | Windows Server 2008 R2 | 192.168.159.3/24 |
| Server2 | 辅助 DNS 服务器 | Windows Server 2008 R2 | 192.168.159.4/24 |
| Server3 | 子域 DNS 服务器 | Windows Server 2008 R2 | 192.168.159.5/24 |

**步骤2**　在 Server1、Server2、Server3 上安装 DNS 服务。

依次选择"开始"→"管理工具"→"服务器管理器"→"角色"→"添加角色"菜单命令，进入添加角色向导，单击"下一步"按钮，在服务器角色选项中选择"DNS 服务器"，然后依次单击"下一步"按钮即可完成安装。

**小贴士**

如果在各服务器上已经完成了本项目任务一活动目录服务的安装，则在安装过程中已经安装了 DNS 服务，可以省略本步骤。若是单独进行本任务，需要按照步骤安装 DNS 服务。

**步骤3**　配置 DNS 服务。

(1) 在 Server1 上创建正向解析区域。

① 选择"开始"→"管理工具"→"DNS"菜单命令，打开"DNS 管理器"窗口，如图 3-129 所示。

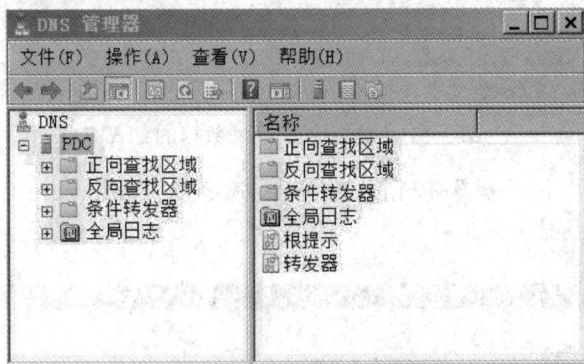

图 3-129　DNS 管理器窗口

② 右键单击"正向查找区域"节点，在弹出的快捷菜单中选择"新建区域"命令，打开"新建区域向导"界面，选中"主要区域"单选项，如图 3-130 所示。

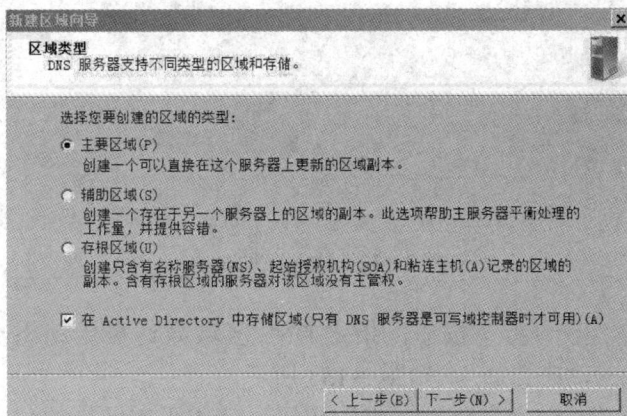

图 3-130　选择区域类型

③ 单击"下一步"按钮，在"Active Directory 区域传送作用域"界面选择复制区域数据方式为"至此域中域控制器上运行的所有 DNS 服务器"，如图 3-131 所示。

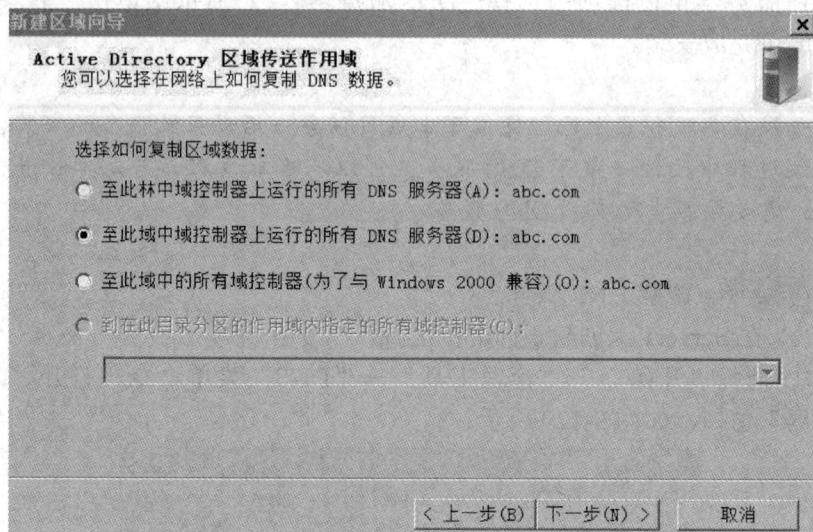

图 3-131　选择复制区域数据的方式

④ 单击"下一步"按钮，输入区域名称"abc.com"，如图 3-132所示。

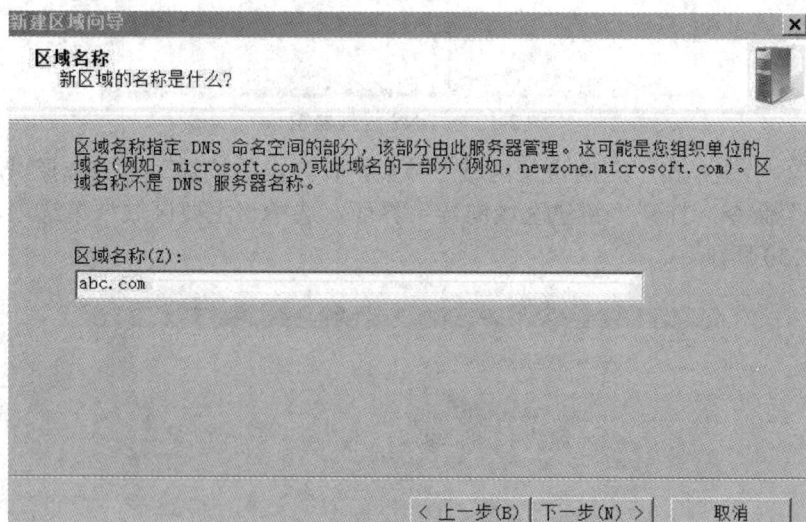

图 3-132　输入区域名称

⑤ 单击"下一步"按钮，指定 DNS 区域允许接受动态更新类型为"只允许安全的动态更新"，如图 3-133 所示。

⑥ 单击"下一步"→"完成"按钮，完成正向区域的建立，在 DNS管理器窗口正向查找区域节点下会增加"abc.com"节点。

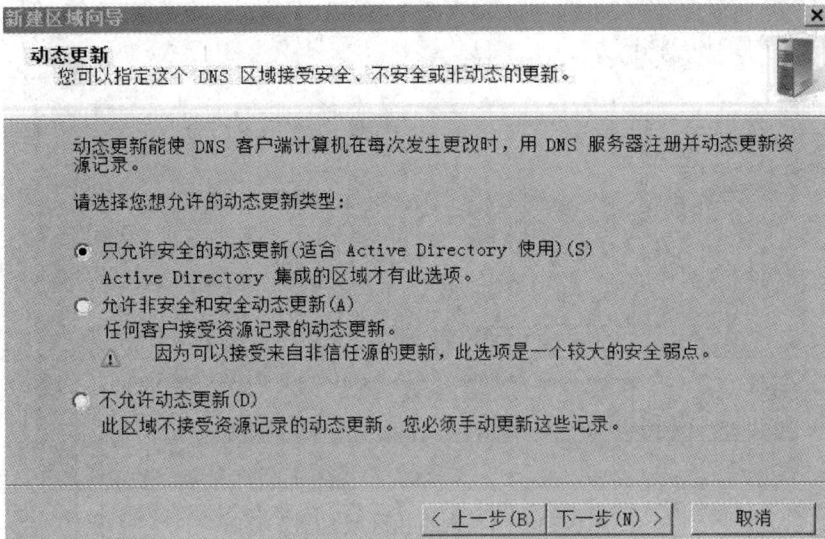

图 3-133　允许的动态更新类型

(2) 在 Server1 上建立反向查找区域。

① 在 "DNS 管理器" 窗口，右键单击 "反向查找区域" 节点，在弹出的快捷菜单中选择 "新建区域" 命令，打开 "新建区域向导" 界面，选中 "主要区域" 单选项，如图 3-130 所示。

② 同第 (1) 步中③，选择复制区域数据的方式。

③ 单击 "下一步" 按钮，选择为 IPv4 地址创建反向查找区域，如图 3-134 所示。

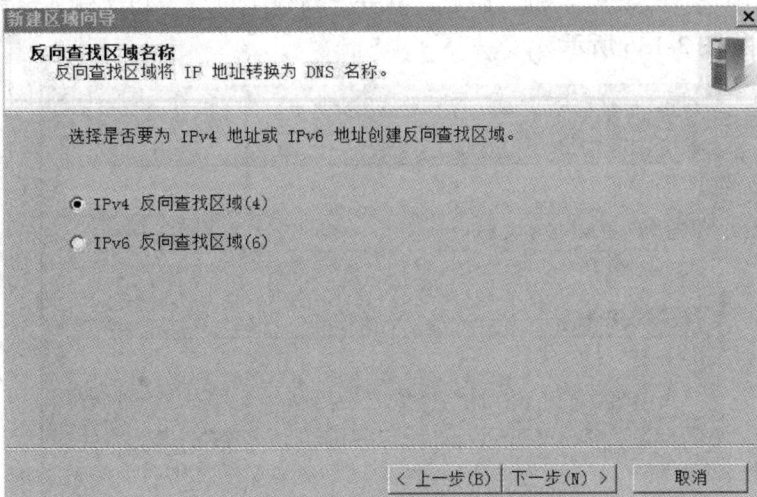

图 3-134　为 IPv4 地址创建反向查找区域

④ 单击 "下一步" 按钮，打开 "反向查找区域名称" 窗口，输入网络 ID，如图 3-135 所示。

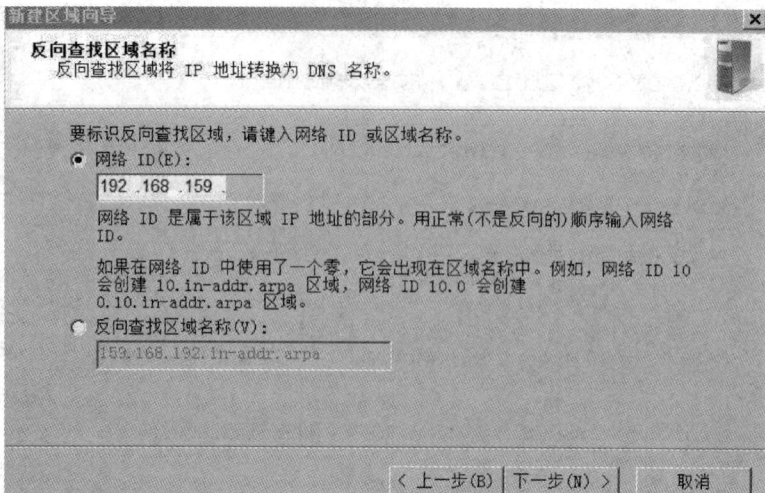

图 3-135 "反向查找区域名称"窗口

小贴士

　　在输入网络 ID 时，即输入 IP 地址的网络部分，将网络部分按正常顺序输入，不需要采用反向顺序输入。

　　⑤ 同第 (1) 步中⑤，选择允许接受动态更新类型。

　　⑥ 单击"下一步"按钮，完成配置。在反向查找区域中就会查看到此区域。

　　(3) 在 Server1 上添加主机记录。

　　① 在"DNS 管理器"窗口，右键单击"abc.com"节点，在弹出的快捷菜单中选择"新建主机"命令，打开"新建主机"窗口，输入名称和 IP 地址，如图 3-136 所示。

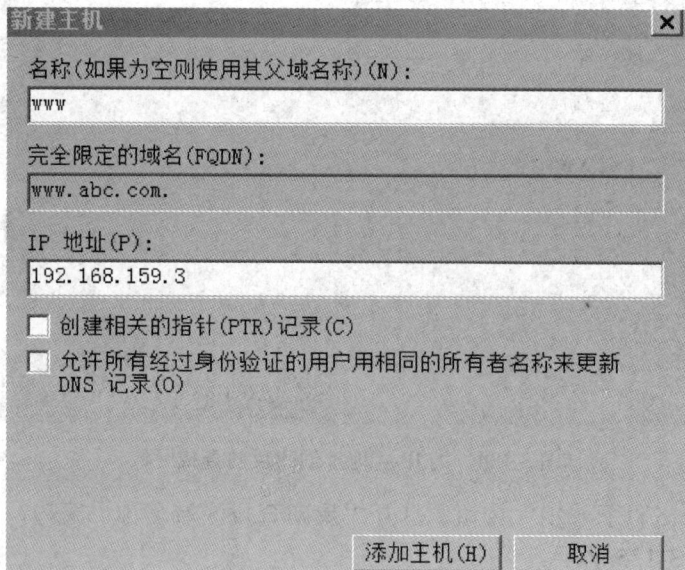

图 3-136 "新建主机"窗口

在新建主机时，输入名称和 IP 地址后，要取消默认的"创建相关的
指针 (PTR) 记录"选项，否则会因反向区域不存在而无法创建。

② 单击"添加主机"按钮，提示成功地创建了主机记录 www.abc.
com，如图 3-137 所示。

图 3-137  成功创建主机记录

③ 依次按照上面的操作，在 Server1 上建立 FTP 和 DHCP 的主机记
录，添加结果如图 3-138 所示。

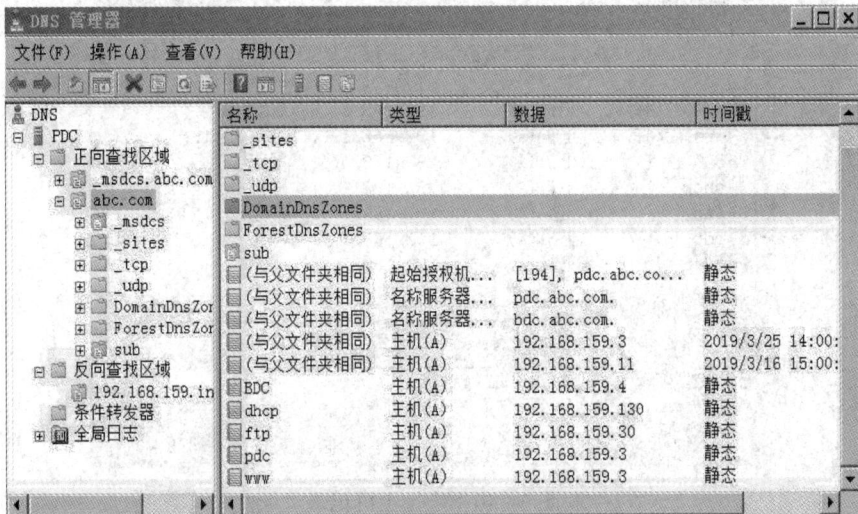

图 3-138  DNS 管理器中建立的主机记录

(4) 在 Server1 上建立反向查找区域指针。

① 在"DNS 管理器"窗口，选择"反向查找区域"→"159.168.192.
in-addr.arpa"，右键单击，在弹出的快捷菜单中选择"新建指针 (PTR)"命
令，打开"新建资源记录"界面，如图 3-139 所示。

② 在"新建资源记录"界面中，单击"浏览"按钮，逐步找到域 abc.
com 中的记录，选择"www"记录，如图 3-140 所示。

③ 单击"确定"按钮，完成指针建立，如图 3-141 所示。

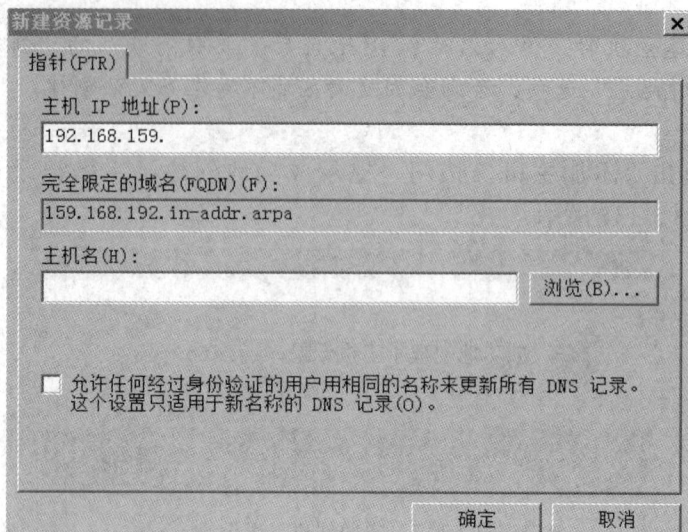

图 3-139 "新建资源记录"界面

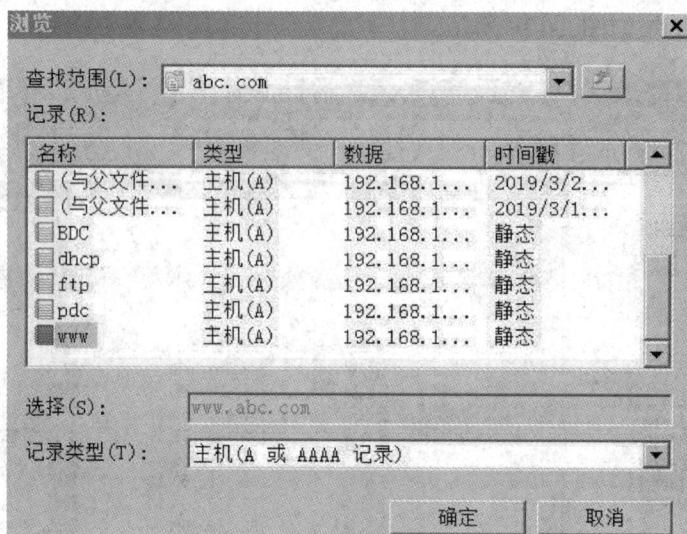

图 3-140 选择主机记录

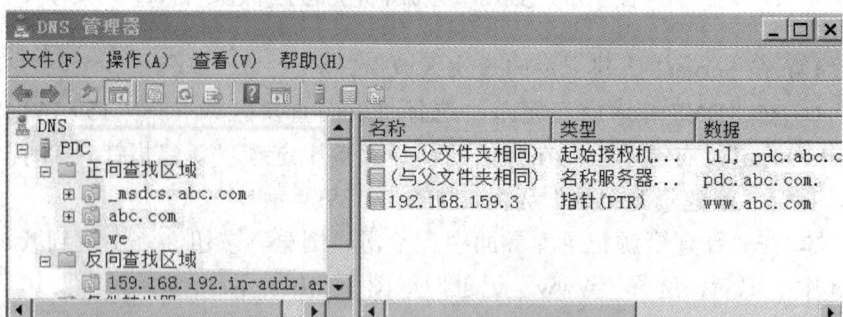

图 3-141 建立反向查找区域指针

如果在浏览窗口中，只有文件夹，没有 www 等新建区域的主机记录，在下面"记录类型"中选择"所有记录"即可浏览到新建区域的主机记录。

④ 依次按照上面的操作，在 Server1 上建立 FTP 和 DHCP 的主机记录，添加结果如图 3-142 所示。

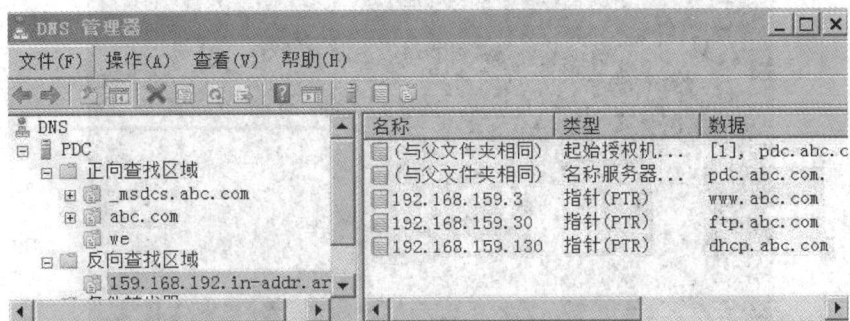

图 3-142　添加所有的主机记录

(5) 测试 DNS 查找解析。

① 在 Server1 的命令提示符窗口中，分别输入 DNS 查找命令"nslookup www.abc.com"进行正向解析，解析成功如图 3-143 所示。

图 3-143　DNS 正向解析

② 在 Server1 的命令提示符窗口中，分别输入 DNS 查找命令"nslookup 192.168.159.3"进行反向解析，解析成功如图 3-144 所示。

图 3-144　DNS 反向解析

③ 依次在命令提示符窗口中，对 FTP 和 DHCP 的记录进行解析，均能够成功解析。

④ 在 Server2 上测试 DNS 正向和反向解析，均能够成功解析，如图 3-145 所示，证明 DNS 服务器配置成功。

图 3-145　在 Server2 上测试 DNS 解析

### 2. 安全管理 DNS 服务器

步骤 1　配置辅助 DNS 服务。

(1) 在 Server2 上创建正向辅助区域。

① 打开 DNS 管理器窗口，右键单击“正向查找区域”节点，在弹出的快捷菜单中选择“新建区域”命令，打开“新建区域向导”界面。

② 单击“下一步”按钮，选中“辅助区域”选项，如图 3-146 所示。

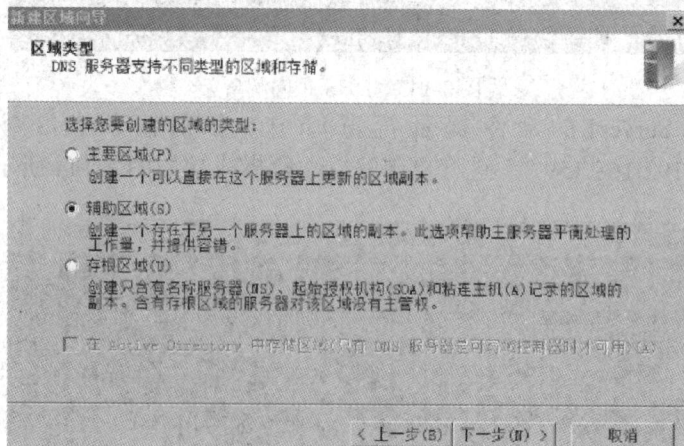

图 3-146　选择区域类型

③ 单击"下一步"按钮，打开"区域名称"界面，输入区域名称，如图 3-147 所示。

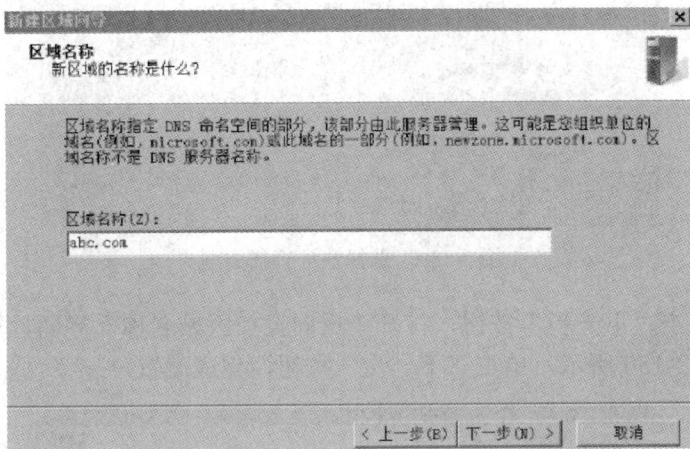

图 3-147 输入区域名称

此处所输入的区域名称须与 Server1 上 DNS 主要区域的名称一致。    **小贴士**

④ 单击"下一步"按钮，打开"主 DNS 服务器"界面，输入主 DNS 服务器的 IP 地址，如图 3-148 所示。

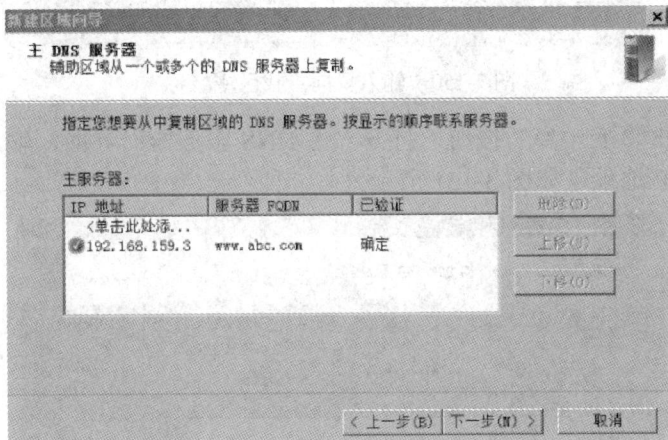

图 3-148 输入主 DNS 服务器的 IP 地址

⑤ 单击"下一步"按钮，接着单击"完成"按钮，完成区域添加。

(2) 在 Server2 上创建反向辅助区域。

① 打开 DNS 管理器窗口，右键单击"反向查找区域"节点，在弹出的快捷菜单中选择"新建区域"命令，打开"区域类型"界面，选中"辅助区域"。

② 单击"下一步"按钮，选中"IPv4 反向查找区域"选项，如图 3-149 所示。

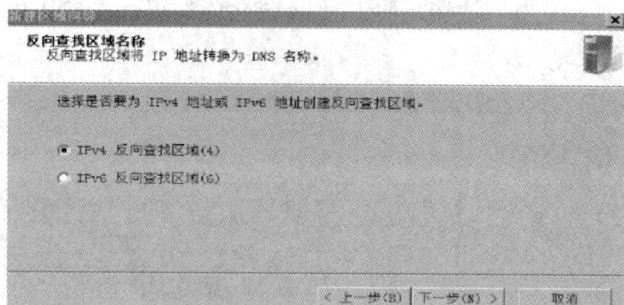

图 3-149　选择地址查找类型

③ 单击"下一步"按钮，打开"反向查找区域名称"界面，输入网络ID，如图 3-150 所示，单击"下一步"按钮，完成配置。

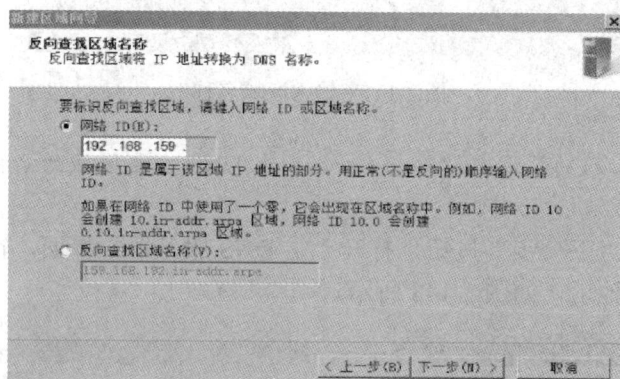

图 3-150　输入反向查找区域名称

④ 单击"下一步"按钮，打开"主 DNS 服务器"界面，输入主 DNS服务器的 IP 地址，如图 3-151 所示。

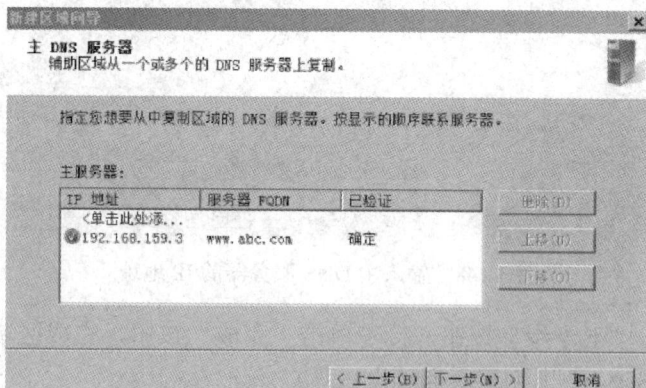

图 3-151　输入主 DNS 服务器的 IP 地址

⑤ 单击"下一步"按钮，接着单击"完成"按钮，完成配置。

(3) 在 Server1 上配置区域复制。

① 在 Server1 上，右键单击 DNS 正向查找区域中的 abc.com 节点，在

弹出的快捷菜单中选择"属性"命令，打开"abc.com 属性"界面，单击"区域传送"选项卡，选中"允许区域传送"复选框和"只允许到下列服务器"单选项，添加辅助 DNS 服务器的 IP 地址，如图 3-152 所示。依次单击"应用"→"确定"，完成设置。

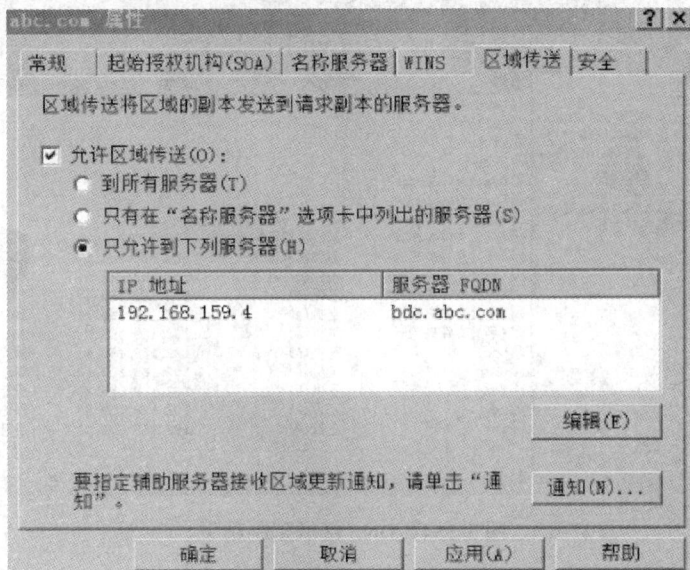

图 3-152　正向区域传送设置

② 在 Server1 上，右键单击 DNS 反向查找区域中的"159.168.192.in-addr.arpa"节点，在弹出的快捷菜单中选择"属性"命令，打开"159.168.192.in-addr.arpa 属性"界面，单击"区域传送"选项卡，选中"允许区域复制"复选框和"只允许到下列服务器"单选项，添加辅助 DNS 服务器的 IP 地址，如图 3-153 所示。依次单击"应用"→"确定"，完成设置。

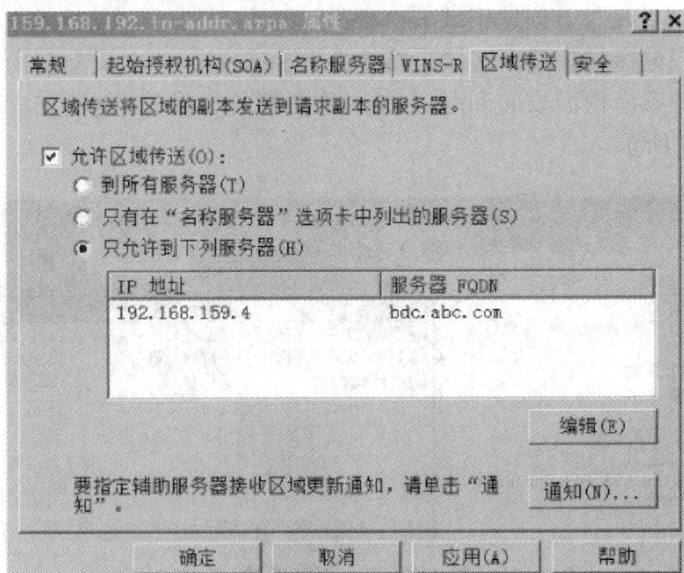

图 3-153　反向区域传送设置

③ Server2 上，在辅助 DNS 服务器的 DNS 管理器窗口，单击"刷新"，主服务器上所有区域的数据已被自动复制到辅助服务器上，如图 3-154 所示。

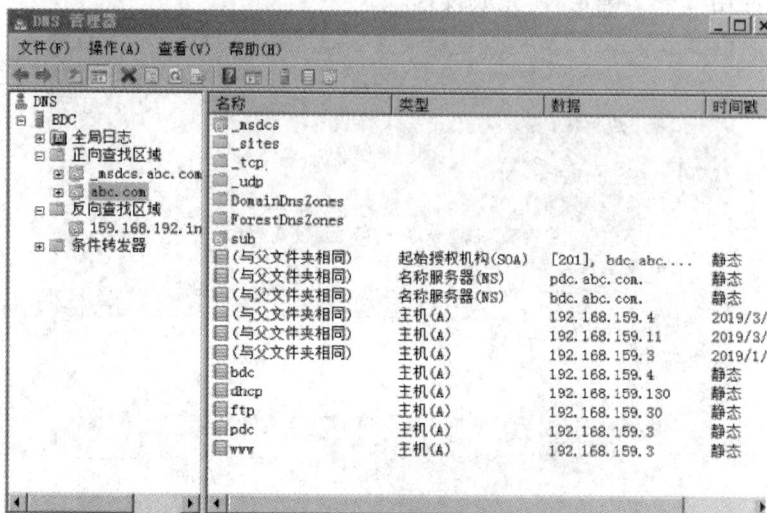

图 3-154　DNS 区域复制结果

步骤 2　子域的委派。

随着网络规模的不断增大，当在其他城市建立了分支机构后，分支机构构建了所属的资源服务器。网络主 DNS 服务器管理员要将子域 SubDC 的管理权限下放到分支机构即子域的 DNS 服务器上，让分支机构的 DNS 服务器管理员可以维护该子域的数据库，并负责响应针对该子域的名称解析请求。

(1) 在 Server3 上创建子域 ser3.abc.com。

创建正向区域、反向区域、新建主机 Server3、建立反向查找区域指针的具体步骤参考前面安装和配置 DNS 服务器的步骤 3。创建完成后的结果如图 3-155 所示。

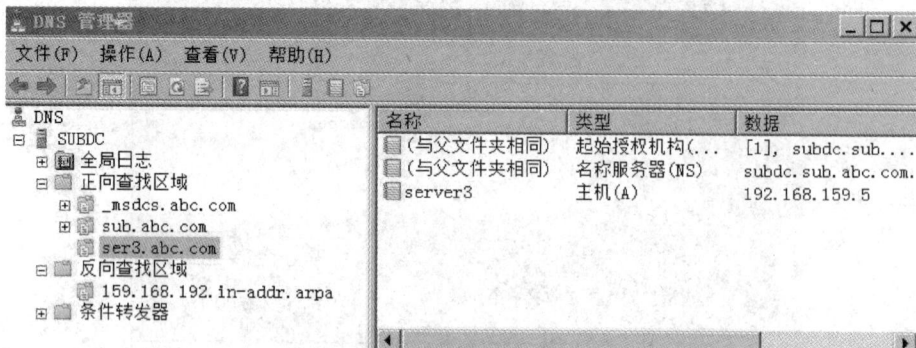

图 3-155　在 Server3 上创建子域 sub.abc.com

(2) 在 Server1 上实现子域委派。

① 在 Server1 的正向查找区域，为子域 SubDC 新建主机记录，名称为 SubDC，如图 3-156 所示。

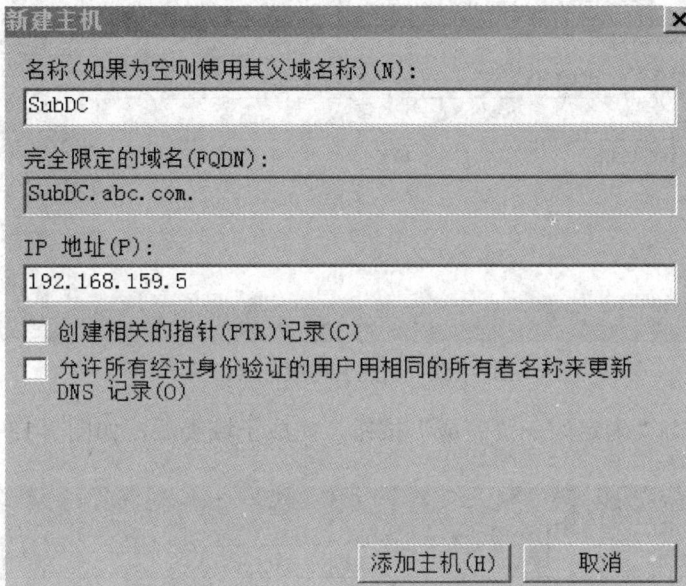

图 3-156　为子域添加 DNS 主机记录

② 打开 DNS 管理器窗口，右键单击"abc.com"节点，在弹出的快捷菜单中选择"新建委派"命令，打开"新建委派向导"界面，输入委派域名即 Server3 上的域"ser3"，如图 3-157 所示。

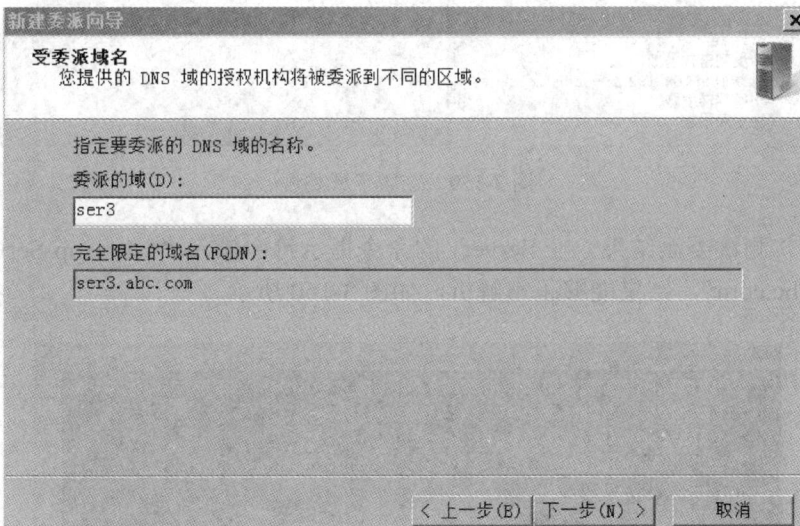

图 3-157　指定受委派的域

③ 单击"下一步"按钮，打开"名称服务器"界面，添加委派的 DNS 服务名称和 IP 地址，即 Server3 上 ser3.abc.com 中新建主机 Server3

的名称和对应 IP 地址，如图 3-158 所示。

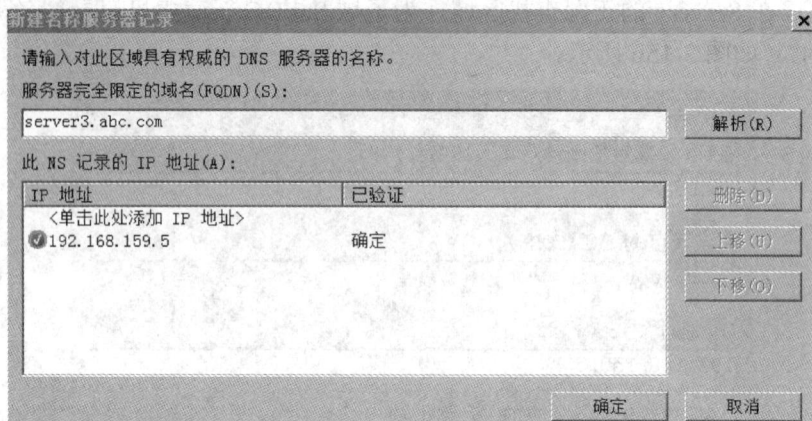

图 3-158　新建名称服务器记录

④ 单击"确定"→"完成"按钮，完成子域委派，如图 3-159 所示。

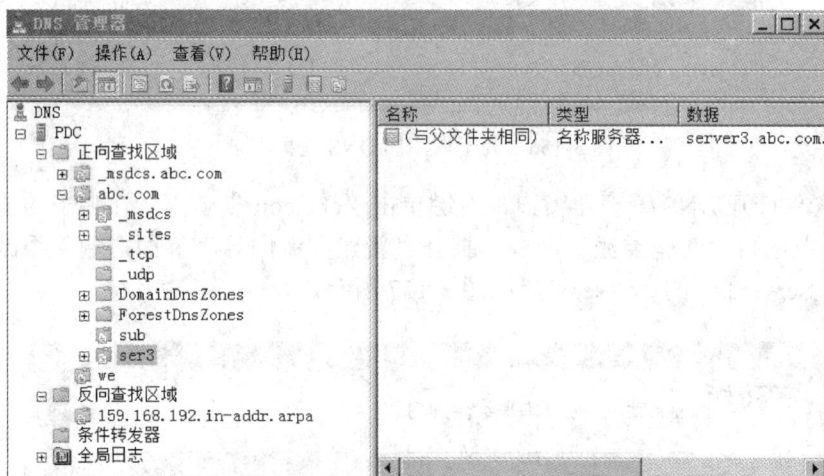

图 3-159　完成子域委派

⑤ 测试委派结果。在 Server1 的命令提示符中输入"nslookup Server3.ser3.abc.com"，结果能够正常解析，如图 3-160 所示。

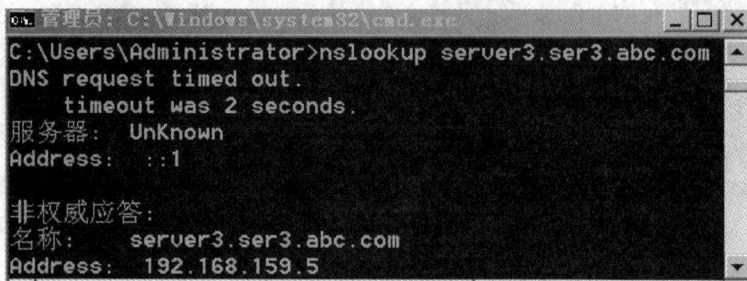

图 3-160　测试委派结果

　　通过委派，委派服务器 ( 主 DNS 服务器 ) 无须进行任何针对该子域的管理工作，也无须保存该子域的数据库，只需保留到达被委派服务器的指向，即当 DNS 客户端请求解析该子域的名称时，委派服务器 ( 主 DNS 服务器 ) 虽然无法响应该请求，但它可以明确指出应由受委派服务器来响应需求。

　　通过本单元的操作，使网络中的 DNS 服务器利用区域复制、服务器管理及权限委派等功能得到了加固，从而可以平稳高效地运行。

# 项目四

# Linux 桌面系统安全运行与维护

## ▶ 项目描述

　　Linux 操作系统因其自身的开放、免费、多用户、多任务、安全等特点，在企业网络中经常使用。对于企业网络来说，网络内部共享资源、互联互通过程中如果不注意网络安全或内部用户缺乏安全意识，会给企业网络带来安全隐患，甚至造成巨大损失。

　　本项目主要针对 Linux 桌面系统部署安全策略，从用户登录、网络访问、文件系统、安全审计方面出发增强 Linux 操作系统的安全性。某些用户对计算机安全知识不太了解，经常会使用 root 用户登录，并且长时间使用同一个系统口令登录，给系统带来安全隐患。有些用户则不习惯使用 Linux 操作系统，还在自己的计算机上安装了 Windows 操作系统，经常使用两个操作系统引导，双系统的引导也会使本地计算机的安全隐患增加。用户经常使用远程登录方式与其他计算机进行互操作，这都给办公网络中的敏感数据带来安全隐患。为了保证局域网的安全，要采取以下安全措施实施办公网络安全防护。

　　任务一　加强 Linux 主机安全访问权限。

　　任务二　加强 Linux 用户网络访问权限的安全控制。

　　任务三　加强 Linux 文件系统访问安全。

　　任务四　使用安全审计加强 Linux 主机的安全维护。

## ▶ 学习目标

　　(1) 能够在 Linux 系统中加强系统口令。

　　(2) 能够设置 Linux 系统中用户访问网络的权限。

　　(3) 会在 Linux 系统中安全配置 NFS 服务。

　　(4) 会在 Linux 系统中安全配置 Samba 服务。

　　(5) 会在 Linux 系统中使用安全审计工具。

# 任务一　加强 Linux 主机安全访问权限

## 任务提出

在 Linux 系统网络中，通过 GRUB 技术提供用户口令保护功能，结合口令安全技术和口令老化设置，可防止网内用户安装双系统引导中造成信息泄密以及长时间只使用一个口令带来的系统风险。为了保障服务器的安全，防止黑客采用字典、暴力破解等方式入侵服务器主机，需要修改口令的老化时间，增强系统的安全性。这样即使网内的用户安全意识较差，也能保障局域网的数据安全，增强局域网内主机安全防御能力。

本任务中主要实施以下 3 个模块：

(1) 在 Linux 系统中测试不设置 GRUB 口令时会存在安全隐患，然后为 GRUB 设置口令，测试启动系统时必须输入 GRUB 口令才可以启动。

(2) 为 Linux 上的用户设置口令，设置屏蔽口令，在影子文件中查看影子口令。

(3) 设置 Linux 中用户口令的长度及老化时间，并进行测试。

## 任务分析

### 1. 用口令保护 GRUB

GRUB(Grand Unified Bootloader，统一引导程序) 是一个来自 GNU 项目的多操作系统启动程序。GRUB 是多启动规范的实现，它允许用户在计算机内同时拥有多个操作系统，并在计算机启动时选择想要运行的操作系统。GRUB 可用于选择操作系统分区上的不同内核，也可用于向这些内核传递启动参数。

通过设置 GRUB 口令，可以达到以下安全效果：

(1) 防止进入单用户模式。如果攻击者能够引导进入单用户模式，就可以在不输入口令的情况下成为根用户。

(2) 防止进入 GRUB 控制台。如果计算机使用 GRUB 作为引导装载程序，攻击者可以使用 GRUB 编辑界面来改变它的配置或使用 cat 命令来收集信息。

(3) 防止进入非安全的操作系统。对于双引导系统，攻击者可以在引导时选择操作系统例如 DOS，它会忽略存取控制的文件权限。

### 2. 设置口令安全

口令是 Linux 用来校验用户身份的首要方法，保护口令的安全对于用户、工作站及整个网络来说都是极其重要的。

通过把口令散列值保存在 /etc/shadow 文件中以屏蔽口令，可使系统免遭黑客攻击。因为该文件只能被根用户读取，网络中的攻击者只能通过使用计算机上的 SSH 或 FTP 服务进行远程口令破译。这类破译非常缓慢，并且会留下明显的踪迹。

如果安装时没有选择屏蔽口令，所有的口令就会作为单向散列值被保存在全局可读的 /etc/passwd 文件中，这使系统非常容易受到离线口令破译攻击。入侵者通过普通用户方式登录计算机，把 /etc/passwd 文件复制到自己的计算机上，就可以运行各种破译程序来破解口令。

Linux 系统屏蔽口令有消息摘要算法 (Message Digest Algorithm，MD5) 和数据加密标准 (Data Encryption Standard，DES) 两种方式，为了保障安全性，一般采用 MD5 口令，支持 15 个字符长的密码，支持字母、数字、特殊字符等密码设置方式。如果安装时没有选择使用 MD5 口令，可以使用传统的 DES，该格式把口令限定为 8 个字母数字字符 ( 不允许使用标点和其他特殊字符 )，并且提供了普通的 56 位级别的加密。

### 3. 设置口令老化

口令老化是系统管理员用来防止使用不良口令的另一种技术。口令老化意味着超过了预先设定的时间 ( 通常是 90 天 ) 后，用户会被提示设置一个新口令。

为了保障系统安全，需要设置不易破解的口令，口令的设置需要遵循以下原则：

(1) 口令长度至少为 8 个字符。口令越长越好。若使用 MD5 口令，长度至少应该为 15 个字符。若使用 DES 口令，使用最大长度 (8 个字符 )。

(2) 大小写字母混用。Linux 区分大小写，因此混用大小写会增强口令的健壮性。

(3) 字母和数字混用。在口令中添加数字，特别是在中间添加 ( 不只在开头和结尾处 ) 能够加强口令的健壮性。

(4) 包括字母和数字以外的字符。&、$ 和 > 之类的特殊字符可以极大地增强口令的健壮性 ( 若使用 DES 口令，则不能使用此类字符 )。

(5) 挑选一个可以记住的口令。如果记不住口令，那么它再好也没有用，可以使用简写或其他方法来帮助记忆口令。

### 任务实施

#### 1. 用口令保护 GRUB

步骤 1　实验准备阶段，根据项目一中任务二知识点，在 VMware Workstation 中部署一台 Red Hat Enterprise Linux 6.4 系统虚拟机 PC，PC 的 IP 地址规划如表 4-1 所示。

5-1-1

表 4-1　加强 Linux 系统口令安全防护项目的 IP 地址规划

| 设备名称 | 设备角色 | 操作系统 | IP 地址 |
|---|---|---|---|
| PC | 计算机 | Red Hat Linux 6.4 | 192.168.159.10/24 |

步骤 2　用口令保护 GRUB。

(1) 测试不设置 GRUB 口令的隐患。

① 启动系统，在系统启动界面，快速按"Esc"键，进入 GRUB 启动菜单界面，如图 4-1 所示。

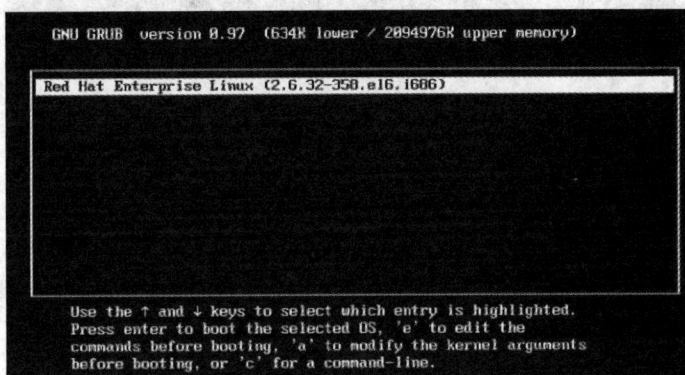

图 4-1　GRUB 启动菜单界面

② 按"E"键，进入命令编辑菜单界面，如图 4-2 所示。

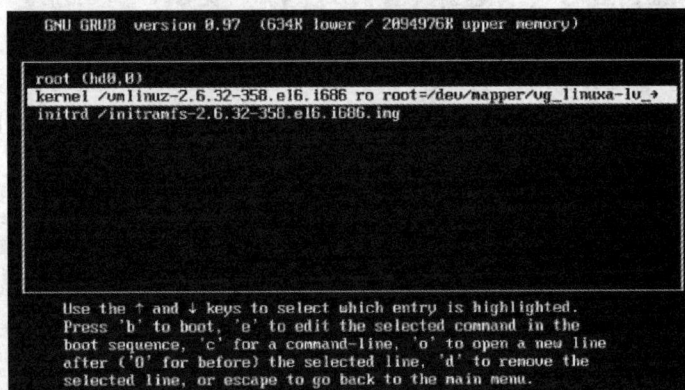

图 4-2　命令编辑菜单界面

③ 选择"Kernel /vmlinuz-2.6.32-358.el6.i686 ro root=/dev/mapper/vg_linuxa-lv_"选项，按"E"键，进入命令界面，在"rhgb quiet"后面输入 1，如图 4-3 所示。

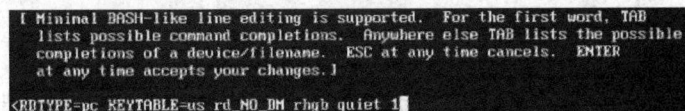

图 4-3　设置单用户模式启动系统

④ 输入完成后，按 "Enter" 键回到图 4-2 所示界面，按 "B" 键，用单用户模式启动系统。

⑤ 系统启动后，使用 passwd 命令修改 root 用户口令，再输入命令 "reboot" 重启系统，如图 4-4 所示，这样就获得了整个系统的控制权。

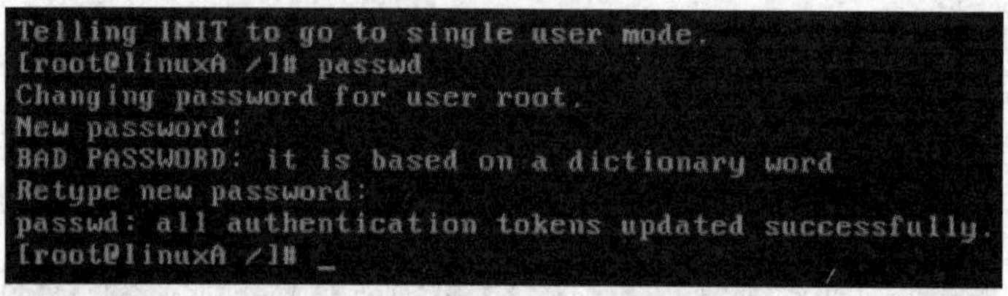

```
Telling INIT to go to single user mode.
[root@linuxA /]# passwd
Changing password for user root.
New password:
BAD PASSWORD: it is based on a dictionary word
Retype new password:
passwd: all authentication tokens updated successfully.
[root@linuxA /]# _
```

图 4-4　修改 root 用户口令

⑥ 通过以上操作可以知道，系统存在被攻击者修改 root 用户口令及获取 root 用户权限的安全隐患，所以需要配置 GRUB 口令来保护系统口令。

(2) 设置 GRUB 口令。

① 登录系统，输入 "/sbin/grub-md5-crypt" 命令，系统提示输入 GRUB 口令，然后重复输入 GRUB 口令，按 "Enter" 键后，返回口令的 MD5 散列值，如下所示。

```
[root@linuxA 桌面 ]# /sbin/grub-md5-crypt
Password:
Retype password:
$1$Dy2vJ0$UrnMj9SAtDj1aw.c4MHxA.
```

② 编辑 GRUB 配置文件。打开 /boot/grub/grub.conf 文件，在 "timeout=5" 行后添加一行，输入如下粗体部分内容，将 GRUB 口令的 MD5 散列值写入到配置文件中，这样再次登录 GRUB 界面时就需要输入口令才能进行操作，避免 root 账户密码被修改。

```
[root@linuxA 桌面 ]# vim /boot/grub/grub.conf
……
default=0
timeout=5
password --md5 $1$Dy2vJ0$UrnMj9SAtDj1aw.c4MHxA.
splashimage=(hd0,0)/grub/splash.xpm.gz
……
```

小贴士

在修改 /boot/grub/grub.conf 文件前，最好先将 GRUB 口令的 MD5 散列值复制到粘贴板上，这样在修改时，将散列值直接粘贴即可。

③ 防止双系统引导。配置完 GRUB 口令后，如果安装的是双系统，能够通过 DOS 系统引导 Linux 系统，会给 Linux 系统带来安全隐患，需要

限制双系统引导。打开 /boot/ grub/grub.conf 文件，添加粗体部分内容。

```
[root@linuxA 桌面 ]# vim /boot/grub/grub.conf
……
title Red Hat Enterprise Linux (2.6.32-358.el6.i686)
title DOS
lock
root(hd0,0)
……
```

(3) 验证测试。

① 重新启动计算机，在系统启动界面，快速按"Esc"键，进入 GRUB 启动菜单界面，按"P"键，输入 GRUB 口令，如图 4-5 所示。

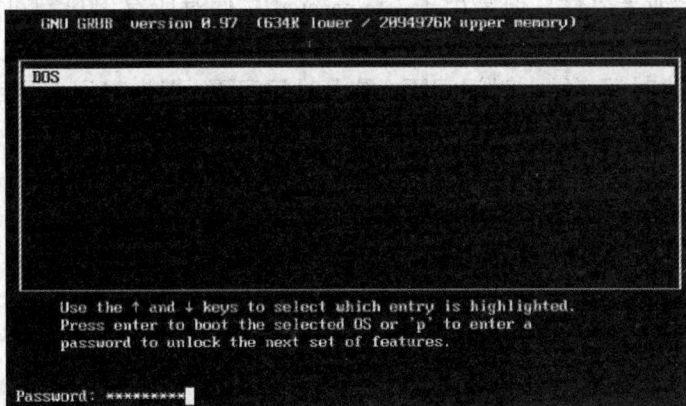

图 4-5　口令保护的 GRUB 菜单

② 经过设置后，必须先输入口令，然后按"Enter"键，才能进入图 4-2 的界面，确保了系统口令和用户的安全。

### 2. 设置口令安全

Linux 中广泛采用影子机制来加强密码安全性，影子口令一般分为两部分：密码文件＋影子密码文件，Red Hat 中的文件 /etc/passwd 是默认全部用户可读的，因为加密算法是公开的，密码可能会被人恶意穷举破解。

/etc/shadow 文件正如其名字一样，它是 passwd 文件的一个影子，/etc/shadow 文件中的记录行与 /etc/passwd 中的一一对应，它由 pwconv 命令根据 /etc/passwd 中的数据自动产生。影子机制可以将 /etc/passwd 上的密文区域上的密文转移到默认只有 root 可读的 /etc/shadow 中，/etc/passwd 原本密文区域上的内容就会变为一个 x，并且只有系统管理员才能够进行修改和查看。

(1) 查看用户口令文件。

① 创建用户 user1 并设置口令。

```
[root@linuxA 桌面 ]# useradd user1
[root@linuxA 桌面 ]# passwd user1
```

② 查看 userl 的口令文件 /etc/passwd 和 /etc/shadow。

```
[root@linuxA 桌面 ]# cat /etc/passwd | grep user1
        user1:x:501:501::/home/user1:/bin/bash
[root@linuxA 桌面 ]# cat /etc/shadow | grep user1
        user1:$6$dbIuakMG$MdHpvUg6gxhE.icZDXwKmUkC0xxNGqSDh6ZXuTHH/L
01jp2yIXnERc9ogMa2pKDtc1pQlaP8Cyt/DGSWfcFsQ.:17996:0:99999:7:::
```

通过上面两个文件可以看出，在 /etc/passwd 文件中存放了**用户名：口令：用户标识号：组标识号：注释性描述：主目录：登录 Shell**，虽然在 /etc/passwd 文件的口令字段中对口令以加密方式进行存储，只存放一个特殊的字符"x"或者"*"，但是由于 /etc/passwd 文件对所有用户都可读，所以这仍是一个安全隐患。/etc/shadow 在文件中存放了**登录名：加密口令：最后一次修改时间：最小时间间隔：最大时间间隔：警告时间：不活动时间：失效时间：标志**。

**知识链接**

/etc/shadow 文件中各字段的含义：

(1)"登录名"是与 /etc/passwd 文件中的登录名相一致的用户账号。

(2)"口令"字段存放的是加密后的用户口令。

- 如果为空，则对应用户没有口令，登录时不需要口令。
- 星号代表账号被锁定。
- 双叹号表示这个密码已经过期了。
- $6$ 开头的，表明是用 SHA-512 加密。
- $1$ 表明是用 MD5 加密。
- $2$ 是用 Blowfish 加密。
- $5$ 是用 SHA-256 加密。

(3)"最后一次修改时间"表示的是从某个时刻起，到用户最后一次修改口令时的天数。时间起点对不同的系统可能不一样。例如在美国 SCO 公司的 Linux 系统中，这个时间起点是 1970 年 1 月 1 日。

(4)"最小时间间隔"指的是两次修改口令之间所需的最小天数。

(5)"最大时间间隔"指的是口令保持有效的最大天数。

(6)"警告时间"字段表示的是从系统开始警告用户到用户密码正式失效之间的天数。

(7)"不活动时间"表示的是用户没有登录活动但账号仍能保持有效的最大天数。

(8)"失效时间"字段给出的是一个绝对的天数，如果使用了这个字段，那么就给出相应账号的生存期。期满后，该账号就不再是一个合法的账号，也就不能再用来登录了。

(2) 查看用户对口令文件的访问权限。

① 比较文件 /etc/passwd 和 /etc/shadow 的权限。

```
[root@linuxA ~]# ll /etc/passwd
-rw-r--r--. 1 root root 1661 4 月 11 06:30 /etc/passwd
[root@linuxB ~]# ll /etc/shadow
----------. 1 root root 1068 4 月 11 06:30 /etc/shadow
```

从结果可以看出普通用户可以直接读取 passwd 文件，而不能读取 shadow 文件，shadow 文件使得口令保护更加安全。

② 关闭影子口令。

在 Red Hat 6 中，默认已经开启了影子口令，如果需要关闭影子口令，可以使用如下命令：

```
[root@linuxA ~]# pwunconv
```

③ 启用影子口令

```
[root@linuxA ~]# pwconv
```

### 3. 设置口令老化

(1) 口令安全要求。

① 最短口令长度要求。

Linux 系统默认最短口令长度为 5 个字符，这个长度不足以保证口令的健壮性，应该改为最短 8 个字符。

② 口令老化时间。

修改口令的最大有效时限为 90 天，密码最小修改时间为 0，密码的最短长度为 8，并且在口令失效前 7 天提醒用户修改密码。在 Linux 系统中可以通过多种方式实现该配置。

(2) 修改和测试配置。

① 修改配置文件。

```
[root@linuxA ~]# vim /etc/login.defs
……
# PASS_WARN_AGE Number of days warning given before a password expires.
#
PASS_MAX_DAYS 90# 密码最大有效时限。
PASS_MIN_DAYS 0 # 密码最小修改时间。
PASS_MIN_LEN 8 # 密码的最短长度。
PASS_WARN_AGE 7 # 提醒修改密码的时间。
#
#Min/max values for automatic uid selection in useradd
……
```

② 创建用户 user2。

```
[root@linuxA ~\]# useradd user2
```

③ 查看用户 user2 的口令老化时间。

```
[root@linuxA ~]# chage -l user2
        Last password change                              : Apr 11, 2019
        Password expires                                  : never
        Password inactive                                 :never
        Account expires                                   :never
        Minimum number of days between password change    :-1
        Maximum number of days between password change    : -1
        Number of days of warning before password expires : -1
        ……
```

(3) 修改原有用户的口令老化时间。

通过修改配置文件来实现口令老化功能，只对将来创建的用户生效，对已创建的用户可以使用 chage 命令修改老化时间。

① 查看用户 user1 的口令老化时间。

```
[root@linuxA ~]# chage -l user1
        Last password change                              : Apr 11, 2019
        Password expires                                  : never
        Password inactive                                 : never
        Account expires                                   : never
        Minimum number of days between password change    : 0
        Maximum number of days between password change    : 99999
        Number of days of warning before password expires : 7
        ……
```

② 修改用户 user1 的口令老化时间最大为 8 天。

```
[root@linuxA ~]# chage
    Usage: chage \[options\] \[LOGIN\]
    Options:
      -d, --lastday LAST_DAY       set date of last password change to LAST_DAY
      -E, --expiredate EXPIRE_DATE set account expiration date to EXPIRE_DATE
      -h, --help                   display this help message and exit
      -I, --inactive INACTIVE      set password inactive after expiration
                                   to INACTIVE
      -l, --list                   show account aging information
      -m, --mindays MIN_DAYS       set minimum number of days before password
                                   change to MIN_DAYS
      -M, --maxdays MAX_DAYS       set maximim number of days before password
```

> change to MAX_DAYS
>
> -W, --warndays WARN_DAYS　set expiration warning days to WARN_DAYS
>
> [root@linuxA ~\]# chage -M 8 user1

③ 重新查看用户 userl 的口令老化时间。

> [root@linuxA ~]# chage -l user1
>
> | | |
> |---|---|
> | Last password change | : Apr 11, 2019 |
> | Password expires | : Apr 19, 2019 |
> | Password inactive | : never |
> | Account expires | : never |
> | Minimum number of days between password change | : 0 |
> | Maximum number of days between password change | : 8 |
> | Number of days of warning before password expires | : 7 |

# 任务二　加强 Linux 用户网络访问权限的安全控制

## 任务提出

通过口令方式可以加强系统安全，但还存在非法登录、非法使用特殊权限、非法使用一些不安全服务的风险，用户之间进行网络访问也存在安全隐患，需要设置以下 5 个方面加强 Linux 用户网络访问权限的安全。

(1) 通过禁止根 shell，限制用户在目录文件之间互相切换，将用户的访问权限限制在主目录文件中。

(2) 通过清空 /etc/securetty 中允许的终端，禁止根用户使用终端登录。

(3) 通过修改 SSH 配置文件，禁止 root 用户使用 SSH 登录。

(4) 在 Server 上配置 PAM 模块，限制用户登录 FTP 服务器。

(5) 通过配置文件 /etc/pam.d/su，限制从普通用户切换到根用户。

## 任务分析

### 1. 禁止根 shell

Linux 不同于 Windows，Linux 是内核与界面分离的，它可以脱离图形界面而单独运行，同样也可以在内核的基础上运行图形化的桌面。这样，在 Linux 系统中，就出现了两种 shell 表现形式，一种是在无图形界面下的终端运行环境下的 shell，另一种是桌面上运行的类似 Windows 的 MS-DOS 运行窗口，前者我们一般习惯性地简称为终端，后者一般直接称为 shell。

一般称 shell 是命令解析器，而根 shell 就是在根用户模式下登录系统终端，一旦通过根 shell 对系统进行设置，则对其他用户的使用以及系统配置均会产生影响。禁止根 shell 可以禁止使用根用户更改系统配置，查看系统信息，对于提高系统安全具有重要作用。

### 2. 禁止终端登录

根用户即 root 用户，它是在安装完操作系统就存在的一个用户，对于整个操作系统具有管理权限。/etc/securetty 文件中规定了 root 用户可以从哪个 tty 设备登录。当根用户试图登录时，login 程序首先会查阅 /etc/securetty，查看其中是否列出了当前字符终端设备：

(1) 如果没有找到终端，login 会认为它不安全，显示提示口令，而后报告 Login incorrect 错误；

(2) 如果没有 /etc/securetty 文件，根用户可以从任何一台字符终端上登录，从而造成安全问题。

通过清空 securetty 文件中的终端，可以禁止 root 用户通过终端进行登录。在禁止根登录之前，应当确保先将根用户的权限分配给其他不同的用户，以确保计算机的正常运行，同时避免 root 用户和密码遭到破坏，使系统陷入不安全环境。

### 3. 禁止根用户 SSH 登录

安全外壳协议 SSH(Secure Shell) 是专为远程登录会话和其他网络服务提供安全性的协议，利用 SSH 协议可以有效防止远程管理过程中的信息泄露问题。通过 SSH 可以登录到远程主机，将传输的数据进行加密，防止 DNS 欺骗和 IP 欺骗等，为通信提供一个安全的"通道"。

但是只要知道了 root 用户的账号和口令，就可以登录到远程主机，即使传输的数据均被加密，但是不能保证正在连接的服务器就是所要连接的服务器，存在服务器假冒真正服务器的安全隐患。通过在 SSH 配置文件中禁止根登录，可以禁止 root 用户使用 SSH 登录到远程服务器，避免假冒等安全隐患。

### 4. 使用 PAM 禁用根权限

PAM (Pluggable Authentication Modules) 是由 Sun 公司提出的一种认证机制。它通过提供一些动态链接库和一套统一的 API，将系统提供的服务和该服务的认证方式分开，使得系统管理员可以灵活地根据需要为不同的服务配置不同的认证方式而无须更改服务程序，同时也便于向系统中添加新的认证手段。

通过在 PAM 模块中配置不允许访问 FTP 服务器的用户，可以限制用户登录访问 FTP 服务器。

### 5. 限制根存取权限

常规情况下，在 Linux 的普通用户模式下，通过 su 命令和密码即可切换到 root 用户，这样一旦 root 的密码泄露，任何用户都可以登录到 root，

因此带来不安全因素。通过配置文件 PAM 模块中的 su 文件，可以限制从
普通用户切换到根用户。

## 任务实施

### 1. 禁止根 shell

步骤 1　实验准备阶段，根据项目一中任务二知识点，在 VMware
Workstation 中部署两台 Red Hat Enterprise Linux 6.4 系统虚拟机 Server 和
PC，Server 和 PC 的 IP 地址规划如表 4-2 所示，并将两台虚拟机实现网络
连通。

4-2-1

表 4-2　加强 Linux 用户网络访问权限安全控制项目的 IP 地址规划

| 设备名称 | 设备角色 | 操作系统 | IP 地址 |
|---|---|---|---|
| Server | VSFTP 服务器 | Red Hat Linux 6.4 | 192.168.159.9/24 |
| PC | 客户端 | Red Hat Linux 6.4 | 192.168.159.10/24 |

步骤 2　在 Server 上搭建 FTP 服务。

(1) 通过以下命令来查询是否安装了 FTP 服务。

```
[root@linuxA ~]# rpm -qa |grep vsftpd
```

如上所示查询命令未返回 FTP 服务的版本号，说明系统未安装 vsftpd
服务，需要另外安装。

(2) 在 Server 上使用 yum 安装 FTP 服务。

```
[root@linuxA ~]#mkdir /mnt/cdrom

[root@linuxA ~]#mount /dev/cdrom /mnt/cdrom

[root@linuxA ~]#yum -y install vsftpd

    Loaded plugins: product-id, refresh-packagekit, security, subscription-manager

    ……

    Total download size: 157 k

    Installed size: 344 k

    Downloading Packages:

    Running rpm_check_debug

    Running Transaction Test

    Transaction Test Succeeded

    Running Transaction

    Installing:vsftpd-2.2.2-11.el6.i686              1/1

    base/productid                        | 1.7 kB        00:00 ...

    Verifying:vsftpd-2.2.2-11.el6.i686              1/1

    Installed:

      vsftpd.i686 0:2.2.2-11.el6

    Complete!
```

(3) 再次查看 FTP 服务安装情况。

```
[root@linuxA ~]# rpm -qa |grep vsftpd
        vsftpd-2.2.2-11.el6.i686
```

表明 vsftpd 服务已经安装成功。

(4) 启动 FTP 服务。

```
[root@linuxA ~]# service vsftpd start
    为 vsftpd 启动 vsftpd:                              [ 确定 ]
```

(5) 查看 FTP 服务运行状态。

```
[root@linuxA ~]# service vsftpd status
    vsftpd (pid 7463) 正在运行 ...
```

(6) 在 PC 上安装 FTP。

Red Hat Enterprise Linux 6.4 系统中，默认没有安装 FTP 命令，当需要使用该命令时，需要首先安装 FTP 客户端。

```
[root@linuxB ~]#mkdir /mnt/cdrom
[root@linuxB~]#mount /dev/cdrom /mnt/cdrom
[root@linuxB ~]#yum -y install ftp
```

步骤 3　禁止根 shell 和用户本地登录。

(1) 模拟黑客登录 FTP 服务器。

① 在 Server 上创建用户 user1 和 user2，并设置密码。

```
[root@linuxA ~]# useradd user1
[root@linuxA ~]# passwd user1
[root@linuxA ~]# useradd user2
[root@linuxA ~]# passwd user2
```

② 如果黑客获得了普通用户的用户名和密码，就可以通过 PC 登录到 FTP 服务器上，对根目录中的文件进行操作。

```
[root@linuxB ~]# ftp 192.168.159.9
    Connected to 192.168.159.9 (192.168.159.9).
    220 (vsFTPd 2.2.2)
    Name (192.168.159.9:root): user1
    331 Please specify the password.
    Password:
    230 Login successful.
    Remote system type is UNIX.
    Using binary mode to transfer files.
    ftp> ls /
    227 Entering Passive Mode (192,168,159,9,75,179).
    150 Here comes the directory listing.
    dr-xr-xr-x    2 0          0            4096 Apr 25 11:12 bin
    dr-xr-xr-x    5 0          0            1024 Apr 11 16:45 boot
```

```
drwxr-xr-x  19  0      0      3800 Apr 25 11:01 dev
drwxr-xr-x  117 0      0      12288 Apr 25 11:12 etc
drwxr-xr-x  5   0      0      4096 Apr 11 19:23 home
dr-xr-xr-x  18  0      0      12288 Apr 25 11:12 lib
……
```

在客户端上使用 ftp 命令连接 FTP 服务器之前，需要确保：① Server 上的防火墙 iptables 和 SELinux 均关闭；② Server 上的 vsftpd 已开启；③ Server 和 PC 能够 ping 通。

小贴士

③ 为虚拟机设置连接外网。

a. 在 VMware 的"虚拟网络编辑"→"NAT 设置"客户，查看网关 IP，然后在虚拟机的 /etc/sysconfig/network-scripts/ifcfg-eth0 中设置如下配置：

```
DEVICE=eth0
HWADDR=00:0C:29:E5:FC:F6
TYPE=Ethernet
UUID=5bc04e16-8bec-4f47-9300-c9179fbdbdb1
ONBOOT=yes
IPADDR=192.168.159.9
NETMASK=255.255.255.0
NM_CONTROLLED=yes
BOOTPROTO=static
GATEWAY=192.168.159.2
DNS=192.168.159.2
```

其中的网关 IP 必须与 NAT 设置中网关 IP 保持一致，设置成功后使用命令 /etc/init.d/network restart 重启网卡，使得所配地址生效。

b. 物理主机 VMnet8 所配网络与虚拟机一致，如图 4-6 所示。

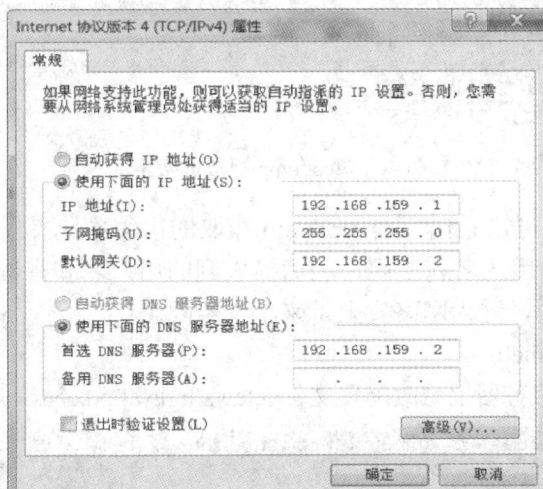

图 4-6 物理主机 VMnet8 的配置

c. 在虚拟机中测试连接外网。

```
[root@linuxB 桌面 ]# ping www.baidu.com
    PING www.a.shifen.com (115.239.210.27) 56(84) bytes of data.
    64 bytes from 115.239.210.27: icmp_seq=1 ttl=128 time=36.1 ms
    64 bytes from 115.239.210.27: icmp_seq=2 ttl=128 time=37.0 ms
    64 bytes from 115.239.210.27: icmp_seq=3 ttl=128 time=37.1 ms
    64 bytes from 115.239.210.27: icmp_seq=4 ttl=128 time=36.7 ms
    ……
    --- www.a.shifen.com ping statistics ---
    4 packets transmitted, 4 received, 0% packet loss, time 3177ms
    rtt min/avg/max/mdev = 36.125/36.772/37.177/0.412 ms
```

④ 在客户端上安装抓包工具 tcpdump，使用 SecureCRT 终端连接 PC 虚拟机，在 SecureCRT 中输入以下命令进行抓包，抓取发往 FTP 服务器 21 端口的数据。

```
[root@linuxB ~]# tcpdump -i eth0 -X dst 192.168.159.9 and port 21
```

**小贴士**

tcpdump 的运行需要 Libpcap 的支持，在安装 tcpdump 时需要先安装 Libpcap，而 Libpcap 也有 4 个依赖包 gcc、flex、bison、m4，在安装 tcpdump 时各个软件的安装顺序为：gcc → m4 → bison → flex → libpcap → tcpdump。tcpdump 一旦开启抓包后，就会一直进行抓包。如果用户要停止抓包，必须手动按下“Ctrl+C”快捷键或事先使用 -c 参数指定抓包的数量。

⑤ 在 VMware 虚拟机终端中尝试使用 ftp 命令连接 FTP 服务器，同第 (1) 步②所示。可以看到 SecureCRT 终端中开始抓取数据，如图 4-7 所示。

```
02:52:24.465552 IP 192.168.159.10.40389 > 192.168.159.9.ftp: Flags [P.], seq 0:12, ack 21, win 229, options [nop,nop,TS val
 867303 ecr 1822995], length 12: FTP: USER user1
        0x0000:  4510 0040 76df 4000 4006 0464 c0a8 9f0a  E..@v.@.@..d....
        0x0010:  c0a8 9f09 9dc5 0015 b46a 59e3 d4ce 966c  .........jY....l
        0x0020:  8018 00e5 bf97 0000 0101 080a 000d 3be7  ..............;.
        0x0030:  001b d113 5553 4552 2075 7365 7231 0d0a  ....USER.user1..
02:52:24.466129 IP 192.168.159.10.40389 > 192.168.159.9.ftp: Flags [.], ack 55, win 229, options [nop,nop,TS val 867303 ecr
 1826208], length 0
        0x0000:  4510 0034 76e0 4000 4006 046f c0a8 9f0a  E..4v.@.@..o....
        0x0010:  c0a8 9f09 9dc5 0015 b46a 59ef d4ce 968e  .........jY.....
        0x0020:  8010 00e5 8531 0000 0101 080a 000d 3be7  .....1........;.
        0x0030:  001b dda0                                ....
02:52:31.339871 IP 192.168.159.10.40389 > 192.168.159.9.ftp: Flags [P.], seq 12:28, ack 55, win 229, options [nop,nop,TS va
l 874177 ecr 1826208], length 16: FTP: PASS 123qwe!@#
        0x0000:  4510 0044 76e1 4000 4006 045e c0a8 9f0a  E..Dv.@.@..^....
        0x0010:  c0a8 9f09 9dc5 0015 b46a 59ef d4ce 968e  .........jY.....
        0x0020:  8018 00e5 bf9b 0000 0101 080a 000d 56c1  ..............V.
        0x0030:  001b dda0 5041 5353 2031 3233 7177 6521  ....PASS.123qwe!
        0x0040:  4023 0d0a                                @#..
```

图 4-7　tcpdump 抓取的数据

从图 4-7 中可以看出，在 tcpdump 抓取的内容中包括了远程访问 FTP 服务器时输入的用户名和密码，利用抓取到的用户名和密码可以直接登录到 FTP 服务器中，这为网络安全带来了安全隐患。

(2) 禁止根 shell。

① 在 FTP 服务器上修改配置文件 /etc/vsftpd/vsftpd.conf，禁用根 shell。

```
[root@linuxA ~]# vim /etc/vsftpd/vsftpd.conf
    ……
    chroot_local_user=yes
```

② 重启 vsftp 服务

```
[root@linuxA ~]#service vsftpd restart
```

③ 测试配置结果。

黑客再以用户 use1 登录 FTP 服务器，不能切换和查看到主目录之外的其他目录。

```
[root@linuxB ~]# ftp 192.168.159.9
        Connected to 192.168.159.9 (192.168.159.9).
        220 (vsFTPd 2.2.2)
        Name (192.168.159.9:root): user1
        331 Please specify the password.
        Password:
        230 Login successful.
        Remote system type is UNIX.
        Using binary mode to transfer files.
        ftp> ls /
        227 Entering Passive Mode (192,168,159,9,120,133).
        150 Here comes the directory listing.
        226 Directory send OK.
```

(3) 禁止用户本地登录。

① 修改配置文件 /etc/passwd，禁止 userl 登录。

```
[root@linuxA ~]# vi /etc/passwd
        ……
        user1:x:500:500:user1:/home/user1:/sbin/nologin
        user3:x:501:501::/home/user3:/bin/bash
```

② 在本地以用户 user1 登录服务器时，会提示登录错误。

```
[root@linuxA ~]# su user1
        This account is currently not available.
```

通过以上的配置，可以防止黑客通过抓包获取网络中的用户名和口令，从而避免攻击本地服务器。

## 2. 禁止终端登录

通过前面的配置，我们已经能够将 FTP 访问进行用户和权限限制，但是它仅能对 FTP 模块增强安全性，对于经常遇到的 Telnet 连接，因为它登录的是这台电脑，而不仅仅是访问某一个文件夹，其影响的范围和文件更广，所以要限制 Telnet，必须禁止登录到这台电脑上。

(1) 启用 Telnet 服务。

① 安装和查询 Telnet 服务的状态。

```
[root@linuxA ~]# yum list |grep telnet
        telnet.i686                 1:0.17-47.el6_3.1           base
        telnet-Server.i686          1:0.17-47.el6_3.1           base
```

```
[root@linuxA ~]# yum -y install telnet-Server.i686
[root@linuxA ~]# chkconfig --list |grep telnet
               telnet:          关闭
```

② 启用 Telnet 服务。

```
[root@linuxA ~]# chkconfig --level 35 telnet on
[root@linuxA ~]# chkconfig --list |grep telnet
               telnet:          启用
```

(2) 本地登录服务器。

① root 用户可以使用终端登录 Linux 系统，使用命令 cat /etc/securetty 查看，如下所示。

```
[root@linuxA ~]# cat /etc/securetty
    console
    vc/1
    ……
    vc/11
    tty1
    ……
    tty11
```

② 如上所示，root 用户可以通过 11 个终端进行登录，可以使用 "Alt+Ctrl+F1 ～ Alt+Ctrl+F11" 键切换到 tty1 ～ tty11 各个终端，如下所示。

```
[root@linuxA 桌面 ]# w
    04:49:12 up 10 min,      3 users,      load average: 0.00, 0.86, 0.84
    USER    TTY    FROM     LOGIN@    IDLE    JCPU    PCPU    WHAT
    root    tty5   -        04:47     18.00s  0.00s   0.00s   -bash
    root    tty1   :0       04:40     9:58    2.02s   2.02s /usr/bin/Xorg :
    root    pts/0  :0.0     04:49     0.00s   0.00s   0.00s w
```

③ 从上面显示的内容可以看出，这样是极为不安全的。

(3) 禁用根登录。

使用如下命令清空配置文件 /etc/securetty。

```
[root@linuxA 桌面 ]# echo > /etc/securetty
```

**注 意**

千万不要删除此文件，如删除此文件则表示允许所有访问。

(4) 验证测试。

在文本界面下，使用 root 用户进行登录，结果如图 4-8 所示。

图 4-8　禁用根登录测试结果

### 3. 禁止根用户 SSH 登录

(1) 根用户在 PC 上使用 SSH 登录远程服务器。

```
[root@linuxB 桌面 ]# ssh -l root 192.168.159.9
root@192.168.159.9's password:
Last login: Fri Apr 26 02:47:24 2019 from 192.168.159.1
```

**小贴士**

若使用 Secure CRT 或者 Xshell 等远程终端连接软件连接该 Linux 操作系统时，禁止根用户 SSH 登录后，将会无法使用远程终端连接软件进行连接，或连接断开。退出 SSH 登录的方式是在命令行中输入 exit。

(2) 禁用根 SSH 登录。

① 在服务器 Server 端，修改配置文件 /etc/ssh/sshd_config，在 "#PermitRootLogin yes" 后插入 "PermitRootLogin no"，如下所示。

```
[root@linuxA 桌面 ]# vim /etc/ssh/sshd_config
……
#LoginGraceTime 2m
#PermitRootLogin yes
PermitRootLogin no
#StrictModes yes
……
```

② 保存退出后，需要重新启动 SSH 服务，使配置生效。

```
[root@linuxA 桌面 ]# service sshd restart
    停止 sshd：                                          [ 确定 ]
    正在启动 sshd：                                      [ 确定 ]
```

(3) 在 PC 上验证测试。

在 PC 上使用根用户 SSH 登录远程服务器，会提示错误。

```
[root@linuxB 桌面 ]# ssh -l root 192.168.159.9
    root@192.168.159.9's password:
    Permission denied, please try again.
```

### 4. 使用 PAM 禁用根权限

(1) 在 Server 上启用 FTP 服务，并查看 FTP 服务运行状态。

```
[root@linuxA 桌面 ]# service vsftpd start
    为 vsftpd 启动 vsftpd：                              [ 确定 ]
    [root@linuxA 桌面 ]# service vsftpd status
    vsftpd (pid 3877) 正在运行 ...
```

(2) 在 PC 上测试 user1 和 user2 能否成功登录。

① 用户 user1 登录 FTP 服务器。

```
[root@linuxB 桌面 ]# ftp 192.168.159.9
    Connected to 192.168.159.9 (192.168.159.9).
```

```
220 (vsFTPd 2.2.2)

Name (192.168.159.9:root): user1

331 Please specify the password.

Password:

230 Login successful.

Remote system type is UNIX.

Using binary mode to transfer files.

ftp>
```

② 用户 user2 登录 FTP 服务器。

```
[root@linuxB 桌面 ]# ftp 192.168.159.9

Connected to 192.168.159.9 (192.168.159.9).

220 (vsFTPd 2.2.2)

Name (192.168.159.9:root): user2

331 Please specify the password.

Password:

230 Login successful.

Remote system type is UNIX.

Using binary mode to transfer files.

ftp>
```

(3) 在 Server 上配置 PAM 模块。

设置 FTP 服务器允许 user1 登录，而不允许 user2 登录。

① 修改服务器的配置文件 /etc/vsftpd/ftpusers，在其配置文件中加入 user2，如下所示。

```
[root@linuxA 桌面 ]# vim /etc/vsftpd/ftpusers

……

nobody

user2
```

② 保存文件，重新启动 FTP 服务器，使配置生效。

```
[root@linuxA 桌面 ]# service vsftpd restart

关闭 vsftpd：                                              [ 确定 ]

为 vsftpd 启动 vsftpd：                                    [ 确定 ]
```

(4) 在 PC 上验证配置。

① 用户 user1 登录 FTP 服务器，可以成功登录，如下所示。

```
[root@linuxB 桌面 ]# ftp 192.168.159.9

Connected to 192.168.159.9 (192.168.159.9).

220 (vsFTPd 2.2.2)

Name (192.168.159.9:root): user1

331 Please specify the password.

Password:
```

```
        230 Login successful.
        Remote system type is UNIX.
        Using binary mode to transfer files.
        ftp>
```

② 用户 user2 登录 FTP 服务器，登录失败，如下所示。

```
[root@linuxB 桌面 ]# ftp 192.168.159.9
        Connected to 192.168.159.9 (192.168.159.9).
        220 (vsFTPd 2.2.2)
        Name (192.168.159.9:root): user2
        331 Please specify the password.
        Password:
        530 Login incorrect.
        Login failed.
        ftp>
```

### 5. 限制根存取权限

① 在 Server 上，测试用户 user2 能否切换到 root。

在终端中，使用用户 user2 登录系统，并使用命令 su 切换为根用户，测试结果如下所示。

```
[root@linuxA 桌面 ]# su user2
[user2@linuxA 桌面 ]$ su root
    密码：
[root@linuxA 桌面 ]#
```

② 修改 /etc/pam.d/su 配置文件。

编辑配置文件 /etc/pam.d/su，将 "#auth required pam_wheel.so use_uid" 的注释删掉，如下所示。

```
[root@linuxA 桌面 ]# vim /etc/pam.d/su
    ……
    # Uncomment the following line to require a user to be in the "wheel" group.
    auth            required              pam_wheel.so use_uid
    ……
```

③ 重新测试用户 user2 能否切换到 root，测试结果如下所示。

```
[root@linuxA 桌面 ]# su user2
[user2@linuxA 桌面 ]$ su root
    密码：
    su: 密码不正确
[user2@linuxA 桌面 ]$
```

④ 将 user2 加入 wheel 组中。

wheel 是一个特殊管理组群，将允许使用 su 命令的用户加入这个组中，可以使用 usermod 命令来实现，但必须是根用户模式下使用此命令，如下所示。

```
[root@linuxA 桌面 ]# usermod -G wheel user2
```

⑤ 再次测试用户 user2 能否切换到 root，测试结果和①相同。

# 任务三　加强 Linux 文件系统访问安全

## 任务提出

在局域网中，Linux 用户经常使用 NFS 或 Samba 进行共享文件的传输，这给数据传输带来很大的风险。因此，Linux 用户需要对 NFS 和 Samba 两项服务进行安全配置，以保证局域网内部文件的安全传输和共享。

本任务中主要实施以下两个模块：

(1) 在 Red Hat Enterprise Linux 6.4 系统服务器端安装和启用 NFS 服务，通过配置文件，限制客户端访问。

(2) 在 Red Hat Enterprise Linux 6.4 系统服务器端为用户设置 Samba 密码，配置共享文件，安全配置 Samba 服务，设置允许访问的主机，使得主机对规定的文件夹具有不同的访问权限。

## 任务分析

### 1. 安全配置 NFS 服务

NFS（Network File System，网络文件系统）是 FreeBSD 支持的文件系统中的一种。它允许网络中的计算机之间通过 TCP/IP 网络共享目录和文件资源。通过使用 NFS，用户和程序可以像访问本地文件一样访问远端系统上的文件。

在 Linux 系统网络应用中，使用 NFS 可以节省系统资源，例如 NFS 有助于节省本地存储空间，减少整个网络中可移动介质设备的数量；用户只需要在 NFS 服务器上创建 home 目录，在网络中即可被访问使用。由于 NFS 在网络上使用明文传输所有信息，信息存在被截取的危险，所以需要对 NFS 进行安全配置以保护文件系统安全。

对 NFS 安全配置的具体要求和目的：创建 filel、file2 和 file3 三个文件夹，filel 文件夹只允许 IP 地址为 192.168.159.10 的 Linux 客户端具有只读访问权限，file2 文件夹允许网络 192.168.159.0/24 中的所有主机具有只读访问权限，file3 允许 IP 地址为 192.168.159.10 的 Linux 客户端具有读写权限，并且所有访问都以匿名用户 nfsnobody 身份登录。

### 2. 安全配置 Samba 服务

Samba 是在 Linux 和 UNIX 系统上实现 SMB (Server Message Block) 协议的一个免费软件，由服务器及客户端程序构成。

Samba 是一个工具套件，通过 SMB 协议实现。SMB 协议通常被 Windows 系列用来实现磁盘和打印机共享。通常 Samba 是把 SMB 绑定到 TCP/IP 上实现的，Samba 只在 IP 子网内广播，因此在 Windows 上与 Samba 通信既要安装 NetBEUI 协议，也要安装 TCP/IP 协议。

对 Samba 软件进行安全配置的具体要求如下：

(1) 所有员工在公司都能移动办公，都能把自己的文件保存到 Samba 服务器上。

(2) 同一个部门的人拥有一个共享目录，其他部门的人只能访问服务器上自己的 home 目录。

(3) 所有用户都不允许使用服务器上的 shell，只能通过 Samba 访问服务器。

(4) 提供一个软件共享目录，存放一些常用软件，供公司员工使用。

(5) 提供临时文件目录，任何用户都可以对其进行读写。

根据以上任务的需求，需要使用 user 用户，实现其安全访问。

小贴士

NetBEUI，即 NetBios Enhanced User Interface，是 NetBios 增强用户接口。NetBEUI 是为 IBM 开发的非路由协议，是一种短小精悍、通信效率高的广播型协议，通常作为对等网络的文件共享、打印机共享协议。安装后不需要进行设置，特别适合于在"网络邻居"中传送数据。所以除了 TCP/IP 协议之外，局域网的计算机一般也需要安装 NetBEUI 协议。

## 任务实施

### 1. 安全配置 NFS 服务

步骤 1　实验准备阶段，根据项目一中任务一和任务二知识点，在 VMware Workstation 中部署两台 Red Hat Enterprise Linux 6.4 系统虚拟机 Server 和 PC1，以及一台 Windows Server 2008 R2 虚拟机 PC2，各虚拟机的 IP 地址规划如表 4-3 所示，并将三台虚拟机实现网络连通。

4-3-1

表 4-3　加强 Linux 文件系统访问安全的网络 IP 地址规划

| 设备名称 | 设备角色 | 操作系统 | IP 地址 |
| --- | --- | --- | --- |
| Server | NFS 服务器 | Red Hat Linux 6.4 | 192.168.159.9/24 |
| PC1 | Linux 客户端 | Red Hat Linux 6.4 | 192.168.159.10/24 |
| PC2 | Windows 客户端 | Windows Server 2008 R2 | 192.168.159.3/24 |

步骤 2　在 Server 上搭建 FTP 服务。

参见任务二，在 Server 上搭建并启动 FTP 服务，保证 FTP 服务可以正常运行。

步骤 3　安全配置 NFS 服务。

(1) 在 Server 上创建文件夹。

① 创建 3 个文件夹，如下所示。

```
[root@linuxA 桌面 ]# cd /home
[root@linuxA home]# mkdir file1
[root@linuxA home]# mkdir file2
[root@linuxA home]# mkdir file3
```

② 给新建的 3 个文件夹分配权限。

```
[root@linuxA home]# chmod 777 file1
[root@linuxA home]# chmod 777 file2
[root@linuxA home]# chmod 777 file3
```

③ 查看文件夹权限。

```
[root@linuxA home]# ll
    总用量 32
    ……
    drwxrwxrwx   2 root    root    4096 5 月    7 10:22 file1
    drwxrwxrwx   2 root    root    4096 5 月    7 10:22 file2
    drwxrwxrwx   2 root    root    4096 5 月    7 10:22 file3
    ……
```

(2) 在 Server 上启用 NFS 服务。

① Linux 系统默认安装了 NFS 组件，可以使用命令 rpm 验证是否已安装，如下所示。

```
[root@linuxA home]# rpm -qa |grep nfs
    nfs-utils-lib-1.1.5-6.el6.i686
    nfs4-acl-tools-0.3.3-6.el6.i686
    nfs-utils-1.2.3-36.el6.i686
```

② Linux 系统默认没有启动 NFS 服务，需要使用 service 命令启动 NFS 服务，如下所示。

```
[root@linuxA home]# service nfs start
    启动 NFS 服务：                                    [ 确定 ]
    关掉 NFS 配额：                                    [ 确定 ]
    启动 NFS mountd：                                  [ 确定 ]
    正在启动 RPC idmapd：                              [ 确定 ]
    正在启动 RPC idmapd：                              [ 确定 ]
    启动 NFS 守护进程：                                [ 确定 ]
```

③ 查看 NFS 服务运行状态。由于 NFS 服务依赖于 portmap 服务，所以还需要查看 portmap 服务运行状态，portmap 服务在 Linux 6 版本中已经更名为 rpcbind，所以在查看时需要查看 rpcbind 服务运行状态，如下所示。

```
[root@linuxA home]# service nfs status
    rpc.svcgssd 已停
    rpc.mountd (pid 5011) 正在运行 ...
```

```
           nfsd (pid 5076 5075 5074 5073 5072 5071 5070 5069) 正在运行 ...
           rpc.rquotad (pid 5007) 正在运行 ...
    [root@linuxA home]# service rpcbind status
           rpcbind (pid1981) 正在运行 ...
```

（3）在 Server 上配置 /etc/exports 文件。

① 在文本界面下，修改 /etc/exports 配置文件，在文件中加入如下内容。

```
    [root@linuxA home]# vim /etc/exports
           /home/file1 192.168.159.10(ro,all_squash,anonuid=65534,anongid=65534)
           /home/file2 192.168.159.0/24(ro,anonuid=65534,anongid=65534)
           /home/file3 192.168.159.10/24(rw,anonuid=65534,anongid=65534)
```

**知识链接**

NFS 的配置文件为 /etc/exports，内容格式如下：

< 共享目录 > 客户端 1( 选项 ) [ 客户端 2( 选项 ) ...]

其中，共享目录：NFS 共享给客户机的目录。

　　　客户端：网络中可以访问此目录的主机。多个客户端以空格分隔。

　　　选项：设置目录的访问权限、用户映射等，多个选项间以逗号分隔。

例如：

/opt/public 192.168.1.0/24(rw,insecure,sync,all_squash,anonuid=65534,anongid=65534)

/opt/public 为共享目录；

192.168.1.0/24 表示允许访问的网段；

选项中：rw：读写权限；

ro：只读权限；

insecure：允许客户端从大于 1024 的 TCP/IP 端口连接服务器；

sync：将数据同步写入内存缓冲区与磁盘中，效率低，但可以保证数据的一致；

all_squash：所有访问用户都映射为匿名用户或用户组；

anonuid=<UID>：指定匿名访问用户的本地用户 UID，默认为 nfsnobody(65534)；

anongid=<GID>：指定匿名访问用户的本地用户组 GID，默认为 nfsnobody(65534)。

**注意**

在 /etc/exports 配置文件中禁止使用 no_root_squash，如果使用了 no_root_squash，表示来访的 root 用户保持 root 账号权限，远程根用户就能够改变共享文件系统上的任何文件，从而可以使特洛伊木马被执行。在编辑 /etc/exports 文件时，在 192.168.159.10 和 (ro, all_squash) 之间是没有空格的，如有空格，则赋予全局具有读的权限。

② 配置完成后，需要重新启动 NFS 服务，如下所示。

```
[root@linuxA home]# service nfs restart
```

（4）在 Server 上关闭防火墙。

① 关闭防火墙。

```
[root@linuxA home]# service iptables stop
```

② 清空防火墙列表。

```
[root@linuxA home]# iptables -F
```

（5）在 Server 上限制客户端访问。

① 在 /etc/hosts.allow 中 加 入 "portmap:192.168.159.0/255.255.255.0 : allow" 语句，允许 192.168.159.0 网络中的主机访问 NFS 服务，如下所示。

```
[root@linuxA home]# vim /etc/hosts.allow
    ......
    portmap:192.168.159.0/255.255.255.0 : allow
```

② 在 /etc/hosts.deny 中加入 "portmap:ALL : deny" 语句，拒绝所有除 192.168.159.0 网络以外的主机访问 NFS 服务，如下所示。

```
[root@linuxA home]# vim /etc/hosts.deny
    ......
    portmap:ALL : deny
```

（6）验证测试。

① 登录 PC1，将 NFS 服务器端的文件夹挂载到 PC1 端，如下所示。

```
[root@linuxB 桌面 ]# mkdir /root/a /root/b /root/c
[root@linuxB 桌面 ]# mount -t nfs 192.168.159.9:/home/file1 /root/a
[root@linuxB 桌面 ]# mount -t nfs 192.168.159.9:/home/file2 /root/b
[root@linuxB 桌面 ]# mount -t nfs 192.168.159.9:/home/file3 /root/c
[root@linuxB b]# df
        文件系统        1K- 块      已用        可用         已用 %  挂载点
        /dev/mapper/vg_linuxb-lv_root
                      16037808   3381176   11841940    23% /
        tmpfs          969084       224      968860      1% /dev/shm
        /dev/sda1      495844     36192      434052      8% /boot
        /dev/sr0      3080782   3080782          0 100% /media/RHEL_6.4 i386 Disc 1
        192.168.159.9:/home/file1
                      16037888   3032576   12190464    20% /root/a
        192.168.159.9:/home/file2
                      16037888   3032576   12190464    20% /root/b
        192.168.159.9:/home/file3
                      16037888   3032576   12190464    20% /root/c
```

② 在 PC1 上，测试读写权限，如下所示。

```
[root@linuxB 桌面 ]# cd /root/a
[root@linuxB a]# touch test1
    touch: 无法创建 "test1": 只读文件系统
[root@linuxB a]# cd /root/b
[root@linuxB b]# touch test2
    touch: 无法创建 "test2": 只读文件系统
[root@linuxB b]# cd /root/c
[root@linuxB c]# touch test3
[root@linuxB c]# ll
    总用量 0
    -rw-r--r-- 1 nfsnobody nfsnobody 0 5 月        7 16:11 test3
```

验证结果表明，192.168.159.10 客户端对 file1 和 file2 均具有只读权限，而对 file3 具有读写权限，与第 (3) 步中对配置文件权限的设置一致。

## 2. 安全配置 Samba 服务

(1) 在 Server 上创建用户和组。

① 创建 group1 和 group2 组。

```
[root@linuxA ~]# groupadd group1
[root@linuxA ~]# groupadd group2
```

② 创建用户 usera、userb、userc、userd、usere，将用户 usera、userb、userc 加入 group1 组，将用户 userd 和 usere 加入到 group2 组。

```
[root@linuxA ~]# useradd usera -g group1 -s /bin/false
[root@linuxA ~]# useradd userb -g group1 -s /bin/false
[root@linuxA ~]# useradd userc -g group1 -s /bin/false
[root@linuxA ~]# useradd userd -g group2 -s /bin/false
[root@linuxA ~]# useradd usere -g group2 -s /bin/false
```

(2) 设置用户的 Samba 密码。

① 查看用户存储后台。

```
[root@linuxA ~]# vim /etc/samba/smb.conf
    ……
    passdb backend=tdbsam
    ……
```

查看结果表明 Samba 使用数据库文件创建用户数据库，该数据库文件是位于 /etc/samba 目录中的 passdb.tdb 文件中的。

知识链接

passdb backend 是 Samba 的用户后台。它有三种后台：smbpasswd、tdbsam 和 ldapsam。

(1) smbpasswd：该方式是使用 smb 工具 smbpasswd 给系统用户 ( 真实用户或者虚拟用户 ) 设置一个 Samba 密码，客户端使用此密码访问 Samba

资源。在 /etc/samba 文件中，有时需要手工创建 smbpasswd 文件。

(2) tdbsam：表示使用数据库文件创建用户数据库。数据库文件为 passdb.tdb，存放在 /etc/samba 中。passdb.tdb 用户数据库可以使用 smbpasswd –a 创建 Samba 用户，也可使用 pdbedit 创建 Samba 用户。pdbedit 参数有很多，例如：pdbedit –a username 表示新建 Samba 账户；pdbedit –x username 表示删除 Samba 账户。

(3) ldapsam：表示基于 LDAP 账户管理方式验证用户。

② 设置所有用户的 Samba 密码。

```
[root@linuxA ~]# pdbedit -a usera
[root@linuxA ~]# pdbedit -a userb
[root@linuxA ~]# pdbedit -a userc
[root@linuxA ~]# pdbedit -a userd
[root@linuxA ~]# pdbedit -a usere
```

③ 查看 Samba 用户。

```
[root@linuxA ~]# pdbedit -L
    usera:504:
    userc:506:
    usere:508:
    userb:505:
    userd:507:
```

(3) 在 Server 上建立共享目录。

① 创建目录 group1 和 group2。

```
[root@linuxA ~]# mkdir /home/group1 /home/group2
[root@linuxA ~]# touch /home/group1/group1.txt /home/group2/group2.txt
```

② 更改目录 group1 和 group2 所属组和权限。

```
[root@linuxA ~]# chgrp group1 /home/group1
[root@linuxA ~]# chgrp group2 /home/group2
[root@linuxA ~]# chmod 3770 /home/group1/
[root@linuxA ~]# chmod 3770 /home/group2/
```

③ 创建目录 software 和 /tmpupload，并设置目录权限。

```
[root@linuxA ~]# mkdir /home/software /home/tmpupload
[root@linuxA ~]# touch /home/software/software.txt /home/tmpupload/
tmpupload.txt
[root@linuxA ~]# chmod 777 /home/tmpupload/
[root@linuxA ~]# chmod a+t /home/tmpupload/
[root@linuxA ~]# ll /home
总用量 68
```

```
......
drwxrws--T 2 root group1 4096 5 月 8 10:34 group1
drwxrws--T 2 root group2 4096 5 月 8 10:34 group2
drwxr-xr-x 2 root root 4096 5 月 8 11:02software
drwxrwxrwt 2 root root 4096 5 月 8 11:02tmpupload
......
```

以上结果表明：

a. 用户对 group1 和 group2 目录文件的权限分别为：所属用户 root 对本文件可读 (r)、可写 (w)、可执行 (x)，属于同一组的用户对本文件可读 (r)、可写 (w)、以 root 账户身份执行 (s)，其他用户的权限为不可读 (-)、不可写 (-)、只有所属用户和 root 才可以删除文件 (T)。

b. 用户对 software 目录文件的权限为：所属用户 root 对本文件可读 (r)、可写 (w)、可执行 (x)，属于同一组的用户对本文件可读 (r)、不可写 (-)、可执行 (x)，其他用户的权限为可读 (r)、不可写 (-)、可执行 (x)。

c. 用户对 tmpupload 目录文件的权限为：所属用户 root 对本文件可读 (r)、可写 (w)、可执行 (x)，属于同一组的用户对本文件可读 (r)、可写 (w)、可执行 (x)，其他用户的权限为可读 (r)、可写 (w)、只有所属用户和 root 才可以删除文件 (t)。

(4) 配置共享文件。

打开 /etc/samba/smb.conf 文件，在文件最后面加入共享文件夹目录，如下所示。

```
[root@linuxA ~]# vim /etc/samba/smb.conf
......
[group1]
comment=group1's files
path=/home/group1
public=no
valid users=@group1
write list=@group1
create mask=0770
[group2]
comment=group2's files
path=/home/group2
public=no
valid users=@group2
write list=@group2
create mask=0770
[software]
comment=share software
```

```
path=/home/software
public=yes
read only=yes
[temp]
comment=temp files
path=/home/tmpupload
public=yes
writeable=yes
```

（5）在 Server 上安全设置 Samba 服务。

在 Server 上安装 Samba，修改 /etc/samba/smb.conf 文件，设置 Samba 服务。

① 在 Server 上查询 Samba 安装软件。

```
[root@linuxA 桌面 ]# mount /dev/cdrom /mnt/cdrom
[root@linuxA 桌面 ]# yum list |grep samba
```

② Server 上安装并启动 Samba 软件。

```
[root@linuxA 桌面 ]# yum -y install samba.i686
[root@linuxA 桌面 ]# service smb start
    启动 SMB 服务：                                          [ 确定 ]
[root@linuxA 桌面 ]#service smb status
    smbd (pid3343) 正在运行 ...
```

③ 设置允许访问的主机。

```
[root@linuxA 桌面 ]#vim /etc/samba/smb.conf
hosts allow=192.168.159.0/24
```

④ 将安全级别设置为默认选项。

```
security=user
```

（6）验证测试。

① 在 PC1 上验证测试。

使用用户 usera 登录，group1 目录允许写入，而 group2 目录不允许访问，software 目录只读，对 temp 目录可读写，并在目录 temp 中创建 usera.bmp 文件。

```
[root@linuxB 桌面 ]# touch usera.bmp
[root@linuxB 桌面 ]# smbclient //192.168.159.9/group1 -U usera
    Enter usera's password:
    Domain=[MYGROUP] OS=[Unix] Server=[Samba 3.6.9-151.el6]
    smb: \> ls
    .                          D    0   Wed  May   8 10:34:08 2019
    ..                         D    0   Wed  May   8 11:02:03 2019
    group1.txt                      0   Wed  May   8 10:34:08 2019
        62647 blocks of size 262144. 47533 blocks available
```

smb: \> put usera.bmp

putting file usera.bmp as \usera.bmp (0.0 kb/s) (average 0.0 kb/s)

smb: \> ls

   .             D     0   Wed   May   8 15:44:49 2019

   ..            D     0   Wed   May   8 11:02:03 2019

   usera.bmp   A    0   Wed   May   8 15:44:49 2019

   group1.txt      0   Wed   May   8 10:34:08 2019

      62647 blocks of size 262144. 47532 blocks available

smb: \> exit

[root@linuxB 桌面 ]# smbclient //192.168.159.9/group2 -U usera

   Enter usera's password:

   Domain=[MYGROUP] OS=[Unix] Server=[Samba 3.6.9-151.el6]

   tree connect failed: NT_STATUS_ACCESS_DENIED

[root@linuxB 桌面 ]# smbclient //192.168.159.9/software -U usera

   Enter usera's password:

   Domain=[MYGROUP] OS=[Unix] Server=[Samba 3.6.9-151.el6]

smb: \> ls

   .             D     0   Wed   May   8 11:02:53 2019

   ..            D     0   Wed   May   8 11:02:03 2019

   software.txt      0   Wed   May   8 11:02:53 2019

      62647 blocks of size 262144. 47532 blocks available

smb: \> put usera.bmp

   NT_STATUS_ACCESS_DENIED opening remote file \usera.bmp

smb: \> exit

[root@linuxB 桌面 ]# smbclient //192.168.159.9/temp -U usera

   Enter usera's password:

   Domain=[MYGROUP] OS=[Unix] Server=[Samba 3.6.9-151.el6]

smb: \> ls

   .             D 0   Wed   May   8 11:02:53 2019

   ..            D 0   Wed   May   8 11:02:03 2019

   tmpupload.txt      0   Wed   May   8 11:02:53 2019

      62647 blocks of size 262144. 47532 blocks available

smb: \> put usera.bmp

putting file usera.bmp as \usera.bmp (0.0 kb/s) (average 0.0 kb/s)

smb: \> ls

   .             D 0   Wed   May   8 15:48:26 2019

   ..            D 0   Wed   May   8 11:02:03 2019

   usera.bmp   A 0   Wed   May   8 15:48:26 2019

   tmpupload.txt      0   Wed   May   8 11:02:53 2019

```
          62647 blocks of size 262144. 47532 blocks available
        smb:\> exit
```

② 在 PC2 上验证测试。

在 PC2 的 "开始" → "搜索程序和文件" 空白框中输入 "\\192.168.159.9"，使用用户 userb 登录，访问 Server 上的共享文件夹，如图 4-9 和图4-10 所示。

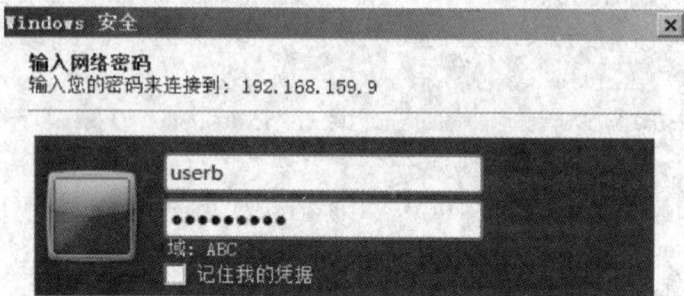

图 4-9　PC2 访问 Server 时的界面

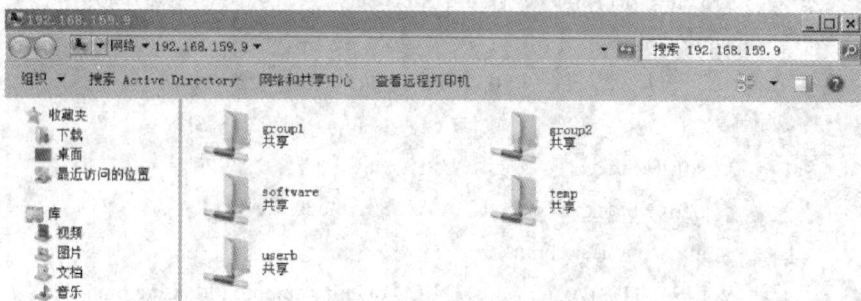

图 4-10　PC2 访问 Server 的共享文件夹

在 temp 目录文件中可以成功创建 userb.bmp 文件，但是尝试删除usera.bmp 文件时会弹出如图 4-11 所示提示窗口，提示文件访问被拒绝，因为配置的 temp 文件夹只有读写权限。

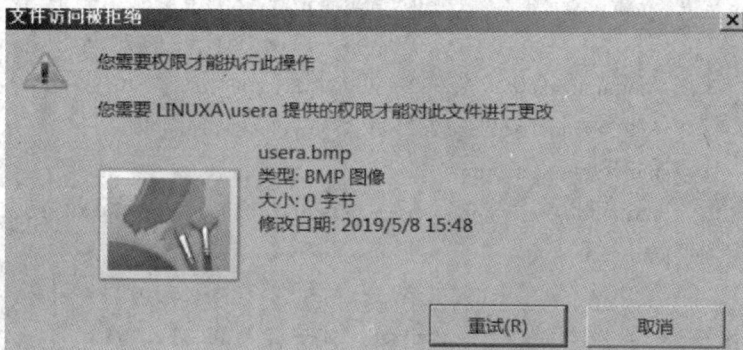

图 4-11　PC2 删除文件被拒绝

# 任务四　使用安全审计加强 Linux 主机的安全维护

## 任务提出

经过前面任务中对口令加强、访问权限的安全控制及文件系统安全访问的配置后，已经对 Linux 办公网络实现了基本的系统安全防护。但由于网络环境复杂，网络应用增多，为了保障网络安全，还需要对网络用户的行为进行审计，包括对用户的登录时间进行统计，对所有登录的用户在系统中执行的命令进行审计，并且对用户在系统中执行的系统进程进行统计和记账，从而保护网络安全。

本任务中主要实施以下两个模块：

(1) 在服务器端开启 Telnet 服务等，从客户端进行连接操作，产生访问记录，以便在审计中查看。

(2) 在服务器端查看用户连线时间、执行过的命令、统计记账信息等，对网络行为进行审计。

## 任务分析

### 1. 启动相关服务并进行实验

在服务器端开启 Telnet 服务、chkconfig 服务等，从客户端进行远程连接操作，产生网络行为，为后续步骤中的查看审计生成数据。

### 2. 在服务器端对网络行为进行审计

安全审计工具是一款用于对各类系统和设备进行安全检查的自动化工具，能够智能化识别各类安全设置，分析安全状态，并能够给出多种配置审计分析报告，目前已经支持多种操作系统及网络设备。

Red Hat Linux 系统中的 psacct 程序可以根据安全需求进行修改。另外，利用系统工具对各类账号的操作权限进行限制，能够有效保证用户无法进行超越其账号权限的操作，确保系统安全。

Red Hat Linux 系统中的 psacct 程序提供了以下几个进程活动监视工具：

(1) ac：显示用户连接时间。

(2) lastcomm：显示系统执行的命令。

(3) accton：用于打开或关闭进程记账功能。

(4) sa: 统计系统进程记账的情况。

进程记账可以记录用户的活动，通过它可以查看每一个用户执行的命令，包括 CPU 占用的时间和消耗的内存。使用活动监视工具可以监视所有用户执行的命令，从而保护网络安全。

## 任务实施

4-4-1

### 1. 启动相关服务并进行实验

步骤 1　实验准备阶段，根据项目一中任务二知识点，在 VMware Workstation 中部署两台 Red Hat Enterprise Linux 6.4 系统虚拟机 Server 和 PC，两个虚拟机的 IP 地址规划如表 4-4 所示，并将两台虚拟机实现网络连通。

表 4-4　使用安全审计加强 Linux 主机安全维护的网络 IP 地址规划

| 设备名称 | 设备角色 | 操作系统 | IP 地址 |
| --- | --- | --- | --- |
| Server | 服务器 | Red Hat Linux 6.4 | 192.168.159.9/24 |
| PC | 客户端 | Red Hat Linux 6.4 | 192.168.159.10/24 |

步骤 2　在 Server 上创建用户 abc 和 sj。

① 在 Server 上，创建用户 abc 和 sj。

```
[root@linuxA 桌面 ]# useradd abc
[root@linuxA 桌面 ]# passwd abc
[root@linuxA 桌面 ]# useradd sj
[root@linuxA 桌面 ]# passwd sj
```

② 在 Server 上，开启 Telnet 服务，输入如下命令。

```
[root@linuxA 桌面 ]# chkconfig --level 35 telnet on
```

③ 在 Server 上，使用命令 chkconfig 设置默认启动，并使用命令 service psacct start 启动 psacct 服务，如下所示。

```
[root@linuxA 桌面 ]# chkconfig psacct on
[root@linuxA 桌面 ]# service psacct start
    开启进程记账:                                        [ 确定 ]
```

④ 在 Server 上，建立 tty 连接。

在 Red Hat 6.4 系统中，按 Ctrl+Alt+F1 ～ F6 打开 tty 终端，并使用 abc 用户在其他终端登录，如图 4-12 所示。

```
linuxA login: abc
Password:
[abc@linuxA ~]$ _
```

图 4-12　打开 tty 终端

⑤ 在 PC 上，进行远程连接。

在 PC 上安装 Telnet 程序：

```
[root@linuxB 桌面 ]# yum list |grep telnet
    telnet.i686              1:0.17-47.el6_3.1          base
    telnet-Server.i686       1:0.17-47.el6_3.1          base
```

```
[root@linuxB 桌面 ]# yum -y install telnet.i686
```

PC 远程连接并登录服务器：

```
[root@linuxB 桌面 ]# telnet 192.168.159.9
        Trying 192.168.159.9...
        Connected to 192.168.159.9.
        Escape character is '^]'.
        Red Hat Enterprise Linux Server release 6.4 (Santiago)
        Kernel 2.6.32-358.el6.i686 on an i686
        login: abc
        Password:
        Last login: Thu May 23 16:11:15 on tty6
[abc@linuxA ~]$
```

**2. 在服务器端对网络行为进行审计**

(1) 显示用户的连线时间。

① 显示总计连线时间。

```
[root@linuxA 桌面 ]# ac
        total       1412.11
```

以上输出表示，该系统总计连线时间为 1412.11 小时。

② 显示每一天的连线时间。

```
[root@linuxA 桌面 ]# ac -d
        Apr 12      total       68.67
        Apr 25      total       14.74
        Apr 26      total       47.34
        Apr 28      total       96.18
        May 8       total       479.94
        May 9       total       47.81
        Today       total       657.42
```

从以上输出可以看出该系统每一天的连线时间，单位为小时。

③ 显示每一个用户的总计连线时间和所有用户总计连线时间。

```
[root@linuxA 桌面 ]# ac -p
        root                    1411.73
        abc                     0.39
        total       1412.12
```

从以上输出可以看出该系统中每个用户的总计连线时间，以及所有用户的总计连线时间。

(2) 查询用户执行过的命令。

① 显示用户 abc 执行过的命令。

```
[root@linuxA 桌面 ]# lastcomm abc
    bash      F        abc       pts/1         0.00 secs Thu May 23 16:28
    id                 abc       pts/1         0.00 secs Thu May 23 16:28
    grep               abc       pts/1         0.00 secs Thu May 23 16:28
    ……
```

以上输出显示了 abc 用户在该系统中伪虚拟终端中某一时刻执行过的命令。

② 搜索进程记账日志，如下所示。

```
[root@linuxA 桌面 ]# lastcomm ls
```

(3) 统计记账信息。

```
[root@linuxA 桌面 ]# sa
    92      1055.29re      0.01cp       1356k
    15         0.56re      0.00cp       2540k      ***other*
     2      1054.72re      0.00cp       2897k      packagekitd
     2         0.00re      0.00cp       4996k      gnome-screensav
    ……
```

以上输出显示了每个命令的调用次数、re( 实际使用时间，单位为分钟 )、cpu( 通常简写为 cp，表示用户和系统时间之和，单位为分钟 )、avio( 每次执行的平均 I/O 操作次数 )、k 字段 ( 平均 CPU 时间，单元的大小为 1K)。

(4) 查看 CPU 的使用情况。

```
[root@linuxA 桌面 ]# sa -m
            93      1055.29re      0.01cp       1347k
    root    46      1055.29re      0.01cp       1763k
    abc     44         0.00re      0.00cp        941k
    dbus     3         0.00re      0.00cp        905k
```

以上输出显示了每个用户的进程数和 CPU 分钟数。

项目五

# Linux 服务器系统安全运行与维护

## ❱ 项目描述

随着办公网络中可共享的资源不断增加，需要在办公网络中架设多台服务器，包括 DNS 服务器、Web 服务器、DHCP 服务器和 FTP 服务器等，通过这些服务器为内网用户和互联网用户提供服务。

由于这些服务器不但要为内网用户提供服务，而且还要为互联网用户提供服务，使得服务器在开放的 Internet 上面临各种各样的安全威胁。

为了保障单位内部服务器的安全，需要采取以下安全措施对服务器中的各种服务进行安全配置。

任务一　加强 Linux 系统 DNS 服务的安全防御。

任务二　加强 Linux 系统 DHCP 服务的安全防御。

任务三　加强 Linux 系统 Web 服务的安全防御。

任务四　加强 Linux 系统 FTP 服务的安全防御。

任务五　使用防火墙模块提升 Linux 服务器的安全防御。

## ❱ 学习目标

(1) 能够在 Linux 系统中配置 DNS 服务器。

(2) 能够在 Linux 系统中部署 DNS 服务器的安全策略。

(3) 能够在 Linux 系统中配置 DHCP 服务器。

(4) 能够在 Linux 系统中部署 DHCP 服务器的安全策略。

(5) 能够在 Linux 系统 Apache 服务器实施安全配置。

(6) 能够对 Linux 系统 FTP 服务器进行安全配置。

(7) 会使用防火墙保护 Linux 系统中服务器的安全。

(8) 会使用防火墙保护内网用户和服务的安全。

## 任务一　加强 Linux 系统 DNS 服务的安全防御

### 任务提出

在办公网络中，DNS 服务器在对外提供服务过程中经常会遇到拒绝服

务 (Denial of Service，DoS)、分布式拒绝服务 (Distributed Denial of Service，DDoS)、缓冲区漏洞溢出、DNS 欺骗等攻击，直接影响办公网络的正常运行。为了保障 DNS 服务器的安全运行并提供正常服务，可以通过以下措施来加强 DNS 服务器的安全。

(1) 通过在 Linux 系统中隔离 DNS 服务器、隐藏 DNS 服务器版本号、避免透露 DNS 服务器信息、限制运行权限等措施保护 DNS 服务器自身的安全。

(2) 为 Linux 上的 DNS 服务器关闭 rescursion 功能、关闭 glue fetching 功能、限制查询请求的服务对象等，保护 DNS 服务器，使其免于 Spoofing 攻击。

(3) 通过编辑 DNS 配置文件，限制可以进行区域传输的主机。

(4) 限制可以向 DNS 服务器提交动态更新的主机，保护动态更新的安全性。

(5) 使用 TSIG，通过加密密钥的方式保护 DNS 服务器的区域传输。

## 任务分析

### 1. 保护 DNS 服务器自身安全

DNS 欺骗是指域名信息欺骗，是最常见的 DNS 安全问题。如果一台 DNS 服务器掉入陷阱，使用了来自一项恶意 DNS 服务的错误信息，那么该 DNS 服务器就被欺骗了。DNS 欺骗会使那些易受攻击的 DNS 服务器产生许多安全问题，例如将用户引导到错误的 Internet 站点，或者发送一个电子邮件到一个未经授权的邮件服务器。

通过使用隔离 DNS 服务器、隐藏 DNS 服务器版本号、避免透露 DNS 服务器信息、限制运行权限等措施，可以保护 DNS 免于 DNS 欺骗。

### 2. 保护 DNS 服务器免于 Spoofing 攻击

Spoofing 攻击是指欺骗攻击，攻击者伪造数据包包头，使显示的信息源不是实际的来源，从而借用另外一台机器的 IP 地址与服务器打交道。Spoofing 攻击容易带来拒绝服务攻击和分布式拒绝服务攻击。拒绝服务攻击是指攻击者大量消耗服务器资源，使得所有可用的操作系统资源都被消耗殆尽，最终计算机无法再处理合法用户的请求，服务器停止提供服务。分布式拒绝服务攻击是指攻击者向目标系统发起恶意攻击请求，随机生成大批假冒源 IP，如果目标防御较为薄弱，对收到的恶意请求无法分析攻击源的真实性，从而达到攻击者隐藏自身的目的。

通过为 DNS 服务器关闭 rescursion 功能、关闭 glue fetching 功能、限制查询请求的服务对象等，保护 DNS 服务器免于 Spoofing 攻击。

### 3. 保护区域传输的安全

默认情况下，BIND 区域传输是全部开放的，如果没有限制，DNS 服务器会允许对任何人都进行区域传输，那么网络架构中的主机名、主机 IP

列表、路由器名和路由 IP 列表，甚至包括各主机所在的位置和硬件配置等情况都很容易被入侵者获取，因此要对区域传输进行必要的限制，保护区域传输的安全。

### 4. 保护动态更新的安全

虽然动态更新很有用，但也存在很大危险，必须予以限制。允许向本 DNS 服务器提交动态 DNS 更新的主机 IP 列表，经授权的更新者可以删除区域中的所有记录 ( 除了 SOA 记录和 NS 记录 )，也可以添加新的记录。

### 5. 使用 TSIG 保护 DNS 服务器

事务签名 TSIG(Transaction SIGnature) 是 RFC 2845 中定义的计算机网络协议。它使域名系统 (DNS) 能够验证对 DNS 数据库的更新。在更新动态 DNS 或辅助 / 从属 DNS 服务器时，TSIG 使用共享密钥和单向哈希提供一种密码安全的方式来认证连接的每个端点，使它们被允许作出或响应 DNS 更新，从而保证了 DNS 服务器之间传送区域信息的安全。

## 任务实施

### 1. 保护 DNS 服务器自身安全

**步骤 1**　实验准备阶段，根据项目一中任务二知识点，在 VMware Workstation 中部署两台 Red Hat Enterprise Linux 6.4 系统虚拟机 Server1 和 Server2，两个虚拟机的 IP 地址规划如表 5-1 所示，并将两台虚拟机实现网络连通。

5-1-1

**表 5-1　加强 Linux 系统 DNS 服务安全防御的网络 IP 地址规划**

| 设备名称 | 设备角色 | 操作系统 | IP 地址 |
| --- | --- | --- | --- |
| Server1 | 主 DNS 服务器 | Red Hat Linux 6.4 | 192.168.159.9/24 |
| Server2 | 从 DNS 服务器 | Red Hat Linux 6.4 | 192.168.159.10/24 |

**步骤 2**　在 Server1 和 Server2 上分别安装和启动 DNS 服务。

(1) 在 Server1 上安装和启动 DNS 服务。

```
[root@linuxA 桌面 ]# yum list |grep bind
    bind.i686 32:9.8.2-0.17.rc1.el6 base
    bind-chroot.i686 32:9.8.2-0.17.rc1.el6 base
    ……
[root@linuxA 桌面 ]# yum -y install bind.i686
[root@linuxA 桌面 ]# service named start
    Generating /etc/rndc.key:                          [ 确定 ]
    启动 named：                                       [ 确定 ]
[root@linuxA 桌面 ]# service named status
```

(2) 在 Server2 上安装和启动 DNS 服务。

步骤同 (1)。

步骤 3　配置 DNS 服务。

(1) 在 Server1 上配置主 DNS 服务。

① 在配置文件 /etc/named.conf 中添加区域。

```
[root@linuxA 桌面 ]# vim /etc/named.conf
    options {
            listen-on port 53 { any; };
            listen-on-v6 port 53 { ::1; };
            directory            "/var/named";
            dump-file            "/var/named/data/cache_dump.db";
            statistics-file       "/var/named/data/named_stats.txt";
            memstatistics-file    "/var/named/data/named_mem_stats.txt";
            allow-query { any; };
            recursion yes;
    ......
    zone "abc.com" IN {
    type master;
    file "abc.com.zone";
    allow-update {none;};
    };
    zone "159.168.192.in-addr.arpa" IN {
    type master;
    file "192.168.159.rev";
    allow-update {none;};
    };
```

② 验证 DNS 配置文件。

```
[root@linuxA 桌面 ]# named-checkconf
```

③ 创建正向区域文件。

```
[root@linuxA 桌面 ]# cd /var/named/
[root@linuxA named]# vim abc.com.zone
    $TTL     86400
    @        IN SOA        dns.abc.com.         root.dns.abc.com.(
                                                20140801            ;serial(d.adams)
                                                3H                  ;refresh
                                                15M                 ;retry
                                                1W                  ;expiry
                                                1D)                 ;minimum
             IN NS         dns.abc.com.
             IN MX         5 mail.abc.com.
```

| www | IN A | 192.168.159.9 |
| mail | IN A | 192.168.159.10 |
| ftp | IN CNAME | www |
| dns | IN A | 192.168.159.9 |

④ 验证正向区域文件。

```
[root@linuxA named]#named-checkzone abc.com abc.com.zone
```

⑤ 创建反向区域文件。

```
[root@linuxA named]#cp abc.com.zone 192.168.159.rev
[root@linuxA named]#vim 192.168.159.rev
    $TTL      86400
    @        INSOA      dns.abc.com.           root.dns.abc.com.(
                        42                     ;serial(d.adams)
                        3H                     ;refresh
                        15M                    ;retry
                        1W                     ;expiry
                        1D)                    ;minimum
    @        IN NS      dns.abc.com.
    9        IN PTR     dns.abc.com.
```

其中，尾行中的 9 为主 DNS 服务器 IP 地址的主机部分。

⑥ 验证反向区域文件。

```
[root@linuxA named]#named-checkzone 159.168.192.in-addr.arpa 192.168.159.rev
```

⑦ 在 Server1 上修改 DNS 配置文件。

```
[root@linuxA named]#vim /etc/resolv.conf
    nameServer 192.168.159.9
    nameServer 192.168.159.10
[root@linuxA named]#service named restart
```

**小贴士**

必须将 DNS 地址修改为 Server1 和 Server2 的 IP 地址，DNS 在解析时才会向主从 DNS 服务器发起请求。由于 /etc/resolv.conf 保存 DNS 是暂时的，当重新启动 network 时，/etc/resolv.conf 会恢复到初始状态，如要永久更改，可以在 /etc/sysconfig/network-scripts/ifcfg-eth0 中添加 DNS1 和 DNS2，地址分别设置为 Server1 和 Server2 的 IP 地址。

⑧ 在 Server1 上验证 DNS 解析。

```
[root@linuxA named]# nslookup
    > 192.168.159.9
    Server:          192.168.159.9
    Address:    192.168.159.9#53
    9.159.168.192.in-addr.arpa name = dns.abc.com.
    > www.abc.com
```

```
Server:          192.168.159.9
Address:     192.168.159.9#53

Name:    www.abc.com
Address: 192.168.159.9
```

⑨ 将 Server1 设置为宽容模式。

```
[root@linuxA 桌面 ]#service iptables stop
[root@linuxA 桌面 ]# setenforce 0
    setenforce: SELinux is disabled
[root@linuxA 桌面 ]# getenforce
    Disabled
```

**小贴士**　setenforce 命令只能将 SELinux 暂时关闭，当系统重启后，SELinux 会重新打开，如要永久关闭，需要在 /etc/selinux/config 文件中设置 SELINUX=disabled。

(2) 在 Server2 上配置从 DNS 服务。

① 在配置文件 /etc/named.conf 中添加区域。

```
[root@linuxB 桌面 ]# vim /etc/named.conf
    ......
    zone "abc.com" IN {
        type slave;
        file "abc.com.zone";
        masters {192.168.159.9;};
    };
    zone "159.168.192.in-addr.arpa" IN {
        type slave;
        file "192.168.159.rev";
        masters {192.168.159.9;};
    };
```

② 验证 DNS 配置文件。

```
[root@linuxB 桌面 ]# named-checkconf
```

③ 设置 named 组用户对 named 目录有修改权限。

```
[root@linuxB 桌面 ]# chmod g+w /var/named/
```

④ 将 Server2 设置为宽容模式。

```
[root@linuxB 桌面 ]#service iptables stop
[root@linuxB 桌面 ]# setenforce 0
    setenforce: SELinux is disabled
[root@linuxA 桌面 ]# getenforce
    Disabled
```

⑤ 在 Server2 上修改 DNS 配置文件。

```
[root@linuxB 桌面 ]#vim /etc/resolv.conf
    nameserver 192.168.159.9
    nameserver 192.168.159.10
```

⑥ 重启 DNS 服务。

```
[root@linuxB 桌面 ]# service named restart
停止 named:                                          [ 确定 ]
启动 named:                                          [ 确定 ]
```

⑦ 验证结果。

```
[root@linuxB 桌面 ]# ls /var/named/
    192.168.159.rev    data      named.ca       named.localhost   slaves
    abc.com.zone       dynamic   named.empty    named.loopback
```

⑧ 在 Server2 上验证 DNS 解析。

```
[root@linuxB 桌面 ]# nslookup
    > 192.168.159.9
    Server:           192.168.159.9
    Address:  192.168.159.9#53
    9.159.168.192.in-addr.arpa name = dns.abc.com.
    > www.abc.com
    Server:192.168.159.9
    Address:192.168.159.9#53
    Name:   www.abc.com
    Address: 192.168.159.9
```

(3) 验证 DNS 服务。

```
[root@linuxB 桌面 ]# dig 192.168.159.9
[root@linuxB 桌面 ]# dig www.abc.com
[root@linuxB 桌面 ]# dig -t MX abc.com
[root@linuxB 桌面 ]# dig -t CNAME ftp.abc.com
```

**步骤 4**　保护 DNS 服务器自身安全。

(1) 隔离 DNS 服务器。

DNS 服务器要专用，不要在 DNS 服务器上运行其他服务，避免出现较多漏洞。尽量使用普通用户登录，避免管理员登录，或者为 DNS 服务器指定专门的管理用户。

(2) 隐藏 DNS 服务器版本号。

网络攻击者对 DNS 服务器进行攻击前，首先使用 dig 命令查询到 BIND 的版本号，接着根据 BIND 版本号查询该版本 DNS 服务存在的漏洞，然后确定攻击 DNS 服务器的方法，由此进行有针对性的攻击。

为避免此类攻击，我们需要对 DNS 服务器进行配置，隐藏 DNS 服务器的版本号，使攻击者无法查询到 DNS 服务器的版本信息。

① 查询 BIND 的版本号。

```
[root@linuxA ~]# dig @192.168.159.9 txt chaos version.bind
  ; <<>> DiG 9.8.2rc1-RedHat-9.8.2-0.17.rc1.el6 <<>> @192.168.159.9 txt
chaos version.bind
  ……
  ;; ANSWER SECTION:
  version.bind  .0  CH  TXT"9.8.2rc1-RedHat-9.8.2-0.17.rc1.el6"
  ;; AUTHORITY SECTION:
  ……
```

② 编辑 BIND 配置文件，在配置文件中设置版本号信息。

```
[root@linuxA ~]#vim /etc/named.conf
  options {
        ……
        directory "/var/named";
        version "unknow on this platform";
  ……
```

③ 重启 DNS 服务器。

```
[root@linuxA ~]#service named restart
  停止 named：                                              [ 确定 ]
  启动 named：                                              [ 确定 ]
```

④ 再次查询 DNS 版本号。

```
[root@linuxA ~]# dig @192.168.159.9 txt chaos version.bind
  ; <<>> DiG 9.8.2rc1-RedHat-9.8.2-0.17.rc1.el6 <<>> @192.168.159.9 txt
chaos version.bind
  ……
  version.bind.        0        CH  TXT"unknow on this platform"
  ……
```

通过上述测试可以看出，编辑 BIND 配置文件后攻击者无法再查询到 DNS 的版本信息，只能看到设置后的版本信息。

(3) 避免透露 DNS 服务器信息。

为了使攻击者更难进行攻击，尽量不要在 DNS 配置文件中使用 HINFO 和 TXT 资源记录，尽量隐藏服务器信息，使潜在的黑客更难得手。

**知识链接**

DNS 的常见资源记录类型包括：

SOA：表示起始授权记录。

NS：表示名称服务器记录，标明当前域中所有的 DNS 服务器。

A：表示 IPv4 主机记录。

AAAA：表示 IPv6 主机记录。

PTR：表示指针记录，标识 IP 地址到完全合格域名的映射关系。

CNAME：表示别名记录，标识从完全合格域名到完全合格域名的映射关系。

MX：表示邮件交互记录，标识域中邮件服务器的主机名，从域名映射到完全合格域名。

TSIG：表示交易证书，用以认证动态更新 (Dynamic DNS) 是来自合法的客户端。

TXT：表示文本记录，最初为任意可读的文本 DNS 记录。自 1990 年起，这些记录更经常地带有机读数据。

HINFO：表示主机信息 (HINFO) 资源记录。

(4) 以最小的权限及使用 chroot( ) 方式运行 BIND。

以 root 身份执行 BIND 有安全隐患，攻击者若找到 BIND 的安全漏洞，可能获取 root 的身份，从而对服务器进行攻击。

① 变更 DNS 的 UID 和 GID。

改变运行 DNS 的所属用户 ID 和组 ID，避免使用根权限用户身份运行 DNS。

```
[root@linuxA ~]# named -u named
```

定义域名服务器运行时所使用的 UID 和 GID 必须为 named 组中的用户，丢弃启动时所需要的 root 用户。

② 以 chroot( ) 的方式执行 BIND，可以将危害降至最低。设置 chroot 的环境后，可以使用以下命令修改运行的用户。

```
[root@linuxA ~]# named -u named -t /var/named
```

指定当 DNS 服务器进程处理完命令行参数后所要 chroot( ) 的目录为 /var/named。

### 2. 保护 DNS 服务器免于 Spoofing 攻击

Spoofing 攻击是指欺骗攻击，冒名者使用假的网域名称与网址的对照信息，可以将不知情用户的网页联机，引导至错误的网站，原本属于用户的电子邮件也可能遗失，甚至进一步成为阻断服务的攻击。

若 DNS 服务器接受来自 Internet 的递归查询请求，则易遭受 Spoofing 攻击，攻击者可修改 DNS 服务器的区域文件，使其他用户解析域名时，得到伪造的名称信息。

(1) 关闭 rescursion 功能。

关闭 rescursion 功能后，DNS 服务器只会响应非递归的询问请求。

无递归功能的 DNS 服务器不易遭受 Spoofing 攻击，因为它不会发送递归查询请求，所以也不会显示所管区域以外的任何数据。如果 DNS 服务器还需为合法的解析器提供服务，或是充当其他 DNS 服务器的代理查询服务器，就不能关闭 rescursion 功能。增强 DNS 服务器的安全方法是限制查询请求的服务对象。

可以通过修改配置文件 /etc/named.conf 的方法限制查询请求的服务对象。

```
options {
    ……
    allow-query        { any; };
    recursion no;
    ……

}
```

(2) 关闭 glue fetching 功能。

当 DNS 服务器返回一个域的域名服务器记录，并且域名服务器记录中没有查询记录时，DNS 服务器会尝试获取一条记录，即 glue fetching，攻击者可以利用它进行 DNS 欺骗。

关闭 glue fetching 功能，可避免 DNS 服务器发送出任何查询请求，不会获取所管区域以外的任何数据。

修改配置文件 /etc/named.conf，关闭 glue fetching 功能。

```
options {
……
        allow-query { any; };
        recursion no;
        fetch-glue no;
……

}
```

**知识链接**

递归查询时服务器会查询后续的 DNS 服务器，最终会获取到根 DNS 服务器的地址，一旦服务器遭受攻击，会导致所递归的 DNS 服务器也面临攻击危险。

(3) 限制查询请求的服务对象。

限制查询范围的各服务器的设置方案如下：

① 如果无法关闭 rescursion 功能，应该限制查询请求的服务对象。

a. 限制查询请求的来源 (IP 地址 )。

b. 限制可以查询的区域范围。

② DNS 服务器应该拒绝来自以下网络的查询请求。

a. 私有网络 ( 除非本机也在使用 )。

b. 实验性网络。

c. 群播网络。

③ 一般的 DNS 服务器。

a. 对所管区域的名称信息，可以服务于来自任何 IP 地址的查询请求，因为它是经授权管理该区域的权威 DNS 服务器。

b. 对于所管区域以外的名称信息，只服务于来自内部或可信赖的 IP 地址的查询请求。

④ caching-only DNS 服务器 (DNS 缓存服务器 )。

由于 DNS 缓存服务器是用来存储计算机网络上的用户需要的网页、文件等信息的专用服务器，所以它应该只服务于来自特定 IP 地址的解析器。

⑤ authoritative-only DNS 服务器 ( 权威 DNS 服务器 )。

权威 DNS 服务器只关注自己负责的区域相关请求，不理会其他区域相关的请求。这类服务器对于自己所负责的区域请求可以很快响应，不响应递归请求，在 DNS 系统中从来只做服务器而不做客户端。因此，对于权威 DNS 必须服务于来自任何 IP 地址的查询请求，但是拒绝任何递归的查询请求。

限制查询请求的具体配置为：

```
[root@linuxA ~]# vim /etc/named.conf
    options {
    ……
                allow-query        { 192.168.159.0/24; };
    ……
    zone "abc.com" IN {
    type master;
    file "abc.com.zone";
    allow-update {none;};
    allow-query {any;};
    };
    …….
    }
```

设置后，所有的用户都可以访问 abc.com 的 DNS 服务器，但是只有 192. 168.159.0/24 网段的主机用户可以请求 DNS 服务器的任意服务，另外也不允许其他网段的主机进行递归查询。

### 3. 保护区域传输的安全

默认情况下，BIND 区域传输是全部开放的。如果没有限制，DNS 服务器允许对任何人都进行区域传输，那么网络架构中的主机名、主机 IP 列表、路由器名和路由 IP 列表，甚至包括各主机所在的位置和硬件配置等情况都很容易被入侵者获取，因此要对区域传输进行必要的限制。

(1) 在 Server2 上，删除区域配置文件。

```
[root@linuxB 桌面 ]# cd /var/named
[root@linuxB named]# rm -rf abc.com.zone
[root@linuxB named]# rm -rf 192.168.159.rev
```

(2) 配置 DNS 服务，只允许在 192.168.159.9 和 192.168.159.100 之间进行区域传输。

① 在 Server1 上，编辑 DNS 配置文件，限制区域传输。

```
[root@linuxA ~]# vim /etc/named.conf
    ......
    acl "zone-transfer" {192.168.159.9;192.168.159.100;};
    zone "abc.com" IN {
    type master;
    file "abc.com.zone";
    allow-update {none;};
    allow-transfer {"zone-transfer";};
    allow-query {any;};
    };
    zone "159.168.192.in-addr.arpa" IN {
    type master;
    file "192.168.159.rev";
    allow-update {none;};
    allow-transfer {"zone-transfer";};
    };
```

② 在 Server1 上重启 DNS 服务。

```
[root@linuxA ~]# service named restart
    停止 named：                                         [ 确定 ]
    启动 named：                                         [ 确定 ]
```

③ 在 Server2 上清空日志文件。

```
[root@linuxB ~]# echo "" > /var/log/messages
```

④ 在 Server2 上重启 DNS 服务。

```
[root@linuxB ~]# service named restart
    停止 named：.                                        [ 确定 ]
    启动 named：                                         [ 确定 ]
```

⑤ 在 Server2 上查看区域配置文件是否存在。

```
[root@linuxB named]# ls /var/named
    data named.ca named.localhost slaves
    dynamic named.empty named.loopback
```

⑥ 在 Server2 上查看日志。

```
[root@linuxB named]# cat /var/log/messages
    ......
    Jun 13 15:51:19 linuxB named[8083]: zone 159.168.192.in-addr.arpa/IN:
Transfer started.
```

```
        Jun 13 15:51:19 linuxB named[8083]: transfer of '159.168.192.in-addr.arpa/
IN' from 192.168.159.9#53: connected using 192.168.159.10#60292
        Jun 13 15:51:19 linuxB named[8083]: transfer of '159.168.192.in-addr.arpa/
IN' from 192.168.159.9#53: failed while receiving responses: REFUSED
        Jun 13 15:51:19 linuxB named[8083]: transfer of '159.168.192.in-addr.arpa/
IN' from 192.168.159.9#53: Transfer completed: 0 messages, 0 records, 0 bytes,
0.001 secs (0 bytes/sec)
```

由于区域传输被限制在 192.168.159.9 和 192.168.159.100 之间，Server2 尝试从 Server1 获取正向解析文件和反向解析文件失败。

(3) 配置 DNS 服务，只允许在 Server1 和 Server2 之间进行区域传输。

① 在 Server1 上，编辑 DNS 配置文件，限制区域传输。

```
[root@linuxA ~]# vim /etc/named.conf
        ……
        acl "zone-transfer" {192.168.159.9;192.168.159.10;};
        zone "abc.com" IN {
        type master;
        file "abc.com.zone";
        allow-update {none;};
        allow-transfer {"zone-transfer";};
        allow-query {any;};
        };
        zone "159.168.192.in-addr.arpa" IN {
        type master;
        file "192.168.159.rev";
        allow-update {none;};
        allow-transfer {"zone-transfer";};
        };
```

这样，只有 IP 地址为 192.168.159.9 和 192.168.159.10 两台主机才能与 DNS 服务器进行区域传输。

② 在 Server1 上重启 DNS 服务。

```
[root@linuxA ~]# service named restart
停止 named：                                          [ 确定 ]
启动 named：                                          [ 确定 ]
```

③ 在 Server2 上清空日志文件。

```
[root@linuxB ~]# echo "" > /var/log/messages
```

④ 在 Server2 上重启 DNS 服务。

```
[root@linuxB ~]# service named restart
停止 named：.                                         [ 确定 ]
启动 named：                                          [ 确定 ]
```

⑤ 在 Server2 上查看区域配置文件是否存在。

```
[root@linuxB named]# ls /var/named
192.168.159.rev    data        named.ca      named.localhost    slaves
abc.com.zone       dynamic     named.empty   named.loopback
```

结果显示，Server2 已经重新获得了从 Server1 传输的正向解析文件和反向解析文件。

⑥ 在 Server2 上查看日志。

```
[root@linuxB named]# cat /var/log/messages
……
    Jun 13 15:12:38 linuxB named[7882]: zone 159.168.192.in-addr.arpa/IN:
Transfer started.
    Jun 13 15:12:38 linuxB named[7882]: transfer of '159.168.192.in-addr.arpa/
IN' from 192.168.159.9#53: connected using 192.168.159.10#59542
    Jun 13 15:12:38 linuxB named[7882]: zone 159.168.192.in-addr.arpa/IN:
transferred serial 42
    Jun 13 15:12:38 linuxB named[7882]: transfer of '159.168.192.in-addr.arpa/
IN' from 192.168.159.9#53: Transfer completed: 1 messages, 4 records, 160
bytes, 0.001 secs (160000 bytes/sec)
```

Server2 从 Server1 获取 DNS 正向解析文件和反向解析文件。

### 4. 保护动态更新的安全

通过限制动态更新，设置允许向本 DNS 服务器提交动态 DNS 更新的主机 IP 列表，只有经授权的更新者才可以修改区域中的记录。

```
[root@linuxA ~]# vim /etc/named.conf
……
acl "zone-transfer" {192.168.159.9;192.168.159.10;};
acl "updater" {192.168.159.11;};//dhcp Server
zone "abc.com" IN {
type master;
file "abc.com.zone";
allow-update {updater;};
allow-transfer {"zone-transfer";};
allow-query {any;};
};
zone "159.168.192.in-addr.arpa" IN {
type master;
file "192.168.159.rev";
allow-update {updater;};
allow-transfer {"zone-transfer";};
};
```

### 5. 使用 TSIG 保护 DNS 服务器

TSIG 使用数字签名验证 DNS 信息。首先在主机上产生加密密钥，然后以 SSH 方式传递给从机，设定从机以密钥签署送往主机的区域传送要求；反之亦然，提供服务给经密钥签署过的动态更新要求。

(1) 在 Server1 上，产生加密密钥。

```
[root@linuxA 桌面 ]# dnssec-keygen -a HMAC-MD5 -b 128 -n HOST Server1
    KServer1.+157+30472
```

**知识链接**

dnssec-keygen 命令用于生成 DNS 服务秘钥，参数 -a 指定加密算法，-b 指定秘钥长度，-n 指定秘钥的类型。以上命令使用 HMAC-MD5 算法为 Server1 产生一个 128 位的消息认证码。命令执行后，会产生密钥散列值，dnssec-keygen 会创建文件 KServer1.+157+30472.key 和 KServer1.+157+30472.private。

(2) 查询 Server1 的加密密钥。

① 查询公钥。

```
[root@linuxA 桌面 ]# cat Kserver1.+157+30472.key
    server1. IN KEY 512 3 157 U7hiTmgrJNU++r3Z80M+TA==
```

② 查询私钥。

```
[root@linuxA 桌面 ]# cat Kserver1.+157+30472.private
    Private-key-format: v1.3
    Algorithm: 157 (HMAC_MD5)
    Key: U7hiTmgrJNU++r3Z80M+TA==
    Bits: AAA=
    Created: 20190614011321
    Publish: 20190614011321
    Activate: 20190614011321
```

(3) 修改 Server1 的 named.conf。

```
[root@linuxA 桌面 ]# vim /etc/named.conf
    options{
        ......
        allow-transfer {key server1;};
        ......
    };
    key "server1"{
        algorithm hmac-md5;
        secret "U7hiTmgrJNU++r3Z80M+TA==";
    };
```

注　意

这里 key 的名称、加密算法、密钥必须与上面产生加密密钥时的设置一致。

(4) 修改 Server2 的 named.conf。

```
[root@linuxB 桌面 ]# vim /etc/named.conf
    ……
    key "server1;"{
                    algorithm hmac-md5;
                    secret "U7hiTmgrJNU++r3Z80M+TA==";
    };
    server 192.168.159.9{
        keys{server1;};
    };
    ……
```

(5) 验证 TSIG 配置。

① 在 Server1 和 Server2 上，关闭防火墙。

② 在 Server1 上，重新启动 DNS 服务。

③ 在 Server2 上，删除区域配置文件。

④ 在 Server2 上，清空日志文件。

⑤ 在 Server2 上，重新启动 DNS 服务。

⑥ 在 Server2 上，查看区域配置文件是否存在。

```
[root@linuxB 桌面 ]#cd /var/named
[root@linuxB named]# ls
    192.168.159.rev    data      named.ca      named.localhost      slaves
    abc.com.zone       dynamic   named.empty   named.loopback
```

⑦ 查看日志信息。

```
[root@linuxB named]# cat /var/log/messages
    ……
    Jun 14 10:27:40 linuxB named[3629]: zone 159.168.192.in-addr.arpa/IN:
Transfer started.
    Jun 14 10:27:40 linuxB named[3629]: transfer of '159.168.192.in-addr.
arpa/IN' from 192.168.159.9#53: connected using 192.168.159.10#33668
    Jun 14 10:27:40 linuxB named[3629]: zone 159.168.192.in-addr.arpa/IN:
transferred serial 42: TSIG 'Server1'
    Jun 14 10:27:40 linuxB named[3629]: transfer of '159.168.192.in-addr.
arpa/IN' from 192.168.159.9#53: Transfer completed: 1 messages, 4 records,
237 bytes, 0.001 secs (237000 bytes/sec)
```

日志显示，Server1 和 Server2 之间经过了密钥认证，Server2 从

Server1 重新获得了正向解析文件和反向解析文件。

# 任务二　加强 Linux 系统 DHCP 服务的安全防御

## 任务提出

为了便于分配和管理网络中的 IP 地址，在网络中部署 DHCP 服务器为子网中的主机动态分配 IP 地址。DHCP 给网络管理带来很大的便利，但同时也带来了很大的安全风险，比如伪造 DHCP、DHCP DoS 攻击以及 IP 地址冲突等。

为了保障网络中的 DHCP 服务的安全，需要对 DHCP 服务器进行安全配置，具体配置任务包括两个模块：

(1) 配置只启动一个接口的 DHCP 服务，避免多网卡 DHCP 服务安全隐患。

(2) 使 DHCP 服务运行在监牢中，即使黑客破解了 DHCP 服务、获得了权限等，依然逃脱不了监牢的束缚，只能对该目录及其子目录的文件进行操作，保证服务器其他服务和文件的安全。

## 任务分析

### 1. 指定 DHCP 服务启动接口

一般情况下，服务器拥有多块网卡，启用 DHCP 服务后，默认情况下，在所有接口上都会启用 DHCP 服务，这样会使 DHCP 服务面临更多的安全隐患，因此要指定 DHCP 服务的启动接口，限制 DHCP 服务的网络接口。

### 2. 在 chroot() 环境下运行 DHCP 服务器

通过 chroot 机制可以更改某个软件运行时所能看到的根目录，即将某软件运行限制在指定目录中，保证该软件只能对该目录及其子目录的文件有所动作，从而保证整个服务器的安全，这样即使被破坏或被侵入，所受的损失也会比较小。

## 任务实施

### 1. 指定 DHCP 服务启动接口

步骤1　实验准备阶段，根据项目一中任务二知识点，在 VMware Workstation 中部署两台 Red Hat Enterprise Linux 6.4 系统虚拟机 Server 和 PC，两个虚拟机的 IP 地址规划如表 5-2 所示，并将两台虚拟机实现网络连通。

5-2-1

表 5-2　加强 Linux 系统 DHCP 服务安全防御的网络 IP 地址规划

| 设备名称 | 设备角色 | 操作系统 | IP 地址 |
|---|---|---|---|
| Server | DHCP 服务器 | Red Hat Linux 6.4 | 192.168.159.9/24 |
| PC | 客户端 | Red Hat Linux 6.4 | DHCP 自动获取 |

步骤 2　在 Server 上安装 DHCP 服务。

```
[root@linuxA 桌面 ]# mount /dev/cdrom /mnt/cdrom
[root@linuxA 桌面 ]# yum list |grep dhcp
    dhcp-common.i686                                    12:4.1.1-34.P1.el6
@anaconda-RedHatEnterpriseLinux-201301301449.i386/6.4
    dhcp.i686                                           12:4.1.1-34.P1.el6
    base
    sblim-cmpi-dhcp.i686                                1.0-1.el6base
[root@linuxA 桌面 ]# yum -y install dhcp.i686
```

步骤 3　配置 DHCP 服务。
(1) 启动 DHCP 服务。

```
[root@linuxA 桌面 ]# service dhcpd start
    正在启动 dhcpd：                                              [ 失败 ]
```

由于 DHCP 服务中缺少配置信息，打开 /etc/dhcp/dhcpd.conf 配置文件时会发现文件中没有配置内容。所以在启动 DHCP 时失败，需要进一步的配置。
(2) 复制 DHCP 配置文件。

```
[root@linuxA 桌面 ]# cp /usr/share/doc/dhcp*/dhcpd.conf.sample /etc/dhcp/dhcpd.conf
    cp: 是否覆盖 "/etc/dhcpd.conf" ？  yes
```

(3) 修改 DHCP 配置文件。

```
[root@linuxA 桌面 ]# vim /etc/dhcp/dhcpd.conf
    ……
    subnet 192.168.159.0 netmask 255.255.255.0 {
    range 192.168.159.20 192.168.159.30;
    option domain-name-servers ns1.internal.example.org;
    option domain-name "internal.example.org";
    option routers 192.168.159.254;
    option broadcast-address 192.168.159.255;
    default-lease-time 600;
    max-lease-time 7200;
    }
    ……
```

注 意　　在选择拷贝文件的路径时，应当注意在 Red Hat Linux 6 以下的版本中，配置文件保存在 /etc/dhcpd.conf 中，但是在 Red Hat Linux 6 及以上版本中，却保存在 /etc/dhcp/dhcpd.conf 中，如果配置文件拷贝路径错误，会造成配置 DHCP 文件后，DHCP 服务依然启动失败。

(4) 重新启动 DHCP 服务。

```
[root@linuxA dhcp]# service dhcpd restart
正在启动 dhcpd：                                          [ 确定 ]
```

(5) 配置 PC 自动获得 IP 地址。

首先修改 PC 的网卡配置，将 IP 地址获取方式修改为 DHCP。

```
[root@linuxB 桌面 ]# vim /etc/sysconfig/network-scripts/ifcfg-eth0
    DEVICE=eth0
    HWADDR=00:0C:29:8C:17:0B
    TYPE=Ethernet
    UUID=9951f54b-aa73-4de7-bc6d-7a209cc0355c
    ONBOOT=yes
    NM_CONTROLLED=yes
    BOOTPROTO=DHCP
```

然后将 PC 的网卡重新启动。

```
[root@linuxB 桌面 ]# service network restart
```

查看 PC 的 IP 地址。

```
[root@linuxB 桌面 ]# ifconfig
    eth0      Link encap:Ethernet      HWaddr 00:0C:29:8C:17:0B
              inet      addr:192.168.159.20      Bcast:192.168.159.255
Mask:255.255.255.0
              inet6 addr: fe80::20c:29ff:fe8c:170b/64 Scope:Link
              UP BROADCAST RUNNING MULTICAST MTU:1500Metric:1
              RX packets:7480 errors:0 dropped:0 overruns:0 frame:0
              TX packets:3346 errors:0 dropped:0 overruns:0 carrier:0
              collisions:0 txqueuelen:1000
              RX bytes:858183 (838.0 KiB) TX bytes:266002 (259.7 KiB)
```

可以看出，PC 已经从 DHCP 服务器获得了 IP 地址池中的第一个 IP 地址、广播地址、子网掩码。

步骤 4　设置 DHCP 服务的网络接口。

如果系统中 DHCP 服务器存在多个网络接口，但是只想在其中一个网络接口启动 DHCP 服务，可以配置只启动一个接口的 DHCP 服务。

在 /etc/sysconfig/dhcpd 中，把指定的 DHCP 服务器的网络接口添加到 DHCPDARGS 的列表中。

```
[root@linuxA dhcp]# vim /etc/sysconfig/dhcpd
    DHCPDARGS=eth0
```

或者直接使用命令：

```
[root@linuxA dhcp]#echo "DHCPDARGS=eth0" >> /etc/sysconfig/dhcpd
```

### 2. 在 chroot() 环境下运行 DHCP 服务器

将软件运行时需要的所有程序、配置文件和库文件都事先安装到 chroot 目录中，通常称这个目录为 chroot jail (chroot "监牢")。如果要在"监牢"中运行 dhcpd，就需要事先创建目录，并将 dhcpd 复制到其中。

**知识链接**

chroot，即 change root directory (更改 root 目录)。在 Linux 系统中，系统默认的目录结构都以"/"，即是以根 (root) 开始的。而在使用 chroot 之后，系统的目录结构将以指定的位置作为"/"位置。在经过 chroot 之后，系统读取到的目录和文件将不再是旧系统根下而是新根下 (即被指定的新的位置) 的目录结构和文件。它带来的好处有：① 增加了系统的安全性，限制了用户的权力；② 建立一个与原系统隔离的系统目录结构，方便用户的开发；③ 切换系统的根目录位置，引导 Linux 系统启动以及急救系统等。

通常 dhcpd 需要几个库文件，可以使用 ldd (library dependency display) 命令查询。ldd 本身不是一个程序，只是一个 shell 脚本，它可以列出一个程序所需要的动态链接库。

```
[root@linuxA dhcp]# ldd /usr/sbin/dhcpd
    linux-gate.so.1 =>(0x003c8000)
    libldap-2.4.so.2 => /lib/libldap-2.4.so.2 (0x00ab9000)
    liblber-2.4.so.2 => /lib/liblber-2.4.so.2 (0x00526000)
    libc.so.6 => /lib/libc.so.6 (0x00152000)
    libresolv.so.2 => /lib/libresolv.so.2 (0x00837000)
    libssl3.so => /usr/lib/libssl3.so (0x002e9000)
    libsmime3.so => /usr/lib/libsmime3.so (0x00696000)
    libnss3.so => /usr/lib/libnss3.so (0x003c9000)
    libnssutil3.so => /usr/lib/libnssutil3.so (0x0031e000)
    libplds4.so => /lib/libplds4.so (0x00800000)
    libplc4.so => /lib/libplc4.so (0x003a3000)
    libnspr4.so => /lib/libnspr4.so (0x00343000)
    libsasl2.so.2 => /usr/lib/libsasl2.so.2 (0x00641000)
    /lib/ld-linux.so.2 (0x006e3000)
    lib pthread.so.0 => /lib/libpthread.so.0 (0x009dc000)
    libdl.so.2 => /lib/libdl.so.2 (0x00667000)
    libz.so.1 => /lib/libz.so.1 (0x00e65000)
    libcrypt.so.1 => /lib/libcrypt.so.1 (0x00535000)
    libfreebl3.so => /lib/libfreebl3.so (0x00565000)
```

在 ldd 命令显示的结果中，"=>"左边的内容表示该程序需要链接的共享库的 so 文件名称，右边表示由 Linux 的共享库系统找到的对应的共享库在文件系统中的具体位置。默认情况下，/etc/ld.so.conf 文件中包含有默认的共享库搜索路径。

从 ldd 查询结果可以看出，DHCP 服务执行所需要的共享库在 lib 文件夹下，因此我们还需要在"监牢"中创建 lib 目录，并将库文件复制到其中。手工完成这一工作非常麻烦，可以用 jail 软件包帮助简化 chroot "监牢"的建立过程。

(1) jail 软件的编译和安装。

① 下载 jail 源程序。

从 http://www.jmcresearch.com/static/dwn/projects/jail/jail.tar.gz 可以下载到 jail 的最新版本，它是由位于 http://www.jmcresearch.com/projects/jail/ 的 jail chroot 项目小组开发的。该软件包包含了帮助自动创建 chroot "监牢"的 C 程序、Perl 程序和 Bash 脚本。

在虚拟机连接互联网的情况下，可以使用命令 wget http://www.jmcresearch.com/static/dwn/projects/jail/jail.tar.gz 下载 jail 源程序。

② 解压软件包。

将 jail_1.9a. tar.gz 文件放在 home 目录下。

```
[root@linuxA 桌面 ]# cd ~
[root@linuxA ~]# ls
    anaconda-ks.cfg    install.log.syslog    公共的    视频    文档    音乐
    install.log        jail_1.9a.tar.gz       模板      图片    下载    桌面
[root@linuxA ~]# tar xzvf jail_1.9a.tar.gz
    jail/
    jail/CVS/
    jail/CVS/Root
    jail/CVS/Repository
    jail/CVS/Entries
    ……
    jail/jail.c
    jail/mkenv.sh
    jail/INSTALL
```

③ 编辑源程序。

```
[root@linuxA ~]# cd jail/src
[root@linuxA src]# make
```

```
        gcc  -Wall  -g  -D__LINUX__  -DDEBUG=0  -I  .  -c generic_helpers.c
-o  generic_helpers.o
        gcc  -Wall  -g  -D__LINUX__  -DDEBUG=0  -I  .  -c  passwd_helpers.c
-o  passwd_helpers.o
        gcc  -Wall  -g  -D__LINUX__  -DDEBUG=0  -I  .  -c  terminal_helpers.
c  -o terminal_helpers.o
        gcc  -Wall  -g  -D__LINUX__  -DDEBUG=0  -I  .  jail.c  -o jail generic_
helpers.o   passwd_helpers.o terminal_helpers.o&& \\
        cp jail ../bin
```

**小贴士**

　　若使用 make 命令时，出现提示："make: gcc：命令未找到 make: ***
[generic_helpers.o] 错误 127"，有可能是系统未安装 gcc，安装 gcc 时可
以按顺序执行 yum install cpp；yum install binutils；yum install glibc；yum
install glibc-common；yum install glibc-devel；yum install gcc；yum install
make。

　　④ 安装 jail。

```
    [root@linuxA src]# make install
```

　　(2) 用 jail 创建监牢。

　　jail 软件包提供了几个 Perl 脚本作为其核心命令，包括 mkjailenv、
addjailuser 和 addjailsw。

　　mkjailenv：创建 chroot "监牢"，并将软件文件从原来文件系统中复制
到监牢中。

　　addjailsw：从原来文件系统中复制二进制可执行文件及其相关的其他
文件 ( 包括库文件、辅助性文件和设备文件 ) 到该 "监牢" 中。

　　addjailuser：创建新的 chroot "监牢" 用户。

　　① 停止当前的 dhcpd 服务。

```
    [root@linuxA ~]# service dhcpd stop
    关闭 dhcpd：                                              [ 确定 ]
```

　　② 建立 chroot 目录。

```
    [root@linuxA ~]# mkjailenv /chroot
        mkjailenv
        A component of Jail (version 1.9 for linux)
        http://www.gsyc.inf.uc3m.es/~assman/jail/
        Juan M. Casillas <assman@gsyc.inf.uc3m.es>
        Making chrooted environment into /chroot
            Doing preinstall()
            Doing special_devices()
            Doing gen_template_password()
```

```
        Doing postinstall()
    Done.
[root@linuxA ~]# addjailsw /chroot/ -P /usr/sbin/dhcpd
    addjailsw
    A component of Jail (version 1.9 for linux)
    http://www.gsyc.inf.uc3m.es/~assman/jail/
    Juan M. Casillas <assman@gsyc.inf.uc3m.es>
    Guessing /usr/sbin/dhcpd args(0)
    /bin/mknod: "/chroot//dev/null": 文件已存在
    Done.
```

③ 将 dhcpd 的相关文件复制到"监牢"中。

```
[root@linuxA ~]# mkdir -p /chroot/dhcp/etc
[root@linuxA ~]# cp /etc/dhcp/dhcpd.conf /chroot/dhcp/etc
[root@linuxA ~]# mkdir -p /chroot/dhcp/var/state/dhcp
[root@linuxA ~]# touch /chroot/dhcp/var/state/dhcp/dhcp.leases
```

④ 重新启动 dhcpd。

```
[root@linuxA ~]# /chroot/usr/sbin/dhcpd
    Internet Systems Consortium DHCP Server 4.1.1-P1
    Copyright 2004-2010 Internet Systems Consortium.
    All rights reserved.
    For info, please visit https://www.isc.org/software/dhcp/
    Not searching LDAP since ldap-Server, ldap-port and ldap-base-dn were not
specified in the config file
    Wrote 0 class decls to leases file.
    Wrote 0 deleted host decls to leases file.
    Wrote 0 new dynamic host decls to leases file.
    Wrote 1 leases to leases file.
    Listening on LPF/eth0/00:0c:29:e5:fc:f6/192.168.159.0/24
    Sending on LPF/eth0/00:0c:29:e5:fc:f6/192.168.159.0/24
    Sending on Socket/fallback/fallback-net
```

注　意

　　这里重新启动 dhcp 时需要在 /chroot/usr/sbin/dhcpd 目录下启动，此时 dhcp 文件已经拷贝到 chroot 中，需要在"监牢"中运行 dhcp。

⑤ 使用 ps 命令检查 dhcpd 进程。

```
[root@linuxA ~]# ps -ef |grep dhcp
    root     15195        1   0 15:26 ?        00:00:00 /chroot/usr/sbin/dhcpd
    root     15199   3344   0 15:27 pts/0      00:00:00 grep dh
```

**小贴士**

　　从以上输出可以看出，此时 dhcp 进程的名称已经改变，运行目录已经限制在 chroot 下。目前在系统中存在两个 dhcp 进程，若使用 service dhcpd start 将真实文件系统中的 dhcp 启动，再使用 ps 命令检查，会发现有两个 dhcp 目录。

　　⑥ 使用 netstat 命令检查 dhcpd 运行的端口。

```
[root@linuxA ~]# netstat -nutap |grep dhcpd
    udp    0    0 0.0.0.0:67    0.0.0.0:*    15195/dhcpd
```

　　从结果可以看出，dhcp 运行的端口号没有改变，在不影响 dhcp 服务运行的情况下，dhcp 已经成功运行在"监牢"中。

　　⑦ 删除临时文件。

```
[root@linuxA ~]# rm-rf  jail
```

# 任务三　加强 Linux 系统 Web 服务的安全防御

## 任务提出

　　在网络中部署 Web 服务器，不但可以为内网用户提供 Web 服务，而且可以为 Internet 用户提供 Web 服务，但也给网络带来很大的安全隐患，如窃取敏感信息、进行漏洞攻击及获取 Web 服务进程的权限等。为了保障 Web 服务器安全运行，需要对 Web 服务器进行安全配置，具体任务如下：

　　(1) 对 Web 服务器软件 Apache 进行基本安全配置、中级安全配置、高级安全配置。

　　(2) 使用 SSL 加密机制加密网络通信内容，防止信息泄露。

## 任务分析

### 1. 对 Web 服务器进行安全配置

　　Apache 服务器是 Internet 上应用最为广泛的 Web 服务器软件之一。Apache 服务器源自美国国家超级计算技术应用中心 (National Center for Supercomputing Applications，NCSA)Web 服务器项目，目前已在 Internet 中占据了领导地位。

　　Apache 服务器经过精心配置之后，才能适应高负荷、大吞吐量的 Internet 访问请求。它具有快速、可靠、简单的 API 扩展，且完全免费，源代码完全开放，方便人们访问 Web 服务器。但 Apache 服务器也存在安全缺陷，主要有：

　　(1) 使用 HTTP 进行的拒绝服务攻击。

(2) 缓冲区溢出的安全缺陷。

(3) 被攻击者获得 root 权限的安全缺陷。

对 Apache 进行安全配置，主要包括以下方面：

(1) 隐藏 Apache 的版本号及其他敏感信息。

(2) 确保 Apache 以其自身的用户账号和组运行。

(3) 确保 Web 根目录之外的文件没有提供服务。

(4) 关闭目录浏览。

(5) 关闭 Includes。

(6) 关闭 CGI 执行程序。

(7) 禁止 Apache 遵循符号链接。

(8) 关闭多重选项。

(9) 关闭对 .htaccess 文件的支持。

(10) 运行 mod_security。

### 2. 使用 SSL 加强 Web 服务器通信安全

SSL 是 Apache 所支持的安全套接层协议，提供 Internet 上的安全交易服务。通过对通信字节流的加密来防止敏感信息的泄露。由于 Apache 是由多个模块组成的，不同模块对应不同的功能，Apache 对 SSL 的支持是通过对 Apache 的 API 扩展实现的，相当于一个外部模块，通过与第三方程序结合提供安全的网络沟通。

通过配置 SSL 服务，对网页通信链接进行加密，保障 Web 服务器通信安全。

## 任务实施

### 1. 对 Web 服务器进行安全配置

步骤 1　实验准备阶段，根据项目一中任务二知识点，在 VMware Workstation 中部署两台 Red Hat Enterprise Linux 6.4 系统虚拟机 Server 和 PC，两个虚拟机的 IP 地址规划如表 5-3 所示，并将两台虚拟机实现网络连通。

5-3-1

表 5-3　加强 Linux 系统 Web 服务安全防御的网络 IP 地址规划

| 设备名称 | 设备角色 | 操作系统 | IP 地址 |
| --- | --- | --- | --- |
| Server | Web 服务器 | Red Hat Linux 6.4 | 192.168.159.9/24 |
| PC | 客户端 | Red Hat Linux 6.4 | 192.168.159.10/24 |

步骤 2　在 Server 上安装 Apache。

(1) 安装 Apache。

① 安装并开启 Apache。

```
[root@linuxA ~]# yum list |grep httpd
        httpd.i686                                                    2.2.15-26.el6
@anaconda-RedHatEnterpriseLinux-201301301449.i386/6.4
        httpd-tools.i686                                              2.2.15-26.el6
@anaconda-RedHatEnterpriseLinux-201301301449.i386/6.4
        httpd-devel.i686            2.2.15-26.el6                     base
        httpd-manual.noarch         2.2.15-26.el6                     base
[root@linuxA ~]# yum -y install httpd
[root@linuxA ~]# service httpd start
[root@linuxA ~]# service httpd status
```

② 在客户端测试 Web 服务。

在 PC 端打开 Web 浏览器，输入服务器的 IP 地址或 DNS 名称 www. abc.com，显示测试网页，如图 5-1 所示。

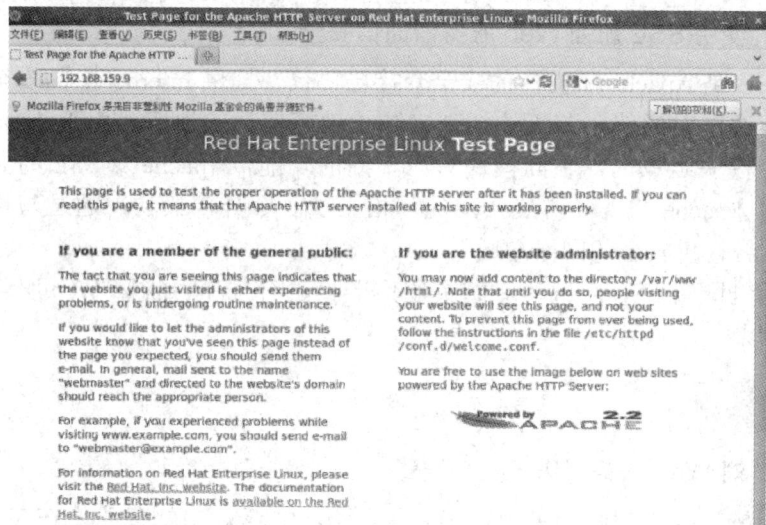

图 5-1　Apache 测试网页

(2) Apache 基本配置。

① 在 Server 上创建测试网页。

```
[root@linuxA ~]# mkdir --p /www/ceshi
[root@linuxA ~]# chmod 755 /www/ceshi
[root@linuxA ~]# echo "this is a test web page">/www/index.htm
[root@linuxA ~]# echo "School of Artificial Intelligence" >/www/ceshi/rgznxy.htm
```

② 修改 Apache 服务配置文件，设置主目录和默认网页。

```
[root@linuxA ~]# vim /etc/httpd/conf/httpd.conf
    ……
    DocumentRoot "/www"
    DirectoryIndex index.htm
```

③ 重新启动 Apache 服务。

```
[root@linuxA ~]# service httpd restart
```

④ 在客户端测试 Web 服务。

在计算机上打开 Web 浏览器，输入服务器的 IP 地址，显示如图 5-2 所示结果。

图 5-2　测试网页结果

步骤 3　Apache 基本安全配置。

(1) 隐藏 Apache 的版本号及其他敏感信息。

默认情况下，Apache 软件在安装时会显示版本号及操作系统版本，甚至会显示服务器上安装的 Apache 模块。这些信息可能被攻击者利用，从而造成安全隐患。

ServerTokens 目录用来判断 Apache 会在 ServerHTTP 响应包的头部填充什么信息，如果把 ServerTokens 设为 Prod，那么 HTTP 响应包头就会被设置成 "Server: Apache"。ServerSignature 出现在 Apache 所产生的如 404 页面、目录列表等页面的底部。

① 客户端测试。

在计算机上输入错误网址，在错误信息中将显示 Apache 的版本号信息，如图 5-3 所示。

图 5-3　错误主页显示 Apache 版本号

② 在 Server 上，修改配置文件 /etc/httpd/conf/httpd.conf 以加强服务器安全。

```
[root@linuxA ~]# vim /etc/httpd/conf/httpd.conf
……
#ServerTokens OS
ServerTokens Prod
```

```
……
#ServerSignature On
ServerSignature Off
……
```

**小贴士**

Apache 配置文件较多，修改配置文件时，可以在文件编辑窗口的非编辑模式下使用"/关键字"的方式快速查找到需要修改的配置内容。

③ 重新启动 Apache 服务。

```
[root@linuxA ~]# service httpd restart
```

④ 在计算机上重新输入错误网址，在错误信息中将不再显示 Apache 的版本号信息，如图 5-4 所示。

图 5-4 错误主页不再显示版本号

(2) 确保 Apache 以其自身的用户账号和组运行。

某些 Apache 安装过程中使服务器以 nobody 账户运行，假定 Apache 和邮件服务器都是以 nobody 的账户运行，那么通过 Apache 发起的攻击就可能同时攻占邮件服务器，反之通过邮件服务器发起的攻击也可能同时攻占 Apache 服务。

① 确保 Apache 以其自身的用户账号和组运行。

```
[root@linuxA ~]# vim /etc/httpd/conf/httpd.conf
……
User apache
Group apache
……
```

**小贴士**

默认情况下，若 Apache 配置文件中已经设置 Apache 使用自身的用户账号和组运行，则无需修改。

② 显示运行 Apache 的账号和组。

```
[root@linuxA ~]# ps -ef |grep httpd
root     16313         1    0 14:43    ?    00:00:00 /usr/sbin/httpd
apache   16317   16313    0 14:43    ?    00:00:00 /usr/sbin/httpd
```

| apache | 16318 | 16313 | 0 14:43 | ? | 00:00:00 /usr/sbin/httpd |
| apache | 16319 | 16313 | 0 14:43 | ? | 00:00:00 /usr/sbin/httpd |
| apache | 16320 | 16313 | 0 14:43 | ? | 00:00:00 /usr/sbin/httpd |
| apache | 16321 | 16313 | 0 14:43 | ? | 00:00:00 /usr/sbin/httpd |
| apache | 16322 | 16313 | 0 14:43 | ? | 00:00:00 /usr/sbin/httpd |
| apache | 16323 | 16313 | 0 14:43 | ? | 00:00:00 /usr/sbin/httpd |
| apache | 16324 | 16313 | 0 14:43 | ? | 00:00:00 /usr/sbin/httpd |
| root | 16336 | 3344 | 0 14:48 | pts/ | 000:00:00 grep httpd |

**知识链接**

ps 命令将某个进程显示出来，它是 Linux 下最常用的也是非常强大的进程查看命令；grep 命令是查找，是一种强大的文本搜索工具，它能使用正则表达式搜索文本，并把匹配的行打印出来；中间的"|"是管道命令，是指 ps 命令与 grep 同时执行。

以上命令的显示结果字段含义依次为：UID，PID，PPID，C，STIME，TTY，TIME，CMD，它们的含义如下：

UID：程序被该 UID 所拥有。

PID：这个程序的 ID。

PPID：其上级父程序的 ID。

C：CPU 使用的资源百分比。

STIME：系统启动时间。

TTY：登录者的终端位置。

TIME：花费的 CPU 时间。

CMD：所下达的是什么指令。

(3) 关闭 Includes。

在 Directory 标签内设置 Option 为 None 或者 -Includes，可以实现 Includes 的关闭。

```
[root@linuxA ~]# vim /etc/httpd/conf/httpd.conf
……
<Directory />
#Options FollowSymLinks
    Options -Includes
    AllowOverride None
</Directory>
……
```

(4) 关闭所有不必要的模块。

Apache 通常会安装几个模块，可以通过浏览 Apache 的 module documentation，了解已安装的各个模块的用途。在很多情况下，并不需要激活这些模块。

找到 httpd.conf 中包含 LoadModule 的代码。要关闭这些模块，只需要在代码行前添加"#"号，将该命令行变为注释即可，这样在恢复时也方便。

① 查找正在运行的模块。

```
[root@linuxA 桌面 ]# grep -v '#' /etc/httpd/conf/httpd.conf |grep LoadModule
    LoadModule auth_basic_module modules/mod_auth_basic.so
    LoadModule auth_digest_module modules/mod_auth_digest.so
    LoadModule authn_file_module modules/mod_authn_file.so
    ……
```

② 关闭一些不常用的模块。

```
    ……
    #LoadModule include_module modules/mod_include.so
    ……
    #LoadModule status_module modules/mod_status.so
    ……
    #LoadModule info_module modules/mod_info.so
    ……
    #LoadModule userdir_module modules/mod_userdir.so
    #LoadModule cgi_module modules/mod_cgi.so
```

步骤 4　Apache 中级安全配置。

(1) 禁止 Apache 遵循符号链接。

若所有 Web 站点文件都放在一个目录下 ( 如 /web)，可以把选项设置成 None 或 -FollowSymLinks，确保 Web 根目录之外的文件没有提供服务。

① 创建软链接。

```
[root@linuxA 桌面 ]# mkdir -p /web/test
[root@linuxA 桌面 ]# echo 'This is a test web' >/web/test/index.htm
[root@linuxA 桌面 ]# ln -s /web/test/index.htm /www/test
```

② 客户端测试。

在 PC 浏览器中输入网址 http://192.168.159.9/test，显示如图 5-5 所示网页。

图 5-5　测试符号链接网页

③ 修改配置文件，关闭符号链接。

将"Options FollowSymLinks"取消

```
[root@linuxA 桌面 ]# vim /etc/httpd/conf/httpd.conf
    <Directory />
    ……
            Options -FollowSymLinks
    ……
    </Directory>
```

在服务器端，重新启动 httpd 服务，使修改后的配置文件生效。

```
[root@linuxA 桌面 ]#service httpd restart
```

④ 客户端重新测试。

在 PC 的浏览器中输入 http://192.168.159.9/test，会弹出禁止访问网页，说明 Apache 遵循符号链接功能已经被关闭，如图 5-6 所示。

图 5-6　显示符号链接错误网页

(2) 关闭目录浏览。

① 修改配置文件，增加"Options Indexes"。

```
[root@linuxA 桌面 ]# vim /etc/httpd/conf/httpd.conf
    <Directory />
    ……
            Options Indexes
    </Directory>
```

在服务器端，重新启动 httpd 服务，使修改后的配置文件生效。

```
[root@linuxA 桌面 ]#service httpd restart
```

② 客户端测试。

在 PC 的浏览器中输入 http://192.168.159.9/ceshi，则显示网页文件目录，如图 5-7 所示。

③ 修改配置文件，关闭目录浏览。

将配置文件中的"Options Indexes"取消。

```
[root@linuxA 桌面 ]# vim/etc/httpd/conf/httpd.conf
    <Directory />
    ……
```

```
        Options -Indexes
    </Directory>
```

图 5-7　浏览目录信息

在服务器端，重新启动 httpd 服务，使修改后的配置文件生效。

```
[root@linuxA 桌面 ]#service httpd restart
```

④ 客户端重新测试。

在 PC 的浏览器中输入 http://192.168.159.9/ceshi，则不再显示网页文件目录，如图 5-8 所示。

图 5-8　不允许浏览网站目录信息

(3) 关闭 CGI 程序。

CGI(Common Gateway Interface) 公共网关接口，是外部扩展应用程序与 Web 服务器交互的一个标准接口。CGI 技术是客户端与服务器交互的一种方式，根据 CGI 标准，编写外部扩展应用程序，可以对客户端浏览器输入的数据进行处理，完成客户端与服务器的交互操作。简言之，CGI 就是网站中各种后台程序，该程序可以通过网页运行。不完善的 CGI 应用程序可能成为别人非法进入服务器系统的通道，有可能导致重要的资料被删除或外泄。

如果不用 CGI，那么应该把它关闭，在目录标签中把选项设置成 None 或 -ExecCGI，修改配置文件 /etc/httpd/conf/httpd.conf，具体操作如下所示。

① 编写一个 CGI 测试脚本。

```
[root@linuxA 桌面 ]# mkdir /www/cgi-bin
[root@linuxA 桌面 ]# vim /www/cgi-bin/hello.cgi
        #!/usr/bin/perl
        print "Content-type:text/plain\n\n";
        print "Hello World.\n"
```

② 修改 hello.cgi 权限，使其能正确执行。

```
[root@linuxA 桌面 ]# chmod 755 /www/cgi-bin/hello.cgi
```

③ 修改配置文件。

```
[root@linuxA 桌面 ]# vim /etc/httpd/conf/httpd.conf
        ……
        ScriptAlias /cgi-bin/ "/www/cgi-bin/"
        <Directory "/www/cgi-bin">
        ……
        Options ExecCGI
        ……
        </Directory>
```

**注 意**

若在步骤 3 的第 (4) 步中将模块 LoadModule cgi_module modules/mod_cgi.so 关闭，在此必须将该模块开启。

在服务器端，重新启动 httpd 服务，使修改后的配置文件生效。

```
[root@linuxA 桌面 ]#service httpd restart
```

④ 客户端测试。

在 PC 端浏览器中输入 http://192.168.159.9/cgi-bin/hello.cgi，显示 CGI 执行程序运行结果，如图 5-9 所示。

图 5-9　执行 CGI 程序测试结果

⑤ 修改配置文件。

修改 httpd 配置文件，使得 CGI 程序不能运行。

```
[root@linuxA 桌面 ]# vim /etc/httpd/conf/httpd.conf
        ……
        #ScriptAlias /cgi-bin/ "/www/cgi-bin/"
        <Directory "/www/cgi-bin">
        ……
```

```
        Options -ExecCGI
        ……
    </Directory>
```

在服务器端，重新启动 httpd 服务，使修改后的配置文件生效。

```
[root@linuxA 桌面 ]#service httpd restart
```

在 PC 端浏览器中输入 http://192.168.159.9/cgi-bin/hello.cgi，CGI 执行程序运行失败，如图 5-10 所示。

图 5-10　关闭 CGI 程序执行测试结果

(4) 关闭对 .htaccess 文件的支持。

**知识链接**

.htaccess 文件 ( 或者 "分布式配置文件" ) 提供了针对目录改变配置的方法，即在一个特定的文档目录中放置一个包含一个或多个指令的文件，以作用于此目录及其所有子目录。.htaccess 文件是 Apache 服务器中的一个配置文件，它负责相关目录下的网页配置。通过 .htaccess 文件，可以帮我们实现：网页 301 重定向、自定义 404 错误页面、改变文件扩展名、允许 / 阻止特定的用户或者目录的访问、禁止目录列表、配置默认文档等功能。

① 创建 .htaccess 文件，不允许 192.168.159.10 的计算机访问。

```
[root@linuxA 桌面 ]# vim /www/.htaccess
    deny from 192.168.159.10
```

② 客户端第 1 次测试。

在 PC 端浏览器中输入 http://192.168.159.9，由于未启用 .htaccess，客户端可以正常访问网页，如图 5-11 所示。

图 5-11　未启用 .htaccess 之前测试 PC 端访问

③ 启用 .htaccess。

```
[root@linuxA 桌面 ]# vim /etc/httpd/conf/httpd.conf
    <Directory />
        AllowOverride All
        ......
    </Directory>
    ......
    <Directory "/var/www/html">
    Options Indexes FollowSymLinks
    AllowOverride all
    Order allow,deny
    Allow from all
    </Directory>
```

注　意

在启用 .htaccess 之前，需先确认模块 LoadModule rewrite_module modules/mod_rewrite.so 已开启，可以支持 .htaccess 文件。

④ 重新启动 http 服务，使配置生效。

```
[root@linuxA 桌面 ]# service httpd restart
```

⑤ 客户端第 2 次测试。

在 PC 端浏览器中输入 http://192.168.159.9，启用 .htaccess 后，客户端无法正常访问网页，如图 5-12 所示。

图 5-12　开启 .htaccess 文件支持

⑥ 在服务器端查看日志文件。

```
[root@linuxA 桌面 ]# tail /var/log/httpd/error_log
    [Tue Jul 23 22:53:20 2019] [notice] caught SIGTERM, shutting down
    [Tue Jul 23 22:53:20 2019] [notice] suEXEC mechanism enabled (wrapper:
/usr/sbin/suexec)
    [Tue Jul 23 22:53:20 2019] [notice] Digest: generating secret for digest
authentication ...
    [Tue Jul 23 22:53:20 2019] [notice] Digest: done
    [Tue Jul 23 22:53:20 2019] [warn] ./mod_dnssd.c: No services found to register
```

```
        [Tue Jul 23 22:53:20 2019] [notice] Apache/2.2.15 (Unix) DAV/2 configured
-- resuming normal operations
        [Tue Jul 23 22:53:25 2019] [error] [client 192.168.159.10] client denied by
Server configuration: /www/
```

通过日志可见，服务器端拒绝了客户端访问 www 文件。

⑦ 修改 .htaccess 文件，只允许 192.168.159.0/24 网络的计算机访问。

```
[root@linuxA 桌面 ]# vim /www/.htaccess
    allow from 192.168.159.
```

⑧ 重新启动 http 服务，使配置生效。

```
[root@linuxA 桌面 ]# service httpd restart
```

⑨ 客户端第 3 次测试。

在 PC 端浏览器中输入 http://192.168.159.9，由于 .htaccess 文件允许客户端所在网段主机访问服务器，客户端可以正常访问网页，如图 5-11 所示。

⑩ 关闭 .htaccess。

```
[root@linuxA 桌面 ]# vim /etc/httpd/conf/httpd.conf
    <Directory />
        AllowOverride None
        ……
    </Directory>
    ……
    <Directory "/var/www/html">
    Options Indexes FollowSymLinks
    AllowOverride None
    Order allow,deny
    Allow from all
    </Directory>
```

⑪ 在服务器端重新启动 httpd，并在客户端上进行第 4 次测试，由于 .htaccess 已关闭，客户端可以正常访问服务器网页，如图 5-11 所示。

## 2. 使用 SSL 加强 Web 服务器通信安全

(1) 安装 mod_ssl 模块。

mod_ssl 模块可以提供 TLS/SSL(Transport Layer Security / Secure Sockets Layer，安全传输层 / 安全套接层 ) 功能，https 认证通过 mod_ssl 实现。

```
[root@linuxA ~]# yum -y install mod_ssl
```

安装完成后，可以看到 mod_ssl 的配置文件 /etc/httpd/conf.d/ssl.conf。

```
[root@linuxA ~]# cd /etc/httpd/conf.d
[root@linuxA conf.d]# ls
    mod_dnssd.confREADMEssl.confwelcome.conf
```

(2) 创建密钥和证书申请。

创建一个文件夹，用来存放认证证书，然后申请证书。

```
[root@linuxA ~]# mkdir ca
[root@linuxA ~]# cd ca
[root@linuxA ca]# openssl req -new > new.cert.csr// 创建证书申请，此时会要
求输入国家、组织、姓名等信息。
        Generating a 2048 bit RSA private key
        ......................+++
        ....................................................+++
        writing new private key to 'privkey.pem'
        Enter PEM pass phrase:                    // 输入一个密码。
        Verifying - Enter PEM pass phrase:        // 再次输入上述密码。
        -----
        You are about to be asked to enter information that will be incorporated
        into your certificate request.
        What you are about to enter is what is called a Distinguished Name or a DN.
        There are quite a few fields but you can leave some blank
        For some fields there will be a default value,
        If you enter '.', the field will be left blank.
        -----
        Country Name (2 letter code) [XX]:CN
        State or Province Name (full name) []:Henan
        Locality Name (eg, city) [Default City]:Zhengzhou
        Organization Name (eg, company) [Default Company Ltd]:zzrvtc
        Organizational Unit Name (eg, section) []:rgznxy
        Common Name (eg, your name or your Server's hostname) []:Server.abc.com
        Email Address []:a@abc.com
        Please enter the following 'extra' attributes
        to be sent with your certificate request
        A challenge password []:                 // 输入一个密码。
        An optional company name []:abc.com
```

(3) 从密钥中删除私钥。

从 PEM 证书文件中删除私钥，以实现 ssh 免密登录远程服务器。

```
[root@linuxA ca]# openssl rsa -in privkey.pem -out new.cert.key  // 从密钥对里
提取出私钥。
        Enter pass phrase for privkey.pem:            // 输入 PEM 私钥密码。
        writing RSA key
```

(4) 将证书申请转换成签名证书。

```
[root@linuxA ca]# openssl x509 -in new.cert.csr -out new.cert.cert -req -signkey
new.cert.key -days 1825          // 生成一个签名证书，有效期为 1825 天。
```

```
Signature ok
subject=/C=CN/ST=Henan/L=Zhengzhou/OU=zzrvtc/OU=rgznxy/CN=server.
zzrvtc.edu.cn/emailAddress=abc@zzrvtc.edu.cn
Getting Private key
```

**知识链接**

CA：相当于一个认证机构，只要经过这个机构签名的证书就可以认为是可信任的。一般的浏览器中，都已经被写入了默认的 CA 根证书。

证书：就是将公钥和相关信息写入一个文件，CA 用私钥对公钥和相关信息进行签名后，将签名信息也写入这个文件后生成的一个文件。

证书格式：

(1) x509：这种证书只有公钥，不包含私钥。

(2) pcks#7：这种主要是用于签名或者加密，有 PEM 和 DER 两种编码方式。

(3) pcks#12：同时含有私钥和公钥，有口令保护，相对更安全。

证书编码方式：

(1) .pem 后缀的证书都是 base64 编码，是纯文本的，一般用于分发公钥，内容为一串可见的字符串，通常以 .cert，.crt，.cer，.key 为文件后缀。

(2) .der 后缀的证书都是二进制格式，不可读。

证书文件类别：

(1) .csr 后缀的文件是用于向 CA 申请签名的请求文件。

(2) .crt 和 .cer 后缀的文件都是证书文件（编码方式不一定，有可能是 .pem，也有可能是 .der)。

私钥：.key 后缀的文件是私钥文件。

OpenSSL：一个强大的安全套接字层密码库，囊括主要的密码算法、常用的密钥和证书封装管理功能及 SSL 协议，并提供丰富的应用程序供测试或其他目的使用。OpenSSL 整个软件包大概可以分成三个主要的功能部分：密码算法库、SSL 协议库以及应用程序，可以实现生成 pem 格式公私钥、转换私钥格式等功能。

加密：使用公钥操作数据。

签名：使用私钥操作数据。

加解密：公钥和私钥可以互相加解密。

转换：不同格式的证书之间可以互相转换。

公钥和私钥：公钥可以对外公开，但是私钥千万不要泄露，要妥善保存。

(5) 将证书文件 new.cert.cert 和私钥 new.cert.key 文件复制到适当的位置，并进行查看，如图 5-13 和图 5-14 所示。

```
[root@linuxA ca]# mkdir -p /etc/httpd/conf/ssl.crt/server.crt
[root@linuxA ca]# cp new.cert.cert /etc/httpd/conf/ssl.crt/server.crt
[root@linuxA ca]# cd /etc/httpd/conf/ssl.crt/server.crt
```

```
[root@linuxA server.crt]# ls
    new.cert.cert
[root@linuxA server.crt]# cat new.cert.cert
[root@linuxA ca]# mkdir -p /etc/httpd/conf/ssl.key/server.key
[root@linuxA ca]# cp new.cert.key /etc/httpd/conf/ssl.key/server.key
[root@linuxA ca]# cd /etc/httpd/conf/ssl.key/server.key
[root@linuxA server.key]# ls
    new.cert.key
[root@linuxA server.key]# cat new.cert.key
```

```
-----BEGIN CERTIFICATE-----
MIIDVjCCAj4CCQCR17T6f9vR4zANBgkqhkiG9w0BAQUFADBtMQswCQYDVQQGEwJD
TjEOMAwGA1UECAwFSGVuYW4xEjAQBgNVBAcMCVpoZW5nemhvdTEPMA0GA1UECgwG
enpydnRjMQ8wDQYDVQQLDAZyZ3pueHkxGDAWBgkqhkiG9w0BCQEWCWFAYWJjLmNv
bTAeFw0xOTA4MDcwMjQ1MjNaFw0yNDA4MDUwMjQ1MjNaMG0xCzAJBgNVBAYTAkNO
MQ4wDAYDVQQIDAVIZW5hbjESMBAGA1UEBwwJWmhlbmd6aaG91MQ8wDQYDVQQKDAZ6
enJ2dGMxDzANBgNVBAsMBnJnem54eTEYMBYGCSqGSIb3DQEJARYJYUBhYmMuY29t
MIIBIjANBgkqhkiG9w0BAQEFAAOCAQ8AMIIBCgKCAQEA1lfBnx/zt8D8GXD8/rXS
U17r6K8zopbYD1Ejq8QVJ8rMCzrADPqRtt5P6BIY0tSeb9gR7wBQaifRmV0NpdxP
Ls7UnL/7dsDVZID6CGggC16TdVvl0Gt3U5bYAWgp74McV2bAVxQfdYkyWg+nX77N
HmEfYu+sNMwLBq4jTqt790FLdBYfW1nIeX0WJhTa9ucGmtWKeIKRK0U5zE61mRzm
1fb37AdFbP0iFpjaNkpg2Gii+pFHL4T15Mczzw7/qAt/e35xQCzG8MLPx0mIZ89h
eVshIvoW8zU1QV+PB4Rzeg+CfMVyDWJOsMEd0Hos+vGf1gFUGqWn+JwiRQlwUD8f
CwIDAQABMA0GCSqGSIb3DQEBBQUAA4IBAQDGL4sszUAZcb5UK539NGc4W6mDkNPc
J9xi/W1ylQVaD1cnUJbHBPiy2idrGFSU3fU+11w0jktX+oa//gwMHuDvi55ItVOK
tdWhcqe1X3U8YanFE9fMBOBOdOcptcGm0AbE00JIqzf5M+0gv8oMUicG0g75zkAX
NMoRBrMaphI1CTXUQw6gTR0emB7noWIFi67V49wPzR641nXN0l3Ii4+ejkfHPxW/
Iwy8fNA5tjWkD3XDJ28Po3LydPe4GVVNOZFzWRJvFXVMq501+A9rGHPvcSf9MVgS
jEPzjHzniCQxcvn7/QobLTQMqaLkNvXLH6vciXPqyribqsMO+n53oVJk
-----END CERTIFICATE-----
```

图 5-13　查看证书申请文件

```
-----BEGIN RSA PRIVATE KEY-----
MIIEpQIBAAKCAQEA1lfBnx/zt8D8GXD8/rXSU17r6K8zopbYD1Ejq8QVJ8rMCzrA
DPqRtt5P6BIY0tSeb9gR7wBQaifRmV0NpdxPLs7UnL/7dsDVZID6CGggC16TdVvl
0Gt3U5bYAWgp74McV2bAVxQfdYkyWg+nX77NHmEfYu+sNMwLBq4jTqt790FLdBYf
W1nIeX0WJhTa9ucGmtWKeIKRK0U5zE61mRzm1fb37AdFbP0iFpjaNkpg2Gii+pFH
L4T15Mczzw7/qAt/e35xQCzG8MLPx0mIZ89heVshIvoW8zU1QV+PB4Rzeg+CfMVy
DWJOsMEd0Hos+vGf1gFUGqWn+JwiRQlwUD8fCwIDAQABAoIBAEUnGvjTvjXStYMf
yQAEeU8cmNABdo9GS37llrScFpc3/ozA76VAUjLFltIwxIGAx30eIOsTFt6o6h6o
vvZ8Fa/sWvwXlHHD1RUP55s+vNebm8eJVqPfiCgXyqjpil4T1tj79aIig+PP18bm
tgFV9aePfijVWqHOEuCc3hdLjDtA5mcoeh0MDv9ztex8D4giCrH9kgqGDBRQJIiM
UIFdRvw1470M98JTnAx40JTToUWUWUWvqgbaF50wER62Srdq7eY2nJWqeWf3Ggv/
6Y8tcuvmHP+OVjoIJa3RskE6KfgLc4Wp/+rbBV5uFnX1n11ANMsj6Hln7Cl+I1mC
Ju0cFIECgYEA9Cf5fbQk9PbwVDhtseV2l38HfCFUo7Y8nxXMSZHQIzvwPrGFZ4Ba
iCdWENZidA2scoskvd9VeFglnwWNg9jbcBVv/x6/VtN0v1tdajqllIHzwiKiofoG
Ftbuw1piOPNL2sTT9eiv70MI7zJu1/IqVHDabM4cAL7dl+pP7MwoXZkCgYEA4L2M
S5MttNwcuQPPTvx/m1MbyRWzg4+eb5oefAUyH5mtOdKRf/qjlu5UjDAaaW+Fq89N
vQ3iNwtT0srFp8+zVmIH01NrH+KaExiZbeclUddtdl9q2w8YEdlBbivelPdxeZmP
M6Iw9zCn8oPwiNHEdfkMUflUmoUSv+wLWtgHoEMCgYEA1ZD57XjcMuKmCiVp3ohn
GdFlzLCjBqjrkgRRM7E2LPvLBCvoE0b06c/uur+sUvN6+p63vtZSPvhrwBPtW30f
RYWa97//goVow9G5fqhaGfMqM5B0TdcT6HqNU5gF/ubiXTR6a8njyxgKAqFMz9vm
JwKoLTCE0ioiTzYIP4u9a1ECgYEAicrt1/B3V6qVWcLCOpWJz7wXDyVlGUbXR2nh
Qv0UjFd25Dr8xtDvuDyMTh+4MekUthC2gzGd/03MqTN2GLu6Iz6bubAtwDD5crfk
aoQMV6+UB73dEE6i3V6tRVVUdVV5l6rVKD1LdGO6tXC768dhg0udiC0s+EibBF0/
YQWPN20CgYEA3j6nLEOwJK4I3PuRVJBe/QSRazbjDDa7HkhPBYkysR4t1ihi7eZM
D6TuICHGXwfannEV6VS2DhXRa1SfdNE15UV4XcbQh3i2ZlEFoxZOzOFyoiowwoYE
FlCVWDgxcAI3FSEHvKiwE9Hc/vMNt9u2cO4Pz4DDmSBfpVOrNFgpHQo=
-----END RSA PRIVATE KEY-----
```

图 5-14　查看 RSA 私钥文件

(6) 创建 SSL 虚拟主机。

```
[root@linuxA ~]# vim /etc/httpd/conf.d/ssl.conf
```

修改以下部分内容：

> DocumentRoot " /www"  // 取消 "#" 注释符，并将目录修改为本任务步骤 2
> 第 (2) 步②中的 Web 主目录。
>
> ServerName www.abc.com:443  // 取消 "#" 注释符，将服务器名字修改为项
> 目五任务一中 DNS 服务中所配置的 DNS 域名。
> ……
>
> SSLCertificateFile /etc/httpd/conf/ssl.crt/Server.crt/new.cert.cert // 设置 SSL 证书
> 文件为第 (5) 步中复制后的文件，注意要写绝对路径，并具体到证书文件的名称。
>
> SSLCertificateKeyFile /etc/httpd/conf/ssl.key/Server.key/new.cert.key// 设置 SSL
> 证书密钥文件为第 (5) 步中复制后的文件，注意要写绝对路径，并具体到证书密
> 钥文件的名称。

(7) 启动 DNS 服务，然后重启 httpd、SSL 服务。

```
[root@linuxA ~]# service named start
    启动 named：                                                    [ 确定 ]
[root@linuxA ~]# /usr/sbin/apachectl configtest
    Syntax OK
[root@linuxA ~]# service httpd restart
[root@linuxA ~]# /usr/sbin/apachectl restart
```

(8) 测试 SSL 服务。

登录到客户端，在浏览器地址中输入 https://www.abc.com 或者直接输入服务器地址 https://192.168.159.9，可以看到 SSL 服务已生效，如图 5-15 和图 5-16 所示。

图 5-15　客户端使用域名测试 SSL 服务

图 5-16　客户端使用 IP 测试 SSL 服务

**小结**

(1) 在 Web 服务中实现 SSL 加密，需要建立 DNS 服务、建立网站主目录和主页、安装 Apache 和 mod_ssl 模块，然后申请证书，生成证书文

件、密钥文件，对 SSL 虚拟主机进行配置即可。

(2) 由于任务实施中使用的证书为自签名证书，在使用 https 打开网页时会提示网站连接不受信任等警告信息，需要我们将网站加入可信任和例外中。

# 任务四　加强 Linux 系统 FTP 服务的安全防御

## 任务提出

FTP 是为了共享资源、方便用户下载文件而开发的文件传输协议，通过 FTP 上传和下载资料必然有对系统读写的权限，这是整个 FTP 服务器系统的薄弱环节，一些攻击者常常利用 FTP 作为入侵系统的突破口。他们有时利用 FTP 将一些监控程序装入系统，窃取管理员口令；有时利用 FTP 获取系统的 passwd 文件，从而了解系统的用户信息；有时利用 FTP 的 puts 和 gets 功能，增加系统负担，从而导致硬盘塞满甚至系统崩溃；还有的攻击者利用 FTP 服务器来传播木马与病毒等。

为了保障 FTP 服务器安全运行，需要对 FTP 服务器进行安全配置，具体任务如下：

(1) 为了提高 FTP 服务器的安全，系统管理员需要为用户设置单独的 FTP 账户，而不是把系统级别的账户分配给普通用户使用，否则会带来很大的安全隐患，因此需要在 FTP 服务器端禁止系统级别的用户进行登录。

(2) 匿名用户是指在 FTP 服务器中没有定义的账户，它们没有服务器的授权，需要对它们的权限加以控制，如限制匿名用户的上传和下载功能。

(3) 在通常情况下，系统管理员需要为每个用户设置不同的根目录。为了安全起见，需要禁止用户访问其他用户的主目录，以免用户之间相互干扰。

(4) 虚拟用户是系统中根本不存在的用户，它不可以登录 Linux 系统，但可以登录 FTP 服务器，对 FTP 服务器进行修改等操作，同时避免使用真实用户带来的密码泄露等安全性问题。

(5) 为了保障 FTP 服务器的稳定运行，需要对文件上传和下载的速率进行限制，并限制连接个数。

## 任务分析

### 1. 禁止系统级别用户登录

FTP (文件传输协议) 是 Internet 上使用最广泛、信息传输量最大的应用之一。利用它可以从 Internet 上不同地点的 FTP 服务器中共享到大量的信息。

VSFTP (Very Safe FTP) 是一个基于 GPL 发布的类 UNIX 系统上使用的 FTP 服务器软件，VSFTP 除了与生俱来的安全特性以外，还具有高速和高稳定性两个重要特点。

在 VSFTP 服务器中，可以通过配置文件 vsftpd.ftpusers 管理登录账户。不过，该账户是一个黑名单，列入该账户的人员将无法利用其账户登录 FTP 服务器。部署好 VSFTP 服务器后，可以利用 cat 命令来查看这个配置文件，其中已经有了许多默认的账户，系统的超级用户 root 也在其中。出于安全考虑，VSFTP 服务器在默认情况下是禁止 root 账户登录 FTP 服务器的。

如果系统管理员想让 root 等系统账户登录到 FTP 服务器，则只需要在这个配置文件中将 root 等相关的用户名删除即可。因为系统账户登录 FTP 服务器，会对其安全造成负面的影响，因此最好不要删除这个文件中的系统账户管理员。

如果出于其他的原因，需要把另外一些账户也禁用掉，则把账户加入到这个文件中即可。如在服务器上同时部署了 FTP 服务器与数据库服务器，为了安全起见，把数据库管理员的账户列入这个黑名单中是不错的做法。

### 2. 加强对匿名用户的控制

匿名用户是指那些在 FTP 服务器中没有定义的账户，FTP 系统管理员为了便于管理，仍然允许它们进行登录，但是它们毕竟没有服务器的授权，为了提高服务器的安全性，必须要对它们的权限加以限制。在 VSFTP 服务器上也有很多参数可以用来控制匿名用户的权限，系统管理员需要根据 FTP 服务器的安全级别来做好相关的配置工作。需要说明的是，匿名用户的权限控制得越严格，FTP 服务器的安全性越高，但是同时用户访问的便利性也会降低，系统管理员需要在服务器安全性与便利性之间取得平衡。

总的来说，对于匿名用户的控制要遵循权限最小原则。因为匿名用户是 FTP 服务器没有授权的用户，无法进行深级别的权限访问控制，只有通过修改基本参数来控制匿名用户。

### 3. 进行目录控制

在通常情况下，系统管理员需要为每个用户设置不同的根目录。为了安全起见，系统管理员需要禁止用户访问其他用户的主目录，以免用户之间相互干扰。

有些企业为每个部门创建一个 FTP 账户，以便部门之间共享文件。例如，销售部门 Sales 有一个根目录 sale；仓库部门有个根目录 Ware。作为销售员工来说，他们可以访问自己主目录下的任何子目录和文件，但是无权访问仓库用户的主目录 Ware。通过限制用户访问主目录以外的目录，可以防止不同用户之间相互干扰，提高 FTP 服务器上文件的安全性。

为了实现这个目的，可以设置 chroot 参数，所有在本地登录的用户都不可以进入主目录之外的其他目录。不过，在配置这项安全控制的时候，最好设置一个大家都可以访问的目录，以存放一些公共的文件。

### 4. 使用虚拟用户访问

使用独立的文件保存虚拟用户，安全性较好，可替代本地用户。虚拟用户在本地是没有用户身份的，只是虚拟的，所以攻击者即使窃取到了口令，也根本无法登录，因为在系统中根本不存在这些用户。

**5. 进行传输速率的限制**

为了保障 FTP 服务器的稳定运行，需要对文件上传和下载的速率进行限制。如在一台服务器上，分别部署了 FTP 服务器和邮件服务器。为了这些应用服务能够同时稳定运行，就需要对其最大传输速率进行控制。同一台服务器的带宽是有最大限制的，若某个应用服务占用比较大的带宽，就会对其他应用服务产生不利的影响，甚至会导致其他应用服务无法正常响应用户的需求。此外，FTP 同时用于备份文件、上传和下载等。为了提高文件备份的效率、缩短备份时间，需要对文件上传和下载的速率最大值进行限制。

## 任务实施

**1. 禁止系统级别用户登录**

步骤 1　实验准备阶段，根据项目一中任务二知识点，在 VMware Workstation 中部署两台 Red Hat Enterprise Linux 6.4 系统虚拟机 Server 和 PC，两个虚拟机的 IP 地址规划如表 5-4 所示，并将两台虚拟机实现网络连通。

5-4-1

表 5-4　加强 Linux 系统 Web 服务安全防御的网络 IP 地址规划

| 设备名称 | 设备角色 | 操作系统 | IP 地址 |
| --- | --- | --- | --- |
| Server | FTP 服务器 | Red Hat Linux 6.4 | 192.168.159.9/24 |
| PC | 客户端 | Red Hat Linux 6.4 | 192.168.159.10/24 |

步骤 2　安装并启动 FTP 服务。

(1) 在 Server 上安装并启动 FTP 服务。

详细步骤见项目四任务二中任务实施步骤 2。

(2) 在客户端上安装并启动 FTP 服务。

详细步骤见项目四任务二中任务实施步骤 2。

步骤 3　禁止系统用户登录。

(1) 添加用户 user1。

```
[root@linuxA ~]# useradd user1
[root@linuxA ~]# passwd user1
```

(2) 在客户端上使用 user1 用户登录 FTP 服务器。

```
[root@linuxB ~]# ftp 192.168.159.9
    Connected to 192.168.159.9 (192.168.159.9).
    220 (vsFTPd 2.2.2)
    Name (192.168.159.9:root): user1
```

```
331 Please specify the password.
Password:
230 Login successful.
Remote system type is UNIX.
Using binary mode to transfer files.
ftp>
```

(3) 服务器端设置禁止 user1 登录 FTP 服务器。

```
[root@linuxA ~]# vim /etc/vsftpd/ftpusers
......
user1
[root@linuxA ~]# service vsftpd restart
```

(4) 再次在客户端上测试使用 user1 用户登录 FTP 服务器。

```
[root@linuxB ~]# ftp 192.168.159.9
Connected to 192.168.159.9 (192.168.159.9).
220 (vsFTPd 2.2.2)
Name (192.168.159.9:root): user1
331 Please specify the password.
Password:
530 Login incorrect.
Login failed.
```

### 2. 加强对匿名用户的控制

(1) 创建匿名用户的目录和文件。

```
[root@linuxA ~]# mkdir -p /ftp/anon_dir
[root@linuxA ~]# echo "anonymouse login test" > /ftp/anon_dir/anon.txt
```

(2) 编辑 FTP 服务配置文件。

由于配置文件中已经包含 anonymous_enable=YES 允许匿名用户访问和 # anon_upload_enable=YES 禁止匿名用户上传文件的配置，这里再增加关于匿名用户的其他相关配置。

```
[root@linuxA ~]# vim /etc/vsftpd/vsftpd.conf
......
anon_root=/ftp/anon_dir              // 设置匿名用户登录后所在的目录。
anon_world_readable_only=YES         // 设置允许匿名用户可以下载可阅
读的文档。
anon_other_write_enable=NO           // 禁止匿名用户上传和建立目录的
权限，同时也限制其拥有删除和更名权限。
anon_mkdir_write_enable=NO           // 禁止匿名用户创建目录。
[root@linuxA ~]# service vsftpd restart
```

(3) 在客户端上使用匿名用户登录 FTP 服务器。

这里使用匿名用户 ftp，其密码默认为空。

```
[root@linuxB ~]# ftp 192.168.159.9
    Connected to 192.168.159.9 (192.168.159.9).
    220 (vsFTPd 2.2.2)
    Name (192.168.159.9:root): ftp
    331 Please specify the password.
    Password:
    230 Login successful.
    Remote system type is UNIX.
    Using binary mode to transfer files.
    ftp> pwd
    257 "/"
    ftp> ls
    227 Entering Passive Mode (192,168,159,9,149,29).
    150 Here comes the directory listing.
    -rw-r--r--       1 0       0        22 Aug 09 01:16 anon.txt
    226 Directory send OK.
    ftp> !dir
    anaconda-ks.cfginstall.log.syslog   模板   图片   下载   桌面
    install.log       公共的         视频   文档   音乐
    ftp> put install.log
    local: install.log remote: install.log
    227 Entering Passive Mode (192,168,159,9,39,172).
    550 Permission denied.
    ftp> get anon.txt
    local: anon.txt remote: anon.txt
    227 Entering Passive Mode (192,168,159,9,134,26).
    150 Opening BINARY mode data connection for anon.txt (22 bytes).
    226 Transfer complete.
    22 bytes received in 8.5e-05 secs (258.82 Kbytes/sec)
    ftp> !dir
    anaconda-ks.cfginstall.log     公共的   视频   文档   音乐
    anon.txt install.log.syslog     模板   图片   下载   桌面
```

从以上输出可见，匿名用户可以查看主目录中文件列表，不可以上传文件，但可以下载文件。

### 3. 进行目录控制

(1) 创建用户 user2。

```
[root@linuxA ~]# useradd user2
[root@linuxA ~]# passwd user2
```

(2) 在客户端上测试 user2 是否能离开主目录。

```
[root@linuxB ~]# ftp 192.168.159.9
    Connected to 192.168.159.9 (192.168.159.9).
    220 (vsFTPd 2.2.2)
    Name (192.168.159.9:root): user2
    331 Please specify the password.
    Password:
    230 Login successful.
    Remote system type is UNIX.
    Using binary mode to transfer files.
    ftp> pwd
    257 "/home/user2"
    ftp> cd /
    250 Directory successfully changed.
    ftp> pwd
    257 "/"
    ftp> ls
    227 Entering Passive Mode (192,168,159,9,130,4).
    150 Here comes the directory listing.
    dr-xr-xr-x      2 0        0           4096 Aug 05 05:29 bin
    ……
    drwxr-xr-x      3 0        0           4096 Aug 05 08:57 www
    226 Directory send OK.
```

由以上输出可见，user2 用户可以切换到主目录，并查看主目录中的
文件。

(3) 在服务器端编辑配置文件，限制用户离开主目录。

```
[root@linuxA ~]# vim /etc/vsftpd/vsftpd.conf
    chroot_list_enable=YES        // 将原配置文件中注释符 "#" 取消。
    chroot_list_file=/etc/vsftpd/chroot_list
[root@linuxA ~]# service vsftpd restart
```

(4) 将用户 user2 加入到 chroot_list。

```
[root@linuxA ~]# vim /etc/vsftpd/chroot_list
```

(5) 在客户端上重新测试 user2 是否能离开主目录。

```
[root@linuxB ~]# ftp 192.168.159.9
    Connected to 192.168.159.9 (192.168.159.9).
    220 (vsFTPd 2.2.2)
    Name (192.168.159.9:root): user2
```

```
331 Please specify the password.
Password:
230 Login successful.
Remote system type is UNIX.
Using binary mode to transfer files.
ftp> pwd
257 "/"
ftp> cd /
250 Directory successfully changed.
ftp> ls
227 Entering Passive Mode (192,168,159,9,137,135).
150 Here comes the directory listing.
226 Directory send OK.
```

由以上结果可见，user2 不能再查看主目录中的文件。

### 4. 使用虚拟用户访问

(1) 创建虚拟用户口令库文件。

```
[root@linuxA ~]# vim /tmp/logins.txt
    upload
    123456
    download
    123456
    admin
    123456
```

小贴士

虚拟用户的口令库文件中保存的用户名和密码是用户连接 FTP 服务器时，需要输入的用户名和密码，文件可以自己创建，位置无关紧要，文件格式为：奇数行为用户名，偶数行为密码。

(2) 在目录 /etc/vsftpd/user_conf 中创建文件 ( 以用户名命名 )，配置用户权限。

使 upload、download 和 admin 三个虚拟用户拥有不同的权限：

① upload 用户：可以上传和下载，可以新建文件夹，但不能删除文件和文件夹，不能重命名原有文件和文件夹。

② download 用户：只能下载。

③ admin 用户：管理员可以上传和下载，可以新建文件夹，可以删除和更改文件和文件夹名。

三个用户都不能登录系统，并且用 FTP 连接时锁定在自己的目录中不能进入系统文件夹。

**注 意**

以下编辑配置文件时，不可在结尾处有空格。

```
[root@linuxA ~]# vim /etc/vsftpd/user_conf/download
    anon_world_readable_only=NO // 开放 download 用户的下载权限——只
能下载；注意这个地方不可写成 YES，否则将不能列出文件和目录。
[root@linuxA ~]# vim /etc/vsftpd/user_conf/upload
    anon_world_readable_only=NO // 开放 upload 用户的下载权限。
    write_enable=YES             // 增加 upload 用户的写权限。
    anon_upload_enable=YES       // 增加 upload 用户的上传权限。
    anon_mkdir_write_enable=YES // 增加 upload 用户的创建目录的权限。
[root@linuxA ~]# vim /etc/vsftpd/user_conf/admin
anon_world_readable_only=NO      // 开放 admin 用户的下载权限。
write_enable=YES                 // 增加 admin 用户的写权限。
anon_upload_enable=YES           // 增加 admin 用户的上传权限。
anon_mkdir_write_enable=YES      // 增加 admin 用户的创建目录的权限。
anon_other_write_enable=YES      // 增加 admin 用户的删除/重命名的权限。
```

(3) 生成口令数据库。

为使用 db_load 命令生成口令数据库，需要提前安装 db4-utils 包。

```
[root@linuxA ~]# mount /dev/cdrom /mnt/cdrom
[root@linuxA ~]# cd /mnt/cdrom/Packages
[root@linuxA Packages]# rpm -ivh db4-utils-4.7.25-17.el6.i686.rpm
    warning: db4-utils-4.7.25-17.el6.i686.rpm: Header V3 RSA/SHA256
Signature, key ID fd431d51: NOKEY
    Preparing...                ###################[100%]
    package db4-utils-4.7.25-17.el6.i686 is already installed
```

保存虚拟账号和密码的文本文件无法被系统账号直接调用，需要使用
db_load 命令生成数据库口令。

```
[root@linuxA ~]# db_load -T -t hash -f /tmp/logins.txt /etc/vsftpd/vsftpd_login.db
```

**知识链接**

db_load 命令选项含义：

-T：允许应用程序将文本文件转译载入进数据库。

-t hash：使用 hash 码加密。

-f：指定包含用户名和密码文本文件。此文件格式要求：奇数行为用户
名、偶数行为密码。

更改数据库口令文件的权限，使得 root 账户拥有读写权限。

```
[root@linuxA ~]# chmod 600 /etc/vsftpd/vsftpd_login.db
```

(4) 生成 PAM 对应的数据库文件。

出于安全考虑，不希望 vsftpd 共享本地系统的用户认证信息，而采用自己独立的用户认证数据库来认证虚拟用户。这样，虚拟用户和真实用户不必采用相同的用户名和口令。

与 Linux 中的大多数需要用户认证的程序一样，vsftpd 也采用 PAM 作为后端，可插拔的认证模块可以集成各种不同的认证方式，这里采用的是独立的用户认证数据库——模块 pam_userdb。

在 PAM 配置文件中，使 PAM 采用相应的认证模块和刚刚建立的用户数据库。

```
[root@linuxA ~]# vim /etc/pam.d/vsftpd
    auth      required    /lib/security/pam_userdb.so db=/etc/vsftpd/vsftpd_login
    account   required   /lib/security/pam_userdb.so db=/etc/vsftpd/vsftpd_login
```

以上两行配置内容是对虚拟用户的安全和账户权限进行验证，auth 是指对用户的用户名口令进行验证，account 是指对用户的账户权限进行验证，pam_userdb.so 是验证时调用的库函数，vsftpd_login 为验证提供数据库数据。如果是本地用户登录FTP，就不需要添加这两行 PAM 认证，如果是虚拟用户就需要加，因为虚拟用户需要使用 .db 认证。

**小贴士**

在 /etc/pam.d/vsftpd 文件中，必须注释掉或者删除掉原有的所有内容，否则虚拟用户将登录不上。pam_userdb.so 模块的主要作用是通过一个轻量级的 Berkeley 数据库来保存用户和口令信息，这样用户认证通过该数据库进行，而不是传统的 /etc/passwd 和 /etc/shadow 或者其他的一些基于 LDAP 或者 NIS 等类型的网络认证。

**注 意**

/etc/pam.d/vsftpd 这个文件只能有上面两行代码有效，其他内容请用 # 号注释掉。

**注 意**

(5) 为虚拟用户创建目录及文件，文件大小为 20 MB。

创建一个与虚拟用户相映射的本地用户 vuser，所有的虚拟用户可以使用该身份登录系统，用户登录时的主目录为 /ftp/vftp，用户登录后所使用的 shell 为 /sbin/nologin，虚拟用户不能像普通用户一样登录系统，只能登录 FTP，保证了系统的安全。

```
[root@linuxA ~]# useradd -d  /ftp/vftp -s /sbin/nologin vuser
[root@linuxA ~]# chmod 777 /ftp/vftp
```

使用 dd 命令为虚拟用户创建文件，大小为 20 MB。

```
[root@linuxA ~]# dd if=/dev/zero of=/ftp/vftp/data.txt bs=1M count=20
        记录了 20+0 的读入
        记录了 20+0 的写出
```

> 20971520 字节 (21 MB) 已复制，0.0465 秒，451 MB/ 秒

**知识链接**

　　dd 命令是用指定大小的块拷贝一个文件，并在拷贝的同时进行指定的转换，参数含义如下：

　　if= 文件名：输入文件名，缺省为标准输入，即指定源文件。

　　of= 文件名：输出文件名，缺省为标准输出，即指定目的文件。

　　bs=bytes：同时设置读入 / 输出的块大小为 bytes 个字节。

　　count=blocks：仅拷贝数据块数目为 blocks，块大小等于 bs 指定的字节数。

　　(6) 修改 FTP 配置文件。

> [root@linuxA ~]# vim /etc/vsftpd/vsftpd.conf

　　在配置文件末尾添加如下命令：

> guest_enable=YES　　　　　　　　　　// 启用虚拟用户。
> guest_username=vuser　　　　　　　　// 将虚拟用户映射为本地 vuser 用户。
> pam_service_name=/etc/vsftpd/vsftpd　// 指定 PAM 配置文件的路径，切
> 　记要修改该项的值。
> user_config_dir=/ctc/vsftpd/user_conf　　　　　// 指定不同虚拟用户配置文件
> 　　　　　　　　　　　　　　　　　　　　　　　 的存放路径。

　　重启 FTP 服务，使配置生效。

> [root@linuxA ~]# service vsftpd restart
> 　关闭 vsftpd：　　　　　　　　　　　　　　　　　　　[ 确定 ]
> 　为 vsftpd 启动 vsftpd：　　　　　　　　　　　　　　[ 确定 ]

　　(7) 在 FTP 服务器端分别用虚拟用户 download、upload 和 admin 测试登录。

> [root@linuxA ~]# su download
> 　su: 用户 download 不存在
> [root@linuxA ~]# su upload
> 　su: 用户 upload 不存在
> [root@linuxA ~]# su admin
> 　su: 用户 admin 不存在

　　虚拟用户无法在服务器端进行登录。

　　(8) 在客户端分别用虚拟用户 download、upload 和 admin 测试登录 FTP 服务器，并验证各自的权限设置。

　　在服务器端创建测试用户下载的文件。

> [root@linuxA ~]# touch /ftp/vftp/data.txt
> [root@linuxA ~]# touch /ftp/vftp/data1.txt

　　在客户端创建测试用户上传的文件。

> [root@linuxB ~]# touch /ceshi/123.txt

① download 用户登录及其权限测试。

```
[root@linuxB ~]# ftp 192.168.159.9
        Connected to 192.168.159.9 (192.168.159.9).
        220 (vsFTPd 2.2.2)
        Name (192.168.159.9:root): download
        331 Please specify the password.
        Password:
        230 Login successful.
        Remote system type is UNIX.
        Using binary mode to transfer files.
        ftp> ls
        227 Entering Passive Mode (192,168,159,9,168,143).
        150 Here comes the directory listing.
        -rw-r--r--        1 0                0   20971520 Aug 09 04:43 data.txt
        226 Directory send OK.
        ftp> get data.txt
        local: data.txt remote: data.txt
        227 Entering Passive Mode (192,168,159,9,91,133).
        150 Opening BINARY mode data connection for data.txt (20971520 bytes).
        226 Transfer complete.
        20971520 bytes received in 0.273 secs (76866.06 Kbytes/sec)
        ftp> cd /etc
        550 Failed to change directory.
        ftp> put /ceshi/123.txt
        local: /ceshi/123.txt remote: /ceshi/123.txt
        227 Entering Passive Mode (192,168,159,9,166,127).
        550 Permission denied.
        ftp> rename data.txt
        (to-name) date.txt
        550 Permission denied.
        ftp> delete data.txt
        550 Permission denied.
```

download 用户可以登录 FTP 服务器，查看 /ftp/vftp 中的文件并进行下载，但登录之后即被锁定在 ftp 目录中，无法切换到系统文件夹及其他目录中，也不被允许将本地文件进行上传，也不可将 FTP 服务器中已有文件进行重命名和删除等操作，即 download 用户只有登录、下载的权限。

② upload 用户登录及其权限测试。

```
[root@linuxB 桌面 ]# ftp 192.168.159.9
Connected to 192.168.159.9 (192.168.159.9).
220 (vsFTPd 2.2.2)
Name (192.168.159.9:root): upload
331 Please specify the password.
Password:
230 Login successful.
Remote system type is UNIX.
Using binary mode to transfer files.
ftp> put /ceshi/123.txt /ftp
local: /ceshi/123.txt remote: /ftp
227 Entering Passive Mode (192,168,159,9,220,129).
150 Ok to send data.
226 Transfer complete.
4 bytes sent in 0.000162 secs (24.69 Kbytes/sec)
ftp> ls
227 Entering Passive Mode (192,168,159,9,33,122).
150 Here comes the directory listing.
-rw-r--r--      1 0       0       20971520 Aug 09 04:43 data.txt
-rw-r--r--      1 0       0              0 Feb 02 12:19 data1.txt
-rw-------      1 503    503            4 Feb 02 12:51 ftp
226 Directory send OK.
ftp> get data1.txt
local: data1.txt remote: data1.txt
227 Entering Passive Mode (192,168,159,9,26,155).
150 Opening BINARY mode data connection for data1.txt (0 bytes).
226 Transfer complete.
ftp> mkdir file1
257 "/file1" created
ftp> rename file1
(to-name) file2
550 Permission denied.
ftp> delete file1
550 Permission denied.
ftp> cd /etc
550 Failed to change directory.
```

　　upload 用户可以登录 FTP 服务器，查看 /ftp/vftp 中的文件并进行上传、下载、新建文件夹。但登录之后即被锁定在 ftp 目录中，无法切换到系统文件夹及其他目录中，也不被允许将本地文件进行上传，也不可将

FTP 服务器中已有文件进行重命名和删除等操作，即 upload 用户拥有登录、上传、下载、新建文件夹的权限。

③ admin 用户登录及其权限测试。

```
[root@linuxB 桌面 ]# ftp 192.168.159.9
Connected to 192.168.159.9 (192.168.159.9).
220 (vsFTPd 2.2.2)
Name (192.168.159.9:root): admin
331 Please specify the password.
Password:
230 Login successful.
Remote system type is UNIX.
Using binary mode to transfer files.
ftp> put /ceshi/123.txt /ftp2
local: /ceshi/123.txt remote: /ftp2
227 Entering Passive Mode (192,168,159,9,74,66).
150 Ok to send data.
226 Transfer complete.
4 bytes sent in 0.000101 secs (39.60 Kbytes/sec)
ftp> ls
227 Entering Passive Mode (192,168,159,9,86,89).
150 Here comes the directory listing.
-rw-r--r--      1 0          0             20971520 Aug 09 04:43 data.txt
-rw-r--r--      1 0          0                    0 Feb 02 12:19 data1.txt
drwx------      2 503        503              4096 Feb 02 13:02 file1
-rw-------      1 503        503                 4 Feb 02 12:51 ftp
-rw-------      1 503        503                 4 Feb 02 13:10 ftp2
226 Directory send OK.
ftp> get data.txt
local: data.txt remote: data.txt
227 Entering Passive Mode (192,168,159,9,233,197).
150 Opening BINARY mode data connection for data.txt (20971520 bytes).
226 Transfer complete.
20971520 bytes received in 0.153 secs (137391.13 Kbytes/sec)
ftp> mkdir file2
257 "/file2" created
ftp> rename file2
(to-name) file20
350 Ready for RNTO.
250 Rename successful.
```

```
ftp> delete data1.txt
250 Delete operation successful.
ftp> ls
227 Entering Passive Mode (192,168,159,9,197,240).
150 Here comes the directory listing.
-rw-r--r--        1 0           0             20971520 Aug 09 04:43 data.txt
drwx------        2 503         503               4096 Feb 02 13:02 file1
drwx------        2 503         503               4096 Feb 02 13:14 file20
-rw-------        1 503         503                  4 Feb 02 12:51 ftp
-rw-------        1 503         503                  4 Feb 02 13:10 ftp2
226 Directory send OK.
```

　　admin 用户作为管理员，拥有上传、下载、新建文件夹、删除和更改文件及文件名的权限。

**小贴士**

　　在客户端对 FTP 文件进行成功下载、上传、列举时，均会提示正在使用 "Passive Mode" 模式访问。

　　FTP 服务的两种工作模式：

　　PORT 方式（主动模式）连接过程：客户端向服务器的 FTP 端口（默认是 21）发送连接请求，服务器接受连接，建立一条命令链路。当需要传送数据时，客户端在命令链路上用 PORT 命令告诉服务器："我打开了某个端口，你过来连接我"。于是服务器从 20 端口向客户端的端口发送连接请求，建立一条数据链路来传送数据。

　　PASV 方式（被动模式）连接过程：客户端向服务器的 FTP 端口（默认是 21）发送连接请求，服务器接受连接，建立一条命令链路。当需要传送数据时，服务器在命令链路上用 PASV 命令告诉客户端："我打开了某个端口，你过来连接我"。于是客户端向服务器的某个端口发送连接请求，建立一条数据链路来传送数据。

　　(9) 测试普通用户能否登录。

```
[root@linuxA ~]# useradd user3
[root@linuxA ~]# passwd user3
[root@linuxB 桌面 ]# ftp 192.168.159.9
    Connected to 192.168.159.9 (192.168.159.9).
    220 (vsFTPd 2.2.2)
    Name (192.168.159.9:root): user3
    331 Please specify the password.
    Password:
    530 Login incorrect.
    Login failed.
    ftp>
```

可知，普通用户不能访问 FTP 服务器，而匿名用户可以访问。原因是在生成 PAM 对应的数据库文件时，只添加了虚拟用户，而本地用户不在数据库里面，所以当用本地用户登录时，就会出现 530 错误，登录失败。

### 5. 进行传输速率的限制

步骤 1 连接数限制。

(1) 尝试在客户端同时建立三个 FTP 连接，如图 5-17 所示。

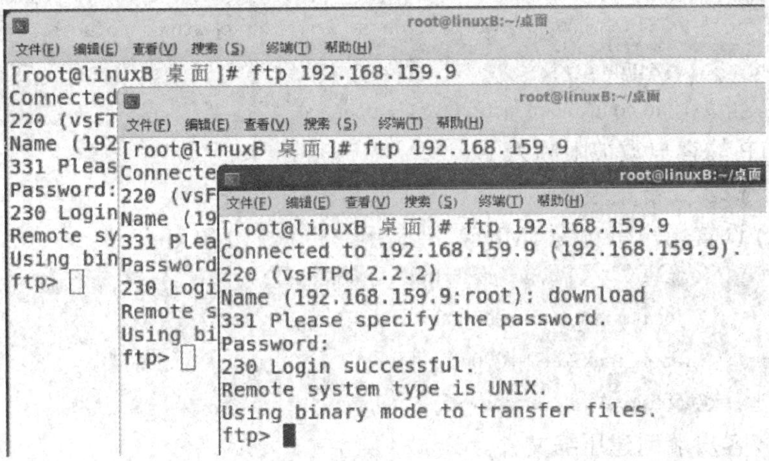

图 5-17 在客户端同时建立三个 FTP 连接

(2) 设置每个 IP 只能建立 1 个 FTP 连接。

```
[root@linuxA ~]# vim /etc/vsftpd/vsftpd.conf

    max_per_ip=1

[root@linuxA ~]# service vsftpd restart
```

(3) 再次尝试在客户端同时建立多个 FTP 连接，如图 5-18 所示。

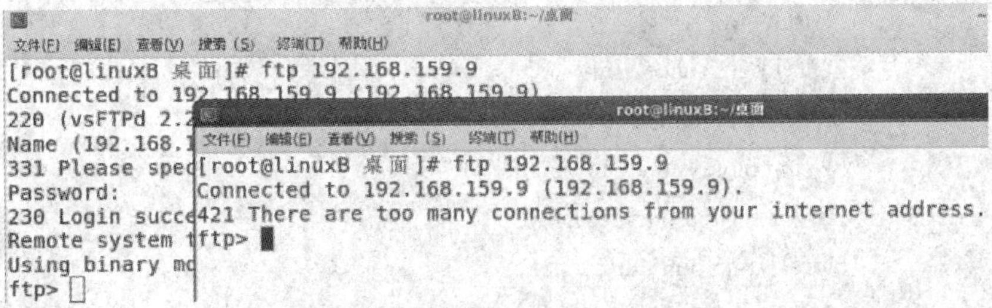

图 5-18 再次在客户端同时建立多个 FTP 连接

由图可知，FTP 的最大连接只有 1 个。

步骤 2 最大客户数限制。

(1) 尝试在客户端和服务器端同时建立 FTP 连接。

经测试，客户端和服务器端可以同时建立 FTP 连接。

(2) 设置最大客户数量为 1。

```
[root@linuxA ~]# vim /etc/vsftpd/vsftpd.conf
    max_clients=1
[root@linuxA ~]# service vsftpd restart
```

(3) 再次尝试在客户端和服务器端同时建立 FTP 连接。

```
[root@linuxB 桌面 ]# ftp 192.168.159.9
    Connected to 192.168.159.9 (192.168.159.9).
    220 (vsFTPd 2.2.2)
    Name (192.168.159.9:root): upload
    421 Service not available, remote Server has closed connection
    Login failed.
    No control connection for command: 成功
```

FTP 的客户数被限制为 1。

步骤 3　带宽限制。

(1) 设置用户带宽为 1Mb/s，匿名用户带宽为 100 kb/s。

```
[root@linuxA ~]# vim /etc/vsftpd/vsftpd.conf
    local_max_rate=1000000
    anon_max_rate=100000
[root@linuxA ~]# service vsftpd restart
```

(2) 客户端创建压缩文件。

```
[root@linuxB 桌面 ]# tar -czf /tmp/bin.tar.gz /bin
```

(3) 测试匿名用户上传文件速率是否为 100 kb/s。

```
[root@linuxB 桌面 ]# ftp 192.168.159.9
    Connected to 192.168.159.9 (192.168.159.9).
    220 (vsFTPd 2.2.2)
    Name (192.168.159.9:root): upload
    331 Please specify the password.
    Password:
    230 Login successful.
    Remote system type is UNIX.
    Using binary mode to transfer files.
    ftp> put /tmp/bin.tar.gz /ftp3
    local: /tmp/bin.tar.gz remote: /ftp3
    227 Entering Passive Mode (192,168,159,9,153,140).
    150 Ok to send data.
    226 Transfer complete.
    3380829 bytes sent in 29.2 secs (115.83 Kbytes/sec)
```

可知，匿名用户上传文件的带宽为 100 kb/s。

# 任务五　使用防火墙模块提升 Linux 服务器的安全防御

## 任务提出

对网络中的各种服务器实施安全配置后,服务器尽最大努力为网络用户提供安全的服务,但对服务器还需要进行一些安全配置。Linux 操作系统本身提供了 iptables 防火墙模块,可以用来对本机的服务提供安全保护,而且还可以充当网关,对局域网内部用户和服务进行安全防护,可以通过利用防火墙模块保护服务器的服务和利用防火墙模块架设安全防火墙两种方式进行安全配置。

在网络系统中服务器可以使用防火墙模块进行以下安全配置:

(1) 在防火墙模块中,通过控制内网用户访问外网,修改访问策略,指定 NAT 转换,保护网络访问的安全。

(2) 在防火墙模块中配置策略文件,使得外网计算机通过服务器的公网地址访问服务器的 Web 服务器,以保护 Web 服务器的安全。

(3) 在防火墙模块中加载 FTP 模块,配置外网计算机通过防火墙安全策略访问 FTP 服务,保护 FTP 服务器的安全。

(4) 在防火墙模块中,设置防火墙默认规则,保护服务器的 DNS、Web 和 FTP 服务,配置防火墙日志,保护内网用户和访问服务的安全。

## 任务分析

### 1. 使用防火墙模块对网络访问进行安全防护

Linux 提供了一个非常优秀的防火墙工具——netfilter/iptables。它完全免费,功能强大,使用灵活,可以对流入和流出的信息进行细化控制,且对计算机配置没有较高要求,是进行网络安全防护的重要工具。

netfilter/iptables IP 信息包过滤系统是一种功能强大的工具,可用于添加、编辑和删除规则,这些规则是防火墙在进行信息包过滤时所遵循的规则。它由 netfilter 和 iptables 两个组件组成。netfilter 组件也称为内核空间 (kernelspace),是 Linux 内核的一部分,由一些信息包过滤表组成,这些表包含内核用来控制信息包过滤处理的规则集。iptables 组件是一种工具,也称为用户空间 (userspace),它使插入、修改和删除信息包过滤表中的规则变得容易。

iptables 防火墙只读取数据包头,不会给信息流增加负担,也不需进行验证。在使用防火墙模块对网络访问进行安全防护时,可以在防火墙上指定网络流量的进出接口,对源 IP 地址和目的 IP 地址进行过滤,还可以配置内网在访问外网时进行 NAT 转换时的 IP 地址，同时也可以防止地址映射错误，保护 DNS 和 DHCP 服务器的安全。

### 2. 使用防火墙模块对 Web 服务器进行安全防护

众所周知，Web 服务器是通过 TCP 协议的 80 端口提供服务的，因此在防火墙模块中可以限制从 80 端口进出的流量，以防护 Web 服务器的安全。

### 3. 使用防火墙模块对 FTP 服务器进行安全防护

FTP 服务器通过 20 端口和 21 端口提供服务，其中 21 端口用于建立连接，20 端口用于传输数据，因此要保护 FTP 服务器的安全，需要同时保护 20 端口和 21 端口的进出数据。

### 4. 使用防火墙模块架设安全防火墙，保护内网用户和服务

在防火墙模块上设置允许访问回环地址，允许客户端和服务器进行 DNS 查询，允许进行 DNS 区域复制，允许客户端访问 Web 服务和 FTP 服务，配置防火墙日志，将每种服务访问数据设置前缀，方便查看。

**知识链接**

5-5-1

Linux 防火墙 iptables 用于实现 Linux 下 IP 访问控制的功能，通过定义防火墙的策略和规则使得防火墙发挥防护作用。netfilter 和 iptables 组成 Linux 平台下的包过滤防火墙，与大多数的 Linux 软件一样，它可以完成封包过滤、封包重定向和网络地址转换等功能。

(1) 防火墙的规则链和表。

在 iptables 中定义的规则，必须要放入内核中供 netfilter 读取，而放入内核的地方，一共分为五处：

① 内核空间中：从一个网络接口进来，到另一个网络接口出去。

② 数据包从内核流入用户空间的位置。

③ 数据包从用户空间流出的位置。

④ 进入 / 离开本机的外网接口。

⑤ 进入 / 离开本机的内网接口。

这五个位置也被称为五个钩子函数 (hook functions)，也称为五个规则链。

① PREROUTING ( 路由前 )。

② INPUT ( 数据包流入口 )。

③ FORWARD ( 转发管卡 )。

④ OUTPUT( 数据包出口 )。

⑤ POSTROUTING( 路由后 )。

防火墙控制网络报文的流程图如图 5-19 所示。

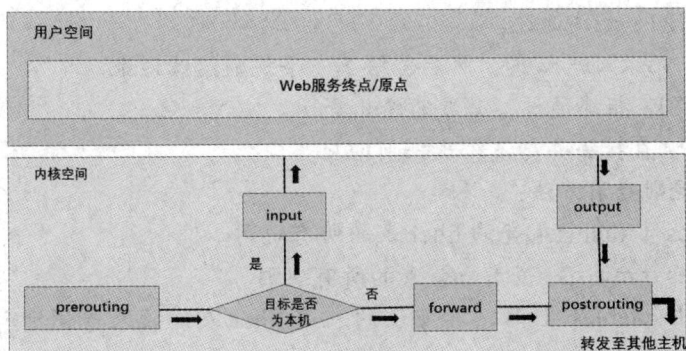

图 5-19　防火墙控制网络报文的流程图

报文的流向如下：

传到本机的报文：prerouting → input。

由本机转发的报文：prerouting → forward → postrouting。

由本机的某个进程发出报文：output → postrouting。

防火墙中的 5 个规则链包含在防护墙的 4 个表中，用来处理不同的数据报文，4 个表分别为：

filter 表：负责过滤功能，防火墙。

nat 表：network address translation，网络地址转换功能。

managle 表：拆解报文，作出修改，并重新封装。

raw 表：关闭 nat 表上启用的链接追踪机制。

某些链中只包含某些表，并不是每个链都包含上述 4 种表，表和链的对应关系如图 5-20 所示。

| | raw | mangle | nat | filter |
|---|---|---|---|---|
| prerouting | ✓ | ✓ | ✓ | |
| input | | ✓ | | ✓ |
| forward | | ✓ | | ✓ |
| output | ✓ | ✓ | ✓ | ✓ |
| postrouting | | ✓ | ✓ | |

图 5-20　防火墙规则链与表的对应关系

当一个链中同时包含四种表的时候，这四个表的优先级顺序为：raw → mangle → nat → filter。因为只有 output 链能够同时包含这四种表，所以防火墙文件中 output 项比较多。

(2) 防火墙的匹配规则。

只有满足匹配规则的报文才能被防火墙转发。基本匹配条件包括源地址 Source IP 和目标地址 Destination IP。扩展匹配规则可以是源端口和目标端口，源地址、目的地址、传输协议、服务协议等。

当规则匹配之后，处理方法如下：

ACCEPT：允许通过。

LOG：记录日志信息，然后传给下一条规则继续匹配。

REJECT：拒绝通过，必要时给出提示。

DROP：直接丢弃，不给出任何回应。

匹配规则查看方法：

iptables -t filter -L：查询 filter 表的所有规则。

iptables -t raw -L：查看 raw 表的所有规则。

如使用 iptables -L 时，其默认的表是 filter 表，效果等同于 iptables -t filter -L。

### 任务实施

#### 1. 使用防火墙模块对网络访问进行安全防护

步骤 1　实验准备阶段，根据项目一中任务二知识点，在 VMware Workstation 中部署四台 Red Hat Enterprise Linux 6.4 系统虚拟机 FW、Server、PC1 和 PC2，四台虚拟机的 IP 地址规划如表 5-5 所示。( 如果电脑资源不够，虚拟机不必全部同时开启，可以在不同实验阶段开启相应虚拟机即可；也可在多个互连的物理机上分别建立相应的虚拟机 )。

表 5-5　使用防火墙模块提升安全防御的网络 IP 地址规划

| 设备名称 | 设备角色 | 操作系统 | IP 地址 | 默认网关 |
|---|---|---|---|---|
| FW | 防火墙 | Red Hat Linux 6.4 | eth1:202.11.1.254/24<br>eth0:192.168.159.254/24 | |
| Server | 服务器 | Red Hat Linux 6.4 | 192.168.159.9/24 | 192.168.159.254 |
| PC1 | 内网客户端 | Red Hat Linux 6.4 | 192.168.159.10/24 | 192.168.159.254 |
| PC2 | 外网客户端 | Red Hat Linux 6.4 | 202.11.1.1/24 | 202.11.1.254 |

步骤 2　关闭计算机的防火墙和 SELinux，并测试计算机之间的连通性。

```
[root@Server 桌面 ]# service iptables stop
    iptables：清除防火墙规则：                                    [ 确定 ]
    iptables：将链设置为政策 ACCEPT：filter                      [ 确定 ]
    iptables：正在卸载模块：                                      [ 确定 ]
    [root@ Server 桌面 ]# vim /etc/selinux/config
    SELINUX=disabled
    ……
```

将计算机重启，使得 SELinux 设置生效。

其他三台虚拟机同样设置。

```
[root@FW 桌面 ]# ping 192.168.159.9
        PING 192.168.159.9 (192.168.159.9) 56(84) bytes of data.
        64 bytes from 192.168.159.9: icmp_seq=1 ttl=64 time=2.00 ms
        64 bytes from 192.168.159.9: icmp_seq=2 ttl=64 time=0.598 ms
        64 bytes from 192.168.159.9: icmp_seq=3 ttl=64 time=0.434 ms
        ^C
        --- 192.168.159.9 ping statistics ---
        3 packets transmitted, 3 received, 0% packet loss, time 2373ms
        rtt min/avg/max/mdev = 0.434/1.012/2.006/0.706 ms
[root@FW 桌面 ]# ping 192.168.159.10
        PING 192.168.159.10 (192.168.159.10) 56(84) bytes of data.
        64 bytes from 192.168.159.10: icmp_seq=1 ttl=64 time=1.84 ms
        64 bytes from 192.168.159.10: icmp_seq=2 ttl=64 time=0.500 ms
        64 bytes from 192.168.159.10: icmp_seq=3 ttl=64 time=0.455 ms
        ^C
        --- 192.168.159.10 ping statistics ---
        3 packets transmitted, 3 received, 0% packet loss, time 2585ms
        rtt min/avg/max/mdev = 0.455/0.932/1.841/0.643 ms
[root@FW 桌面 ]# ping 202.11.1.1
        PING 202.11.1.1 (202.11.1.1) 56(84) bytes of data.
        64 bytes from 202.11.1.1: icmp_seq=1 ttl=64 time=1.12 ms
        64 bytes from 202.11.1.1: icmp_seq=2 ttl=64 time=0.555 ms
        64 bytes from 202.11.1.1: icmp_seq=3 ttl=64 time=0.577 ms
        ^C
        -- 202.11.1.1 ping statistics ---
        3 packets transmitted, 3 received, 0% packet loss, time 2064ms
        rtt min/avg/max/mdev = 0.555/0.753/1.127/0.264 ms
```

注　意

若在虚拟机中配置防火墙，需要在 VMware 工具栏中依次选择"虚拟机"→"设置"→"硬件"→"添加"→"网络适配器"，为系统新添加一块网卡，即 eth1，它与服务器和 PC1 在同一网络，而 eth0 与 PC2 在同一网络。

步骤3　在服务器上安装网络服务。

小贴士

由于在之前的任务实现中，已经对 DNS、DHCP、Web、FTP 服务进行了安全设置，限制了对服务器的访问，在该任务实施中，为了不影响实验结果的呈现，建议将四种服务重新进行安装。

(1) 在 Server 上安装并启动 FTP 服务。

详细步骤见项目四任务二中任务实施步骤 2。

(2) 在 Server 上安装并启动 DNS 服务。

详细步骤见项目五任务一中任务实施步骤 2。

(3) 在 Server 上安装并启动 DHCP 服务。

详细步骤见项目五任务二中任务实施步骤 2 和步骤 3。

(4) 在 Server 上安装并启动 Web 服务。

详细步骤见项目五任务三中任务实施步骤 2。

步骤 4　　启用内核的包转发功能。

(1) 测试 PC1 和 PC2 之间能否相互访问。

```
[root@PC1 桌面 ]# ping 202.11.1.1
    PING 202.11.1.1 (202.11.1.1) 56(84) bytes of data.
    ^C
    --- 202.11.1.1 ping statistics ---
    15 packets transmitted, 0 received, 100% packet loss, time 14002ms
```

PC1 和 PC2 之间不能相互访问。

(2) 在防火墙上打开内核的包转发功能。

```
[root@FW 桌面 ]# sysctl -p
```

经查看发现，防火墙的包转发功能默认情况下是关闭的。

```
[root@FW 桌面 ]# vim /etc/sysctl.conf
    ……
    #net.ipv4.ip_forward = 0
    net.ipv4.ip_forward = 1              //打开防火墙包转发功能
    ……
[root@FW 桌面 ]# sysctl -p
```

再次查看，防火墙的包转发功能已打开。

(3) 打开防火墙。

```
[root@FW 桌面 ]# service iptables start
    iptables：应用防火墙规则：                              [ 确定 ]
```

(4) 测试 PC1 和 PC2 之间能否相互访问。

```
[root@PC1 桌面 ]# ping 202.11.1.1
    PING 202.11.1.1 (202.11.1.1) 56(84) bytes of data.
    64 bytes from 202.11.1.1: icmp_seq=1 ttl=63 time=4.70 ms
    64 bytes from 202.11.1.1: icmp_seq=2 ttl=63 time=0.982 ms
    64 bytes from 202.11.1.1: icmp_seq=3 ttl=63 time=1.37 ms
    64 bytes from 202.11.1.1: icmp_seq=4 ttl=63 time=0.913 ms
    ^C
    --- 202.11.1.1 ping statistics ---
    4 packets transmitted, 4 received, 0% packet loss, time 3159ms
```

rtt min/avg/max/mdev = 0.913/1.995/4.707/1.575 ms

PC1 和 PC2 之间可以相互访问，这其实是防火墙充当了路由器的功能，PC1 发送给 PC2 的数据包先到达防火墙，然后防火墙再转发给 PC2，这样就实现了不同网段的计算机的连通性。

步骤5　进行防火墙初始设置。

(1) 清除防火墙规则。

清除表 filter 的系统链规则：

```
[root@FW 桌面 ]# iptables -F
```

清除表 filter 的自定义链规则：

```
[root@FW 桌面 ]# iptables -X
```

清除 nat 表的系统链规则：

```
[root@FW 桌面 ]# iptables -t nat -F
```

清除 nat 表的自定义链规则：

```
[root@FW 桌面 ]# iptables -t nat -X
```

(2) 设置防火墙的默认规则。

```
[root@FW 桌面 ]# iptables -P INPUT DROP              // 拒绝接收数据。
[root@FW 桌面 ]# iptables -P OUTPUT DROP             // 拒绝发送数据。
[root@FW 桌面 ]# iptables -P FORWARD DROP            // 拒绝转发数据。
[root@FW 桌面 ]# iptables -t nat -P PREROUTING ACCEPT    // 允许 NAT 转
换输入数据地址。
[root@FW 桌面 ]# iptables -t nat -P OUTPUT ACCEPT        // 允许 NAT 转
发传送数据。
[root@FW 桌面 ]# iptables -t nat -P POSTROUTING ACCEPT   // 允许 NAT
转换输出数据地址。
```

**知识链接**

NAT 是一种把内部私有 IP 地址转换成外网公有 IP 地址的技术。NAT 有三种类型：静态 NAT(SNAT)、动态 NAT(DNAT)、网络地址端口转换 NAPT(Port-Level NAT)。其中，SNAT 和 DNAT 是 iptables 中使用 NAT 规则相关的两个重要概念。如果内网主机访问外网而经过路由时，源 IP 会发生改变，这种变更行为就是 SNAT；反之，当外网的数据经过路由发往内网主机时，数据包中的目的 IP ( 路由器上的公网 IP) 将修改为内网 IP，这种变更行为就是 DNAT。与 SNAT 和 DNAT 所对应的两个链分别是 POSTROUTING 和 PREROUTING。PREROUTING 和 POSTROUTING 指的是数据包的流向，POSTROUTING 一般指的是发往公网的数据包；PREROUTING 一般指来自公网的数据包。

(3) 保存防火墙规则，并启动防火墙。

```
[root@FW 桌面 ]# iptables-save > /etc/sysconfig/iptables
[root@FW 桌面 ]# service iptables restart
```

(4) 查看防火墙规则。

```
[root@FW 桌面 ]# iptables -L
    Chain INPUT (policy DROP)
    target          prot opt source              destination
    Chain FORWARD (policy DROP)
    target          prot opt source              destination
    Chain OUTPUT (policy DROP)
    target          prot opt source              destination
[root@FW 桌面 ]# iptables -L -t nat
    Chain PREROUTING (policy ACCEPT)
    target          prot opt source              destination
    Chain POSTROUTING (policy ACCEPT)
    target          prot opt source              destination
    Chain OUTPUT (policy ACCEPT)
    target          prot opt source              destination
```

(5) 测试 PC1 和 PC2 之间的连通性。

```
[root@PC1 桌面 ]# ping 202.11.1.1
PING 202.11.1.1 (202.11.1.1) 56(84) bytes of data.
^C
--- 202.11.1.1 ping statistics ---
33 packets transmitted, 0 received, 100% packet loss, time 32959ms
```

由于防火墙规则已被清空，进行了重新设置，PC1 和 PC2 之间的数据包不能再通过防火墙进行转发，两台计算机之间的连通性被断开。

步骤 6　允许内网计算机访问 Internet。

(1) 测试 PC1 和 PC2 之间能否相互访问。

```
[root@PC1 桌面 ]# ping 202.11.1.1
PING 202.11.1.1 (202.11.1.1) 56(84) bytes of data.
^C
--- 202.11.1.1 ping statistics ---
7 packets transmitted, 0 received, 100% packet loss, time 6586ms
```

经过步骤 5 的设置，PC1 和 PC2 由于不在同一网络，防火墙策略不支持传送内外网之间的数据包，PC1 和 PC2 之间无法相互访问。

(2) 在防火墙上配置策略，允许内网计算机访问外网。

```
[root@FW 桌面 ]# iptables -A FORWARD -i eth0 -o eth1 -s 192.168.159.0/24
-d any/0 -j ACCEPT    //防火墙允许来自网络 192.168.159.0 到达其他所有主机的
数据流量自 eth0 网口进入，eth1 网口流出。
    [root@FW 桌面 ]# iptables -A FORWARD -m state --state ESTABLISHED, RELATED -j
ACCEPT  //在防火墙中添加一条转发规则：对进来的数据包的状态进行检测，对已经
建立 TCP 连接的数据包以及该连接相关的数据包允许通过。
```

iptables 参数 -m state --state <状态> 这条命令中有多种状态，主要有：

(1) INVALID：表示无效的数据包，例如数据破损的数据包状态；

(2) ESTABLISHED：已经联机成功的联机状态；

(3) NEW：需要新建立联机的数据包状态；

(4) RELATED：这个状态经常用，表示这个数据包与主机发送出去的数据包有关，可能是响应数据包或者是联机成功之后的传送数据包，因此这个状态经常被设置，设置该状态后，只要是由本机发送出去的数据包，即使没有设置数据包的 INPUT 规则，有关的数据包也可以进入主机，可以简化很多设置规则。

(3) 保存策略，重新启动防火墙。

```
[root@FW 桌面 ]# iptables-save > /etc/sysconfig/iptables
[root@FW 桌面 ]# service iptables restart
```

(4) 再次测试 PC1 和 PC2 之间能否相互访问。

```
[root@PC1 桌面 ]# ping 202.11.1.1
    PING 202.11.1.1 (202.11.1.1) 56(84) bytes of data.
    64 bytes from 202.11.1.1: icmp_seq=1 ttl=63 time=4.90 ms
    64 bytes from 202.11.1.1: icmp_seq=2 ttl=63 time=0.984 ms
    64 bytes from 202.11.1.1: icmp_seq=3 ttl=63 time=1.05 ms
    ^C
    --- 202.11.1.1 ping statistics ---
    3 packets transmitted, 3 received, 0% packet loss, time 2165ms
    rtt min/avg/max/mdev = 0.984/2.314/4.909/1.835 ms
```

由于防火墙中已经设置了自 PC1 发送出去的数据包自防火墙的 eth0 网口进入，eth1 网口转发出去，所以 PC1 可以成功发送数据包至 PC2。PC2 响应 PC1 的 ICMP 数据包也被允许通过，因此，ping 命令得以成功执行。

(5) 在 PC2 上抓取 PC1 发送的数据包，观察源地址是否为 PC1 的地址。在 PC1 上 ping 通 PC2，然后在 PC2 上进行抓包。

```
[root@PC2 桌面 ]# tcpdump -i eth0 -v
    ......
    192.168.159.10 > 202.11.1.1: ICMP echo request, id 9748, seq 6, length 64
    ......
```

由这句结果可以得出，PC1 发送给 PC2 的数据包的源地址为 PC1 的地址。

(6) 在防火墙上查看网络地址转换表。

```
[root@FW 桌面 ]# iptables -L -n -t nat
    Chain PREROUTING (policy ACCEPT)
```

```
              target              prot opt source              destination
          Chain POSTROUTING (policy ACCEPT)
              target              prot opt source              destination
          Chain OUTPUT (policy ACCEPT)
              target              prot opt source              destination
```

nat 表中的记录为空，说明 PC1 向 PC2 发送数据时没有经过网络地址转换。

(7) 在防火墙上配置内网访问外网时需进行 NAT 转换。

```
    [root@FW 桌面 ]# iptables -t nat -A POSTROUTING -s 192.168.159.0/24 -o eth1
-j MASQUERADE     // 对防火墙的 nat 表添加规则，192.168.159.0 网络中的主机
发送到公网的数据包自 eth1 网口发送，并且要进行 IP 地址伪装，即 NAT 转换。
    [root@FW 桌面 ]# iptables -t nat -A POSTROUTING -s 192.168.159.0/24 -j SNAT --
to-source 202.11.1.254     // 对防火墙的 nat 表添加规则，192.168.159.0 网络中的
主机向外网发送数据包时需将源地址转换为 202.11.1.254。
```

(8) 保存策略，重新启动防火墙。

```
    [root@FW 桌面 ]# iptables-save > /etc/sysconfig/iptables
    [root@FW 桌面 ]# service iptables restart
```

(9) 再次查看网络地址转换表。

```
    [root@FW 桌面 ]# iptables -L -n -t nat
          Chain PREROUTING (policy ACCEPT)
              target              prot opt source              destination
          Chain POSTROUTING (policy ACCEPT)
              target              prot opt source              destination
          MASQUERADE     all --   192.168.159.0/24       0.0.0.0/0
          SNAT        all--192.168.159.0/24      0.0.0.0/0      to:202.11.1.254
          Chain OUTPUT (policy ACCEPT)
              target              prot opt source              destination
```

由表可见，在转换策略中，将 192.168.159.0 网络中地址静态转换为 202.11.1.254。

(10) 观察 PC1 访问 PC2，并在 PC2 上抓取 PC1 发送的数据包，观察源地址是否为 PC1 的地址。

在 PC1 上 ping 通 PC2，然后在 PC2 上进行抓包。

```
    [root@PC1 桌面 ]# ping 202.11.1.1
          PING 202.11.1.1 (202.11.1.1) 56(84) bytes of data.
          64 bytes from 202.11.1.1: icmp_seq=1 ttl=63 time=4.09 ms
          64 bytes from 202.11.1.1: icmp_seq=2 ttl=63 time=1.03 ms
          64 bytes from 202.11.1.1: icmp_seq=3 ttl=63 time=5.09 ms
          ^C
          --- 202.11.1.1 ping statistics ---
```

```
        3 packets transmitted, 3 received, 0% packet loss, time 2112ms
        rtt min/avg/max/mdev = 1.032/3.407/5.092/1.729 ms
[root@PC2 桌面 ]# tcpdump -i eth0 -v
        ……
        202.11.1.254 > 202.11.1.1: ICMP echo request, id 48662, seq 7, length 64
        21:15:31.438209 IP (tos 0x0, ttl 64, id 14848, offset 0, flags [none], proto
ICMP (1), length 84)
        202.11.1.1 > 202.11.1.254: ICMP echo reply, id 48662, seq 7, length 64
        21:15:31.438795 IP (tos 0x0, ttl 63, id 14848, offset 0, flags [none], proto
ICMP (1), length 84)
        ……
```

由结果可知，PC1 发送给 PC2 的数据包，转换为源地址为 202.11.1.254 发送和接收。

### 2. 使用防火墙模块对 Web 服务器进行安全防护

(1) 测试 PC2 能否访问 Server 的 Web 服务。

如图 5-21 所示，PC2 无法访问 Web 服务器，也无法与之建立连接。

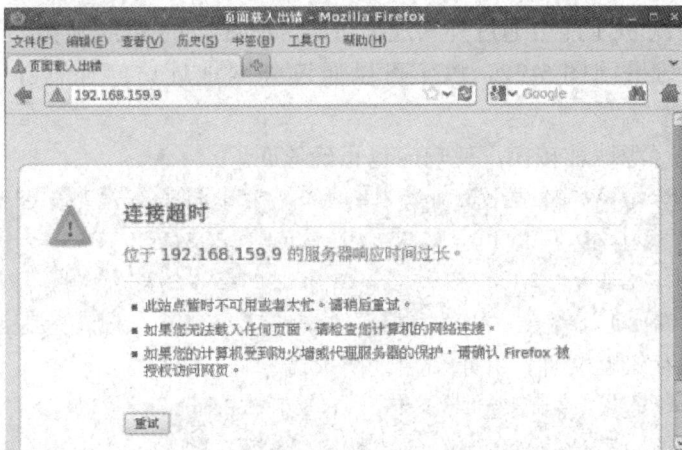

图 5-21 PC2 访问 Web 服务器

(2) 配置外网计算机通过服务器的公网地址能够访问 Server 的 Web 服务。

```
[root@FW 桌面 ]# iptables -t nat -I POSTROUTING -p tcp --dport 80 --j MASQUERADE //
在 POSTROUTING 链的头部添加新规则，将访问 TCP 协议 80 端口的数据包进行地址
转换。
[root@FW 桌面 ]# iptables -t nat -A PREROUTING -d 202.11.1.254 -p tcp --dport 80
-j DNAT --to 192.168.159.9    // 在防火墙的 nat 表 PREROUTING 链中添加规则，对
于目的地址为 202.11.1.254，访问端口为 80 的 TCP 数据包，将经过动态转换转发给
192.168.159.9。
```

> [root@FW 桌面 ]# iptables -A FORWARD -o eth0 -d 192.168.159.9 -p tcp --dport
> 80 -j ACCEPT　　// 在防火墙规则中添加规则，允许转发发送到 eth0 网卡，目的地
> 址为 192.168.159.9，使用 TCP 协议访问 80 端口的数据包。
> [root@FW 桌面 ]# iptables -A FORWARD -i eth0 -s 192.168.159.9 -p tcp --sport
> 80 -m state --state ESTABLISHED -j ACCEPT　　// 在防火墙规则中添加规则，允许
> 转发来自 192.168.159.9 主机的 80 端口发送的且已经建立连接的、由 eth0 网口进
> 入的 TCP 数据包。

(3) 保存策略文件，并重新启动防火墙。

> [root@FW 桌面 ]# iptables-save > /etc/sysconfig/iptables
> [root@FW 桌面 ]# service iptables restart

(4) 重新测试 PC2 能否访问 Server 的 Web 服务，如图 5-22 所示。

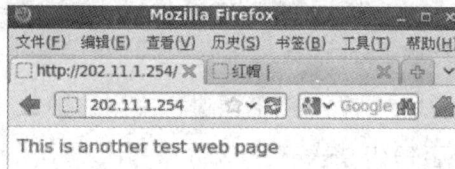

图 5-22　PC2 访问 Server 的 Web 服务

(5) 测试 PC1 能否通过外网地址访问 Server 上的 Web 服务。

测试结果同图 5-22，PC1 可以通过外网地址访问 Server 上的 Web
服务。

(6) 进行源地址转换，使响应包正确返回。

> [root@FW　桌 面 ]# iptables -t nat -A POSTROUTING -d 192.168.159.9 -p tcp
> --dport 80 -j SNAT --to 202.11.1.254　　// 在 nat 表 POSTROUTING 链中添加规则，
> 对于目的地址为 192.168.159.9、自 TCP 协议 80 端口转发的数据包，将源地址转
> 换为 202.11.1.254。

(7) 保存策略文件，并重新启动防火墙。

> [root@FW 桌面 ]# iptables-save > /etc/sysconfig/iptables
> [root@FW 桌面 ]# service iptables restart

(8) 查看网络地址转发表。

> [root@FW 桌面 ]# iptables -L -n -t nat
> 　　Chain PREROUTING (policy ACCEPT)
>
> 　　target　　　　　　　prot opt source　　　　　destination
> 　　DNAT　tcp　--　0.0.0.0/0　　0.0.0.0/0tcp　　dpt:80 to:192.168.159.9
> 　　DNAT　tcp　--　0.0.0.0/0　202.11.1.254tcp　dpt:80 to:192.168.159.9:80
> 　　Chain POSTROUTING (policy ACCEPT)
> 　　target　　　　　　　prot opt source　　　　　destination
> 　　MASQUERADE　tcp　--　0.0.0.0/0　　　　0.0.0.0/0　　tcp dpt:80
> 　　MASQUERADE　all　--　192.168.159.0/24　0.0.0.0/0
> 　　SNAT　　　all　--　192.168.159.0/24　0.0.0.0/0　　to:202.11.1.254

```
      SNAT   tcp   --  0.0.0.0/0      192.168.159.9      tcp dpt:80 to:202.11.1.254
Chain OUTPUT (policy ACCEPT)
target         prot opt source         destination
```

(9) 再次测试 PC1 能否通过外网地址访问 Server 的 Web 服务。

测试结果同图 5-22 所示，PC1 可以通过外网地址访问 Server 上的 Web 服务。

使用以下命令在 PC1 上查看访问 Web 网页的数据包。

```
[root@ PC1 桌面 ]# tcpdump -i eth0 -v
      ……
      202.11.1.254.http > 192.168.159.10.54689: Flags [S.], cksum 0xdb8e
(correct), seq 1101565717, ack 1641647761, win 14480, options [mss
1460,sackOK,TS val 35364022 ecr 60214931,nop,wscale 6], length 0
      22:43:38.261252 IP (tos 0x0, ttl 64, id 16388, offset 0, flags [DF], proto TCP
(6), length 52)
      192.168.159.10.54689 > 202.11.1.254.http: Flags [.], cksum 0x4203 (correct),
ack 1, win 229, options [nop,nop,TS val 60214933 ecr 35364022], length 0
      22:43:38.261418 IP (tos 0x0, ttl 64, id 52885, offset 0, flags [DF], proto UDP
(17), length 71)
      ……
```

由抓取的数据包可以发现，发送给 PC1 的 http 数据包的源地址已转换为 202.11.1.254。

### 3. 使用防火墙模块对 FTP 服务器进行安全防护

(1) 测试 PC2 能否访问 Server 的 FTP 服务。

```
[root@PC2 桌面 ]# ftp 202.11.1.254
      ftp: connect: 连接超时
```

测试结果为 PC2 不能访问 Server 的 FTP 服务。

(2) 在防火墙上发布 FTP 服务，加载 FTP 模块。

```
[root@FW 桌面 ]# modprobe ip_nat_ftp
[root@FW 桌面 ]# modprobe ip_conntrack_ftp
```

(3) 在防火墙上配置外网计算机能够访问 Server 的 FTP 服务。

由于 FTP 协议需要进行上传和下载文件，会使用 21 端口建立连接，使用 20 端口传输数据，因此在防火墙中设置时，需要同时对 20 和 21 端口进行设置。

**小贴士**

nat 表中的配置：

```
[root@FW 桌面 ]#iptables -t nat -I PREROUTING -d 202.11.1.254 -p tcp --dport
21 -j DNAT --to 192.168.159.9       // 在防火墙 nat 表的 PREROUTING 链中增
      加规则，将使用 TCP 协议 21 端口访问 202.11.1.254 的数据包的目的地址转换为
      192.168.159.9。
```

[root@FW 桌面 ] #iptables -t nat -I POSTROUTING -p tcp --dport 21 -j MASQU
ERADE　　// 在防火墙 nat 表的 POSTROUTING 链中增加规则，将访问 TCP 协
议 21 端口的数据包进行地址转换。

[root@FW 桌面 ] #iptables -t nat -I PREROUTING -d 202.11.1.254 -p tcp --dport
20 -j DNAT --to 192.168.159.9　　// 在 防 火 墙 nat 表 的 PREROUTING 链 中 增 加
规则，将使用 TCP 协议 20 端口访问 202.11.1.254 的数据包的目的地址转换为
192.168.159.9。

[root@FW 桌面 ] #iptables -t nat -I POSTROUTING -p tcp --dport 20 -j MASQU
ERADE　// 在防火墙 nat 表的 PREROUTING 链中增加规则，将访问 TCP 协议 20
端口的数据包进行地址转换。

FORWARD 链中的配置：

[root@FW 桌面 ]# iptables -AFORWARD -o eth0 -d 192.168.159.9 -p tcp --dport
21 -j ACCEPT　　// 在防火墙的 filter 表的 FORWARD 链中添加规则，对于从 eth0
网口使用 TCP 协议 21 端口发送到 192.168.159.9 的数据包允许转发。

[root@FW 桌面 ]# iptables -A FORWARD -i eth0 -s 192.168.159.9 -p tcp --sport
21 -m state --state ESTABLISHED -j ACCEPT　　// 在防火墙的 filter 表的 FORWARD
链中添加规则，对于从 eth0 网口使用 TCP 协议 21 端口进入、且建立了连接的数
据包允许接收。

[root@FW 桌面 ]# iptables -A FORWARD -i eth0 -s 192.168.159.9 -p tcp --sport
20 -m state --state ESTABLISHED,RELATED -j ACCEPT　　// 在防火墙的 filter 表的
FORWARD 链中添加规则，对于从 eth0 网口使用 TCP 协议 20 端口进入、并且是
与该主机发送的数据包有关的、建立了连接的数据包允许接收。

[root@FW 桌面 ]# iptables -A FORWARD -o eth0 -d 192.168.159.9 -p tcp --dport 20
-m state --state ESTABLISHED -j ACCEPT　　// 在防火墙的 filter 表的 FORWARD 链中
添加规则，对于从 eth0 网口使用 TCP 协议 20 端口发送到 192.168.159.9 主机、且建
立了连接的数据包允许接收。

[root@FW 桌面 ]# iptables -A FORWARD -o eth0 -d 192.168.159.9 -p tcp --dport 1024: -m
state --state ESTABLISHED,RELATED -j ACCEPT　// 在防火墙的 filter 表的 FORWARD 链中
添加规则，对于从 eth0 网口转发到 192.168.159.9 上的大于 1024 的 TCP 端口、并且是与
该主机发送的数据包有关的、已建立连接的数据包允许接收。

[root@FW 桌面 ]# iptables -A FORWARD -i eth0 -s 192.168.159.9 -p tcp --sport 1024:
-m state -- state ESTABLISHED -j ACCEPT　　// 在防火墙的 filter 表的 FORWARD 链中
添加规则，对于来自 eth0 网口、并且是来自 192.168.159.9 的大于 1024 的使用 TCP
协议的端口、已经建立了连接的转入数据包，允许接收。

(4) 保存策略文件，并重新启动防火墙。

[root@FW 桌面 ]# iptables-save > /etc/sysconfig/iptables

[root@FW 桌面 ]# service iptables restart

(5) 再次测试 PC2 能否访问 Server 的 FTP 服务。

```
[root@PC2 桌面 ]# ftp 202.11.1.254
    Connected to 202.11.1.254 (202.11.1.254).
    220 (vsFTPd 2.2.2)
    Name (202.11.1.254:root): user1
    331 Please specify the password.
    Password:
    230 Login successful.
    Remote system type is UNIX.
    Using binary mode to transfer files.
    ftp>
```

PC2 可以访问 Server 的 FTP 服务。

(6) 测试 PC1 能否通过外网地址访问 Server 的 FTP 服务。

如步骤 (5) 所示，PC1 也可以访问 Server 的 FTP 服务。

(7) 进行源地址转换，使回应包正确返回。

```
[root@FW 桌 面 ]# iptables -t nat -A POSTROUTING -d 192.168.159.9 -p tcp
--dport 21 -j SNAT --to 202.11.1.254    // 在 nat 表 POSTROUTING 链中添加规则，
对于目的地址为 192.168.159.9、自 TCP 协议 80 端口转发的数据包，将源地址转
换为 202.11.1.254。
```

(8) 保存策略文件，并重新启动防火墙。

```
[root@FW 桌面 ]# iptables-save > /etc/sysconfig/iptables
[root@FW 桌面 ]# service iptables restart
```

(9) 查看网络地址转发表。

```
[root@FW 桌面 ]# iptables -L -n -t nat
    Chain PREROUTING (policy ACCEPT)
    target        prot opt source          destination
    DNAT    tcp  --  0.0.0.0/0    202.11.1.254   tcp dpt:20 to:192.168.159.9
    DNAT    tcp  --  0.0.0.0/0    202.11.1.254   tcp dpt:21 to:192.168.159.9
    DNAT    tcp  --  0.0.0.0/0    202.11.1.254   tcp dpt:80 to:192.168.159.9
    Chain POSTROUTING (policy ACCEPT)
    target        prot opt source          destination
    MASQUERADE   tcp  --  0.0.0.0/0      0.0.0.0/0       tcp dpt:20
    MASQUERADE   tcp  --  0.0.0.0/0      0.0.0.0/0       tcp dpt:21
    MASQUERADE   tcp  --  0.0.0.0/0      0.0.0.0/0       tcp dpt:80
    MASQUERADE   all  --  192.168.159.0/24    0.0.0.0/0
    SNAT       all  --  192.168.159.0/24   0.0.0.0/0  to:202.11.1.254
    SNAT    tcp  --  0.0.0.0/0  192.168.159.9   tcp dpt:80  to:202.11.1.254
    SNAT    tcp  --  0.0.0.0/0  192.168.159.9   tcp dpt:21  to:202.11.1.254
    Chain OUTPUT (policy ACCEPT)
    target        prot opt source          destination
```

(10) 再次测试 PC1 能否通过外网地址访问 Server 的 FTP 服务。

如步骤 (6) 所示，PC1 依然可以访问 Server 的 FTP 服务。

### 4. 使用防火墙模块架设安全防火墙，保护内网用户和服务

(1) 如步骤 5 所示，清除防火墙规则，设置防火墙的默认规则，并保存和重启防火墙。

(2) 允许访问回环地址。

① 在服务器上尝试 ping 通回环地址。

```
[root@Server 桌面 ]# ping 127.0.0.1
        PING 127.0.0.1 (127.0.0.1) 56(84) bytes of data.
        ping: sendmsg: 不允许的操作
        ping: sendmsg: 不允许的操作
        ping: sendmsg: 不允许的操作
        ping: sendmsg: 不允许的操作
        ^C
        --- 127.0.0.1 ping statistics ---
        4 packets transmitted, 0 received, 100% packet loss, time 3365ms
```

由于在服务器上打开并设置了防火墙，服务器不能够 ping 通回环地址。

② 在服务器上配置防火墙规则，允许访问回环地址。

```
[root@Server 桌面 ]# iptables -A INPUT -s 127.0.0.1 -d 127.0.0.1 -j ACCEPT
// 防火墙允许源地址为 127.0.0.1、目的地址为 127.0.0.1 的输入数据包通过。
        [root@Server 桌面 ]# iptables -A OUTPUT -s 127.0.0.1 -d 127.0.0.1 -j ACCEPT
// 防火墙允许源地址为 127.0.0.1、目的地址为 127.0.0.1 的输出数据包通过。
```

③ 再次在服务器上尝试 ping 通回环地址。

```
[root@Server 桌面 ]# ping 127.0.0.1
        PING 127.0.0.1 (127.0.0.1) 56(84) bytes of data.
        64 bytes from 127.0.0.1: icmp_seq=1 ttl=64 time=0.216 ms
        64 bytes from 127.0.0.1: icmp_seq=2 ttl=64 time=0.052 ms
        64 bytes from 127.0.0.1: icmp_seq=3 ttl=64 time=0.052 ms
        ^C
        --- 127.0.0.1 ping statistics ---
        3 packets transmitted, 3 received, 0% packet loss, time 2251ms
        rtt min/avg/max/mdev = 0.052/0.106/0.216/0.078 ms
```

在服务器的防火墙规则中允许访问回环地址，所以服务器可以正常 ping 通回环地址。

(3) 保护服务器的 DNS 服务。

① 分别在服务器和客户端 PC1 上尝试进行 DNS 查询。

```
[root@Server named]# nslookup
        > 192.168.159.9
```

```
;; connection timed out; trying next origin
;; connection timed out; no Servers could be reached
```

PC1 上查询结果是无法查询。

由于在服务器上开启了防火墙，阻碍了 DNS 查询，所以在服务器和 PC1 上均无法进行 DNS 查询。

② 在服务器防火墙规则中设置允许 DNS 查询。

由于 DNS 查询过程包括递归查询和迭代查询过程，DNS 服务器在整个查询过程中既是服务器又是客户端，所以在设置 DNS 查询规则时需要从服务器和客户端两方面进行设置。

允许以服务器端角色进行 DNS 查询：

```
[root@Server 桌面 ]# iptables -A INPUT -p udp --dport 53 -j ACCEPT     // 以服务
器端角色进行 DNS 查询，防火墙对于访问 53 端口的输入进来的数据包允许通过。
[root@Server 桌面 ]# iptables -A OUTPUT -p udp --sport 53 -j ACCEPT    // 以
服务器端角色进行 DNS 查询，防火墙对于 53 端口发送出去的数据包允许通过。
```

允许以客户端角色进行 DNS 查询：

```
[root@Server 桌面 ]# iptables -A OUTPUT -p udp --dport 53 -j ACCEPT    // 以
客户端角色进行 DNS 查询，防火墙对于从 53 端口输出的数据包允许通过。
[root@Server 桌面 ]# iptables -A INPUT -p udp --sport 53 -j ACCEPT     // 以客
户端角色进行 DNS 查询，防火墙对于从 53 端口发送过来的数据包允许通过。
```

允许区域复制：

```
[root@Server 桌面 ]# iptables -A INPUT -p tcp -s 192.168.159.10 -d 192.168.159.9
--dport 53 -j ACCEPT     // 防火墙允许源地址为 192.168.159.10 、目的地址为
192.168.159.9 的 TCP 协议数据包输入并访问 53 端口。
[root@Server 桌面 ]# iptables -A OUTPUT -p tcp -s 192.168.159.9 -d 192.168.159.10
--sport 53 -j ACCEPT     // 防火墙允许源地址为 192.168.159.9 、目的地址为
192.168.159.10、源端口为 53 的 TCP 协议数据包转发出去。
```

③ 再次在服务器和客户端 PC1 上进行 DNS 查询。

```
[root@Server 桌面 ]# nslookup
    > 192.168.159.9
    Server:192.168.159.9
    Address:192.168.159.9#53
    9.159.168.192.in-addr.arpaname = dns.abc.com.
    > www.abc.com
    Server:192.168.159.9
    Address:192.168.159.9#53
    Name:www.abc.com
    Address: 192.168.159.9
```

PC1 上可以进行 DNS 查询，查询情况同服务器，说明在防火墙中的

配置策略生效，允许进行 DNS 查询。

(4) 保护服务器的 Web 服务。

① 在客户端访问服务器的 Web 服务。

在客户端的浏览器中输入服务器的 IP 地址 192.168.159.9，访问 Web
服务，如图 5-23 所示。

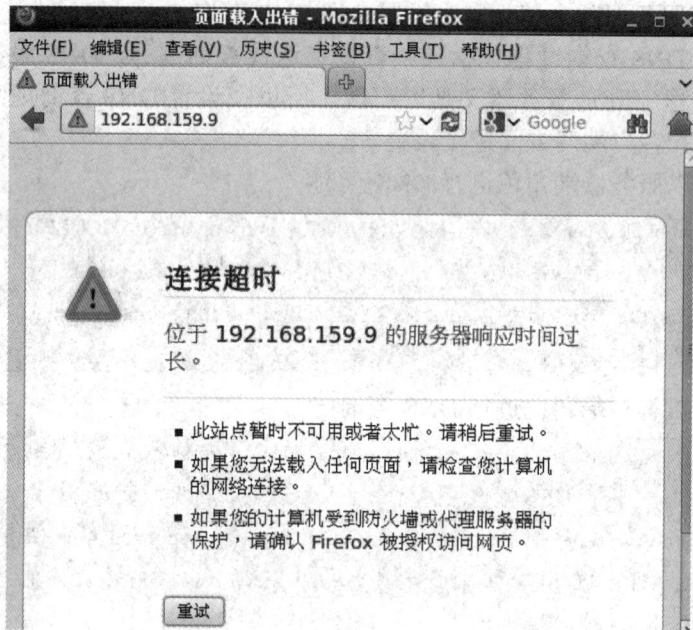

图 5-23　客户端访问服务器的 Web 服务

由于防火墙已经开启，阻挡了 Web 服务的正常访问，因此客户端访问
Web 服务失败。

② 在防火墙中设置允许访问服务器的 Web 服务。

```
[root@Server 桌面 ]# iptables -A INPUT -p tcp --dport 80 -j ACCEPT   //在防火
墙中允许目的端口为 80 的 TCP 数据包输入。
       [root@Server 桌面 ]#iptables -A OUTPUT -p tcp --sport 80 -m state --state ESTABLISHED
-j ACCEPT //在防火墙中允许源端口为 80、已建立连接的 TCP 协议数据包输出。
```

③ 再次在客户端访问服务器的 Web 服务。

在客户端上再次访问服务器的 Web 服务，如图 5-24 所示。

图 5-24　客户端再次访问服务器的 Web 服务

由于防火墙已经设置允许访问 Web 服务，因此客户端可以成功访问 Web 服务。

(5) 保护服务器的 FTP 服务。

① 在客户端上访问服务器的 FTP 服务。

```
[root@PC1 桌面 ]# ftp 192.168.159.9
        ftp: connect: 连接超时
```

由于防火墙的阻碍，客户端无法访问服务器的 FTP 服务。

② 在防火墙中设置允许访问服务器的 FTP 服务。

知识链接

与很多人认识不同的是，FTP 协议有两个 TCP 连接，无论是上传还是下载，客户端与服务器之间都会建立 2 个 TCP 连接会话，一个是控制连接，另一个是数据连接。其中，控制连接用于传输 FTP 命令，如：删除文件、重命名文件、下载文件、列取目录、获取文件信息等，使用的是 21 端口。真正的数据传输是通过数据连接完成的，使用的是 20 端口。在允许传入连接时，就是允许访问 21 端口。

允许所有传入连接的 FTP：

```
[root@Server 桌面 ]# iptables -A INPUT -p tcp --dport 21 -j ACCEPT    // 在防火
墙中允许访问 21 端口的 TCP 协议数据包输入。
[root@Server 桌面 ]# iptables -A OUTPUT -p tcp --sport 21 -m state --state ESTABL
ISHED -j ACCEPT    // 在防火墙中允许来自 21 端口、已建立状态的 TCP 协议数据包
输出。
```

启用主动 FTP 传输：

知识链接

FTP 的主动模式是 FTP 的默认模式，在该模式的数据连接建立过程中服务器是主动连接客户端的，因此是从服务器的 20 端口发送数据包出去，再从 20 端口输入回应数据包。

```
[root@Server 桌面 ]# iptables -A INPUT -p tcp --dport 20 -m state --state ESTAB
LISHED,RELATED -j ACCEPT    // 在防火墙中允许目的端口为 20 端口、已建立
连接、且与本主机发送的数据包相关的 TCP 协议数据包输入。
[root@ Server 桌面 ]# iptables -A OUTPUT -p tcp --sport 20 -j ACCEPT    // 在
防火墙中允许来自 20 端口的 TCP 协议数据包输出。
```

启用被动 FTP 传输：

知识链接

FTP 的被动模式中，在客户端和服务器之间的控制连接建立成功后，服务器会开启一个数据端口，然后被动地等待客户端的连接。在该模式中，服务器开启的数据端口和客户端连接服务器的端口都是随机的动态端口，因此在设置策略时需要将端口范围设置为 1024 至 65535。

```
[root@Server 桌面 ]# iptables -A INPUT -p tcp --sport 1024:65535 --dport 1024:65535 -j
ACCEPT    //在防火墙中允许来自端口号 1024 至 65535、目的端口号为 1024 至 65535
的 TCP 协议数据包输入。
[root@Server 桌面 ]# iptables -A OUTPUT -p tcp --sport 1024:65535 --dport 1024:65535
-m state --state ESTABLISHED,RELATED -j ACCEPT    //在防火墙中允许来自端口号
1024 至 65535、目的端口号为 1024 至 65535、已建立连接、且与本主机发送的数据
包相关的 TCP 协议数据包输出。
```

③ 再次在客户端上访问服务器的 FTP 服务。

```
[root@PC1 桌面 ]# ftp 192.168.159.9
Connected to 192.168.159.9 (192.168.159.9).
220 (vsFTPd 2.2.2)
Name (192.168.159.9:root): user1
331 Please specify the password.
Password:
230 Login successful.
Remote system type is UNIX.
Using binary mode to transfer files.
```

在防火墙中允许访问 FTP 服务后，客户端可以正常访问 FTP 服务。
④ 查看服务器的防火墙列表。

```
[root@Server 桌面 ]# iptables -L
Chain INPUT (policy DROP)
target        prot opt source                destination
ACCEPT    udp  --  anywhere      anywhere      udp dpt:domain
ACCEPT    udp  --  anywhere      anywhere      udp spt:domain
ACCEPT    tcp  --  192.168.159.10 dns.abc.com  tcp dpt:domain
ACCEPT    tcp  --  anywhere      anywhere      tcp dpt:http
ACCEPT    tcp  --  anywhere      anywhere      tcp dpt:ftp
ACCEPT    tcp  --  anywhere    anywhere       tcp dpt:ftp-data state
RELATED,ESTABLISHED
ACCEPT    tcp  --  anywhere      anywhere      tcp spts:1024:65535
dpts:1024:65535
Chain FORWARD (policy DROP)
target        prot opt source                destination
Chain OUTPUT (policy DROP)
target        prot opt source                destination
ACCEPT    udp  --  anywhere      anywhere      udp spt:domain
ACCEPT    udp  --  anywhere      anywhere      udp dpt:domain
ACCEPT    tcp  --  dns.abc.com   192.168.159.10  tcp spt:domain
ACCEPT    tcp  --  anywhere      anywhere       tcp spt:http state
ESTABLISHED
```

```
    ACCEPT    tcp  --  anywhere    anywhere              tcp spt:ftp state
ESTABLISHED
    ACCEPT    tcp  --  anywhere    anywhere              tcp spt:ftp-data
    ACCEPT    tcp  --  anywhere    anywhere              tcp spts:1024:65535
dpts:1024:65535 state RELATED,ESTABLISHED
```

(6) 保护服务器的 DHCP 服务。

由于 DCHP 的客户端和服务器均使用广播方式进行信息交互，客户端向 68 端口 (bootps) 发送广播请求配置，服务器向 67 端口 (bootpc) 广播回应请求，因此在防火墙中配置 DHCP 服务器时，需要同时对 67 和 68 端口进行配置，且客户端的连接包括 TCP 和 UDP 两种。默认情况下，DHCP 服务是开启的，当被防火墙禁止之后，可以在防火墙中通过以下配置开启 DHCP 服务。

```
    [root@FW 桌面 ]# iptables -A INPUT -p tcp --dport 67 -j ACCEPT   // 防火墙允
许客户端使用 TCP 协议访问 67 端口。
    [root@FW 桌面 ]# iptables -A INPUT -p udp --dport 67 -j ACCEPT   // 防火墙允
许客户端使用 UDP 协议访问 67 端口。
    [root@FW 桌面 ]# iptables -A OUTPUT -p tcp --sport 68 -j ACCEPT   // 防火墙
允许来自 68 端口号的 TCP 连接。
    [root@FW 桌面 ]# iptables -A OUTPUT -p udp --sport 68 -j ACCEPT   // 防火墙
允许来自 68 端口号的 UDP 连接。
```

(7) 配置防火墙日志。

① 创建防火墙日志文件。

```
    [root@FW 桌面 ]# touch /var/log/firewall.log
```

② 设置系统日志配置。

配置系统日志保存位置，当再有系统通知时，就会将日志记录在该文件中。

```
    [root@FW 桌面 ]# vim /etc/syslog.conf
        Kern.=notice /var/log/firewall.log
```

③ 启动系统日志服务。

```
    [root@FW 桌面 ]# service rsyslog restart
    关闭系统日志记录器：                            [ 确定 ]
    启动系统日志记录器：                            [ 确定 ]
```

④ 设置防火墙的日志。

```
    [root@FW 桌面 ]# iptables -I INPUT 1 -p udp --dport 53 -j LOG --log-level 5
--log-prefix "DNS-Iptables:"        // 在防火墙 INPUT 链中，将目标端口为 53 的
UDP 协议数据包记录在第 1 行，且标记日志等级为 5，日志的前缀为 "DNS-
Iptables:"。
```

```
[root@FW 桌面 ]# iptables -I INPUT 1 -p tcp --dport 80 -j LOG --log-level 5
--log-prefix "WWW-Iptables:"      // 在防火墙 INPUT 链中，将目标端口为 80 的
TCP 协议数据包记录在第 1 行，且标记日志等级为 5，日志的前缀为 "WWW-
Iptables:"。
        [root@FW 桌面 ]# iptables -I INPUT 1 -p udp --dport 67 -j LOG --log-level 5
--log-prefix "DHCP-Iptables:"      // 在防火墙 INPUT 链中，将目标端口为 67 的
UDP 协议数据包记录在第 1 行，且标记日志等级为 5，日志的前缀为 "DHCP-
Iptables:"。
        [root@FW 桌面 ]# iptables -I INPUT 1 -p tcp --dport 21 -j LOG --log-level 5
--log-prefix "FTP-Iptables:"      // 在防火墙 INPUT 链中，将目标端口为 21 的
TCP 协议数据包记录在第 1 行，且标记日志等级为 5，日志的前缀为 "FTP-
Iptables:"。
```

⑤ 查看防火墙日志。

```
[root@FW 桌面 ]# tail -f /var/log/firewall.log
```

防火墙日志中将对 DNS、Web、DHCP、FTP 服务的数据，分别加上相应的日志前缀进行标记。

# 参 考 文 献

[1] 龚小勇，童均. 网络安全运行与维护[M]. 北京： 高等教育出版社，2015.

[2] 杨云，林哲. Linux网络操作系统项目教程(RHEL 7.4/CentOS 7.4)(微课版)[M]. 3版. 北京：人民邮电出版社，2019.

[3] 张金石，丘洪伟. 网络服务器配置与管理： Windows Server 2008 R2篇[M]. 2版. 北京：人民邮电出版社，2015.

[4] 网络访问：不允许 SAM 账户的匿名枚举[EB/OL]. https://docs.microsoft.com/zh-cn/，2017.

[5] 鸟哥. 鸟哥的Linux私房菜基础学习篇[M]. 4版. 北京：人民邮电出版社，2018.

[6] 史蒂夫·苏哈林. Linux防火墙[M]. 4版. 北京：人民邮电出版社，2016.

[7] 刘建伟，王育民. 网络安全： 技术与实践[M]. 3版. 北京： 清华大学出版社，2017.